国家出版基金项目
NATIONAL PUBLICATION FOUNDATION

总主编：张文京　向友余
总主审：许家成

U0725004

特殊儿童
# 心理咨询与康复指导

王　滔　编著

重庆大学出版社

**图书在版编目（CIP）数据**

特殊儿童心理咨询与康复指导/王滔编著. --重庆：
重庆大学出版社，2020.9（2020.9重印）
（特殊儿童教育康复指导丛书）
ISBN 978-7-5689-1989-0

Ⅰ.①特… Ⅱ.①王… Ⅲ.①残疾人—儿童心理学—
心理咨询 Ⅳ.①B844.1

中国版本图书馆CIP数据核字（2018）第152934号

**特殊儿童心理咨询与康复指导**

王 滔 编著

策划编辑：陈 曦 唐启秀
责任编辑：陈 曦 版式设计：张 晗
责任校对：关德强 责任印制：张 策

*

重庆大学出版社出版发行
出版人：饶帮华
社址：重庆市沙坪坝区大学城西路21号
邮编：401331
电话：（023）88617190 88617185（中小学）
传真：（023）88617186 88617166
网址：http：//www.cqup.com.cn
邮箱：fxk@cqup.com.cn（营销中心）
全国新华书店经销
重庆升光电力印务有限公司印刷

*

开本：787mm×1092mm 1/16 印张：20.5 字数：358千
2020年9月第1版 2020年9月第2次印刷
ISBN 978-7-5689-1989-0 定价：78.00元

"特殊儿童教育康复指导丛书"是为特殊儿童的家长和一线特教老师打造的入门级的实践性图书,既有一线特殊教育老师需要的特殊教育的知识,又有康复训练的技术。

### 丛书结构

"特殊儿童教育康复指导丛书"秉持教育和康复相结合的理念,分为两种类型:其中一种从特殊教育分类出发,介绍不同障碍类别儿童的教育与康复;另外一种从康复技巧出发,介绍核心课程、心理咨询、辅助技术对于特殊儿童的作用。两相结合,让使用者能够更好地理解和运用教育康复理念。

每本书内容基本上分为理论篇、教师篇和家长篇。理论篇力求科学、实用、易懂,便于教师和家长了解相关理论基础;教师篇侧重在学校环境下对学生的教学和康复指导;家长篇侧重在家庭环境下主动巩固和维护好学生能力。介绍的相关基础理论,是为了针对教师和家长,在不同环境下,分别设计契合各自特点的活动方案。

### 丛书特色

"特殊儿童教育康复指导丛书"不仅强调技术层面的操作性,而且会提供资源支持,比如同质家庭交流平台、互助的团体、可以提供帮助的机构,以及各种有效的在线资源,并不断更新。鼓励家长先接受孩子的特殊性,接受积极的观念,然后找到可以交流和依靠的平台,寻求有效的教育康复。从精神层面讲,这样的支持对特殊儿童的家庭更加重要。

### 丛书意义

#### 1. 提升教师的专业素养

丛书在介绍特殊教育基础知识的同时,融入了康复的理念和方法。特教老师不仅能了解特殊教育领域的知识和技能,还能广泛了解和学习相关的康复领域知识和技能,并且能够让他们学会两者的结合与运用,在有效提高特殊儿童学习质量的同时,也提升自己的专业素养。

2. 帮助家长真正参与到特殊儿童的康复生活中

通过一定的指导性阅读，丛书能够帮助特殊儿童的家长建立起正确的教育康复态度和知识能力，使其能够配合学校开展较为有效的教育康复家庭活动，建立起家庭与学校、家长与康复人员之间的支持与合作关系。

3. 指引教师跨学科交流、多团队合作，促进教育康复专业建设

本丛书除了在实践层面给予一线教师和学校指导，其理念还倡导跨学科的交流，以及多团队合作。教育康复本身就需要多学科跨专业团队共同合作才能完成工作任务，其合作贯穿所有工作。与特殊教育联系紧密的专业领域有医学、心理咨询、科技辅具，以及康复中的语言治疗、动作治疗、作业治疗、艺术治疗等的融入，使特殊教育直接受益，也能促进教育康复专业的建设。

4. 本项目在传统出版的基础上，为数字出版做好铺垫

特殊教育因为其个别化教学的特点，对于教学方法、教学资源都有着灵活和多样化的要求，通过在线平台和数据库等数字出版形式，能与传统出版相辅相成。

张文京

2019 年 8 月

前言

从心理学进入特殊教育，是一个偶然。当我拿到发展与教育心理学的硕士和博士学位时，万万没有想到自己未来的职业生涯会和特殊教育重合在一起。然而，随着时间慢慢流逝，我在与特殊儿童及其家长的相处中，越发感觉到心理学在特殊教育中的重要意义，这种意义感让我明白当初那个偶然中存在着必然。

2009 年我进入重庆师范大学特殊教育专业开始承担本科生的特殊儿童心理咨询这门课的教学，在遍寻合适的教材而不得的时候，萌生了自己编写一本的念头。2012年特殊儿童心理健康中心成立，我在中心从事特殊儿童心理健康临床实践的日子里，不管是在使用沙盘游戏对特殊小朋友进行干预时，还是在帮助家长应对孩子的心理问题和处理自身的焦虑情绪时，之前编写一本特殊儿童心理咨询与心理康复的书的想法就变得更加强烈。若要让我们的学生真正掌握特殊儿童心理咨询与康复技术，急需能够联系理论和实践且适合其学习能力的专业书籍的指导。

关于特殊儿童的心理健康教育的现实情况是，一方面特殊儿童因其身心发展的障碍可能产生比普通儿童更多的心理健康问题，给特殊儿童的教育和康复带来困难；另一方面特殊教育学校与康复机构更关注特殊儿童的缺陷补偿与功能康复，且缺乏专业的心理咨询和心理康复教师，对心理咨询和心理康复技术的掌握不够，使得不少特殊教育学校的沙盘治疗室或心理咨询室形同虚设，没有发挥出真正的作用。要改变这一现状，需要向从事特殊儿童心理健康教育的教师普及有关特殊儿童心理咨询与心理康复的专业知识和技术。

由于大多数特殊教育专业的本科生和特殊教育教师之前没有学过心理咨询的相关课程，缺乏心理咨询最基本的专业知识，因此本书花了一些篇幅介绍基础知识，在结构上由三个部分的内容组成：一是基础篇，包括第一章到第三章，主要涉及绪论、特殊儿童心理健康、心理咨询概论；二是方法篇，包括第四章到第六章，主要涉及心理咨询的一般技术、主要流派与方法，以及适用于儿童的特殊方法；三是应用篇，包括第七章到第十章，主要涉及视听觉障碍、情绪与行为障碍、智力障碍、自闭症谱系障碍四类常见特殊儿童的心理咨询与心理康复的方法及其应用。

本书在编写时强调理论与实践相结合，侧重于心理咨询与心理康复的过程和方法的操作应用，特别突出对特殊儿童的适用性与针对性，将不同心理咨询方法和心理康复技术落实到具体障碍类型的特殊儿童身上，避免泛泛而谈。每一章在正文之前有"问题导入"，通过提问引导读者了解本章的内容，形成学习心向；在正文之后有"关键术语"和"要点重述"，帮助读者对本章的内容进行梳理和复习。考虑到本书的篇幅以及在线资源建设的需要，我们把"关键术语"和"要点重述"部分放到了在线资源里，方便读者查阅学习。此外，在线资源中还包含了本书完整的参考文献，有需要的读者也可以进行在线查询，后续我们将会对在线资源进行扩充和更新。

本书的使用对象主要是现在或未来的特殊教育学校和康复机构中的教师以及特殊儿童家长，旨在帮助职前或者职后的特殊教育教师掌握更专业的心理咨询和心理康复知识，能够针对特殊儿童独特的身心特征及障碍特点使用不同的心理咨询方法和心理康复技术，提高应对特殊儿童心理问题的实践能力，同时也帮助家长了解特殊儿童心理问题的表现及其成因，共同参与特殊儿童的心理健康促进工作。本书所涉及的特殊儿童心理咨询与康复的对象应该包括不同类型的特殊儿童及其家长、教师、同伴等重要他人，但由于教学课时和篇幅有限，目前的内容重点放在了残疾儿童和问题儿童的心理咨询与康复，希望在今后的修订中可以进一步增加有关超常儿童以及特殊儿童重要他人的心理咨询与康复的内容，使本书的结构更加完整和充实。

王滔确定本书内容框架和大纲编写，并对其余八章书稿进行统一的修改，最后负责全书的统稿与审定。各章编著者的具体分工如下：第一章和第二章由王滔编写，第三章由肖琳熹、马利、王滔编写，第四章由代兰、李婧雯、王滔编写，第五章由汪夕桢、王滔编写，第六章由李潇、杨晓翠、王亚可、李娅灵、王滔编写，第七章由陈兰、王滔编写，第八章由张倩、王滔、李林编写，第九章由程秀琳、陈海龙、王滔编写，第十章由杨娟、黄俊、王滔编写。

本书的顺利完成和出版得益于不少人的帮助，感谢各章编著者的认真撰写和无数次修改，感谢我的学生们查阅和核实资料，感谢书中参考的国内外文献资料的研究者们，感谢书中涉及的心理咨询与康复个案的干预者与干预对象们，感谢李潇和代兰统整了全书的参考文献，更要感谢我的母亲在我写作期间的无私支持，也要感谢重庆大学出版社和陈曦老师的鼎力协助，尤其是陈曦老师的宽容让我有了足够的时间来打磨书稿。虽竭尽所能，本书尚存不足，仍需持续补充与完善。我想，生命不息，为促进特殊儿童心理健康所做的努力是永远不会停止的。

王滔

2020 年 5 月 2 日

于重庆师范大学

# 目录

# 第一章

# 特殊儿童心理咨询与康复绪论

## 【问题导入】

· 何谓心理咨询、心理治疗和心理康复？

· 特殊儿童心理咨询与康复的学科性质是什么？

· 特殊儿童心理咨询与康复主要涉及哪些内容？

· 特殊儿童心理咨询与康复的形式有哪几种？

## 第一节　心理咨询及其相关概念

### 一、心理咨询的概念

#### （一）心理咨询的含义

"心理咨询"一词的英文是 psychological counseling，counseling 的词干 counsel 源于拉丁语的 consilium（会议、考虑、忠告、谈话）和古法语的 conseiller（商谈），现在的心理咨询仍继承着词源的含义，即通过商谈提出忠告或建议（林崇德，2002）。从中文字面理解，心理咨询就是一种提供信息、析疑解惑、忠告建议的活动。在我国 counseling 有两种翻译，一种叫咨询，一种叫辅导，通常对于学生称为辅导，而对于一般人则称为咨询，二者在本质上区别不大（姚本先等，2005）。目前对心理咨询的理解尚无定论，它既可以表示一门学科，即咨询心理学，也可以表示一种工作，即心理咨询服务。作为一门学科，咨询心理学是研究心理咨询的理论观点、咨询过程及技术方法的学问，它以各种心理学理论观点为依据，有其系统的理论体系、特色和技术方法（林崇德，2002）。作为一种职业，心理咨询是咨询师帮助有求助需要的来访者解决心理问题的服务性工作。不管是一门学科，还是一种职业，都有必要从理论和实践上弄清楚心理咨询的概念和内涵。

关于心理咨询的含义，由于研究者对其机能、内容、特点和理论的认识各异，分别给出了不同的概念界定，表 1-1 列出了国内外一些知名心理学家的观点。

表 1-1　心理咨询的概念界定

| 时间（年） | 心理咨询的定义 | 提出者 | 出　处 |
|---|---|---|---|
| 1942 | 心理咨询是一个过程，其间辅导者与当事人的关系能给予后者一种安全感，使其可以从容地开放自己，甚至可以正视自己过去曾否定的经验，然后把那些经验融合于已经转变了的自己，做出统合（Rogers，1942） | Rogers | Counseling and Psychotherapy |
| 1956 | 心理咨询是帮助个体克服其个人成长中的障碍——不管这些障碍出现在什么地方，并帮助他们最大限度地开发其个人潜能 | Division of Counseling Psychology，APA | Counseling psychology as a specialty |
| 1967 | 心理咨询是一种人际关系，在这种关系中，咨询人员提供一定的心理氛围和条件，使咨询对象发生变化，做出选择，解决自己的问题，并且形成一个有责任感的独立的个性，从而成为一个更好的人和更好的社会成员 | Patterson | The counselor in the school: Selected readings |
| 1989 | 心理咨询是对心理失常的人，通过心理商谈的程序和方法，使其对自己与环境有一个正确的认识，以改变其态度和行为，并对社会生活有良好的适应 | 朱智贤 | 心理学大词典 |
| 1989 | 心理咨询是通过人际关系，运用心理学方法，帮助来访者自强自立的过程 | 钱铭怡 | 心理咨询 |
| 1991 | 心理咨询是心理咨询者通过和咨询对象的商谈、讨论、帮助、启发和教育他们解决各种心理问题，以便使其更好地适应环境，保持心身健康 | 车文博 | 心理咨询百科全书 |
| 1999 | 心理咨询是运用心理学的理论和方法，通过解除咨询对象（即来访者）的心理问题（包括障碍性心理问题和发展性心理问题），来维护和增进来访者的身心健康，促进个性发展和潜能开发的过程 | 郑日昌 | 大学生心理咨询 |
| 2002 | 心理咨询是指运用心理学的方法，对在心理适应方面出现问题并企求解决问题的来访者提供心理援助的过程 | 林崇德 | 咨询心理学 |
| 2005 | 心理咨询是心理咨询专业人员运用心理学原理和技术来帮助来访者自助的过程 | 王玲等 | 心理咨询 |

续表

| 时间（年） | 心理咨询的定义 | 提出者 | 出　处 |
|---|---|---|---|
| 2008 | 心理咨询是由专业人员即心理咨询师运用心理学以及相关知识，遵循心理学原则，通过各种技术和方法，帮助求助者解决心理问题 | 章志光等 | 中国心理咨询大典 |
| 2010 | 心理咨询是咨询者与来访者进行的信息交流活动，通过这种信息交流，咨询者为来访者提供帮助，解决来访者的心理问题，促进来访者达到与他人和社会的完满适应状态 | 石向实等 | 心理咨询的原理与方法 |
| 2014 | 心理咨询是运用心理健康、心理学和人类发展的原理，通过认知、情感、行为或系统的干预和策略，致力于促进人的心身健康、个体成长和生涯发展 | 塞缪尔·格莱丁 | 心理咨询导论 |
| 2016 | 心理咨询是心理咨询师运用心理咨询学的理论与方法，对咨询者或来访者在心理适应方面出现问题并企求解决问题提供心理帮助的过程 | 顾亚亮 | 心理咨询与心理治疗 |

表1-1中的各个定义虽然表述上各有不同，但概括其内涵中的本质属性，发现它们有以下共同要素：①心理咨询是帮助来访者改变困境、解决问题、获得更好发展的活动；②心理咨询以咨询师和来访者双方建立的人际关系为基础；③心理咨询过程中咨询师要运用心理学的专业知识和方法；④心理咨询解决的是来访者的心理问题。综上所述，心理咨询是指专业的咨询者通过建立一种安全、接纳和真诚的人际关系，运用心理学的有关理论和方法，借助言语和非言语的信息传递方式，帮助有求助需要的来访者解决心理问题，维护其身心健康，促进其社会适应和个性发展的过程。

（二）心理咨询的特点

我们先来看一个实例：

一位女学生对心理咨询师说："我恨我的父亲，我恨他，没有什么理由，我就是恨他。他其实也算是一个好人，有正义感，平常照顾我生活，辅导我的学习，他从来没有打过我，但我就是恨他。不过，恨父亲是一件很不孝道的事情，特别是当我没有理由恨他的时候。这种感觉让我不安、烦恼、担忧，觉得自己不应该……"

对于这位前来咨询的学生，心理咨询师应该做出什么样的反应呢？

要真正理解心理咨询的内涵和实质，不仅需从概念上明白心理咨询的核心要素，还需从其正反两方面的特征来全方位地了解心理咨询究竟是什么。美国《哲学百科全书》认为，心理咨询具有以下几个特征：①主要针对正常人；②为人的一生提供有效帮助；③强调个人的力量与价值；④强调认知因素，尤其是理性在选择和决定中的作用；⑤研究个人在制订总目标、计划以及扮演社会角色方面的个性差异；⑥充分考虑情景和环境的因素，强调人对环境资源的利用以及必要的改变（姚本先等，2005）。我们结合以上实例，具体分析心理咨询的 6 个主要特点。

### 1. 心理咨询是人际帮助活动

心理咨询是心理咨询工作者（即咨询师）对咨询对象（即来访者或当事人）进行帮助的过程，这一过程是建立在双方良好的人际关系基础之上的，来访者的求助需求和主动来访的愿望是咨访关系建立和发展的前提条件。如果来访者本人并不想获得帮助，只是迫于某种压力（如老师或家长的要求）前来咨询，在咨询过程中消极抵触、应付了事，那么这样的心理咨询是没有效果的。即使来访者面临很大的困难或心理问题，但若认为自己有能力解决，并没有向咨询者寻求帮助的想法，心理咨询也无法进行。因此，心理咨询是人际帮助活动，由咨询师帮助有困惑的来访者解决冲突和矛盾，获得内心平衡，以便更好地适应环境。

心理咨询不是一般性的社交性谈话。我们在日常的社会交往中难免会与人交谈，这些谈话的内容和形式因交往的目的不同而有很大差异，或者是礼貌性的客套，或者是对于一些问题的探讨，或者是了解对方的有关信息和资料等。一般性的社交性谈话有可能流于形式和表面化，也有可能涉及一些个人或者社会问题的实质，但交谈双方通常不会形成一种明显的帮助与被帮助的关系，即使有一方向另一方寻求帮助，也会因为提供帮助的一方缺乏心理学的专业方法和对于当事人内心世界的关照而不是一种真正意义上的心理咨询。

### 2. 心理咨询是人际互动过程

心理咨询是咨询师与来访者之间双向互动的过程，咨询师为来访者提供安全、自由、开放的谈话空间，真诚地倾听来访者述说自己遭遇的问题和烦恼，并适时做出反应，再根据来访者的回应展开进一步的引导。而来访者同样也要与咨询师进行多次的人际互动，在咨询师的引导下不断整理自己的内心世界，理清问题和困境，重新认识自己和环境，以达成个体内外的平衡和适应。心理咨询中的人际互动是一种双向、平等的互动关系，咨询师不是咨询过程的唯一主导和影响力量，咨询师与来访者的关系也不是控制与被控制的关系，而是互相影响，彼此尊重和信任，共同营造和谐平等的心理氛围。

心理咨询不是简单的说教和指导。尽管心理咨询中包含了一定的教导，但只有说教和指导一定不是心理咨询。单纯的说教和指导是一种单向的人际交往，主要由指导者传递给被指导者，这样的说教和指导是脱离被指导者的心理需求和现实需要的，不具体而且无针对性，并不能在实质上打动对方，难以使其从认知和情感上发生改变和调整。一味地同情也不是心理咨询。前来寻求帮助的来访者，其内心是焦虑和敏感的，他们需要的不是别人的同情和怜悯，而是咨询师的同感共情。共情与同情有本质差异，同情（sympathy）是对他人的不幸表达出真切的关心，希望别人能够好的心理。但同情者与被同情者的关系不是平等的互动关系，同情者以自我的经验和感情为中心来看待他人的问题，时常带有一种优越感。而共情（empathy）是一种设身处地为他人考虑，理解他人感情、想法和行为的能力。共情使咨询师既能感同身受来访者的经历和情感，又能对其进行客观的认知、理解和分析，体现了咨询师与来访者之间对等的互动关系，能够让来访者感受到轻松、被理解和尊重。

### 3. 心理咨询具有专业性

心理咨询是由经过训练的专业人员运用专业知识和技能，为来访者提供帮助的一项特殊服务。在整个咨询面谈和干预治疗过程中，心理咨询师需要熟练掌握丰富的心理学专业知识，以及与咨询和治疗密切相关的专业技能，并灵活运用。这些专业知识包括有关人类个体心理发展的一般规律性知识，个体和群体在与环境交互作用下的心理特征和行为表现等，如普通心理学、发展心理学、社会心理学所涉及的知识；有关个体人格成长与变异的深层根源及其理论假设，如行为主义、精神分析、人本主义、认知理论、格式塔理论等各种理论流派对个体行为差异的解释；有关个体异常心理和行为的临床表现、分类、评估、诊断、治疗、预防等方面的知识，如临床心理学、异常心理学、心理病理学、咨询心理学、心理测量学所涉及的内容。除了这些专业知识之外，心理咨询师还需要具备咨询面谈和临床干预的专门技术，如咨询会谈技术、咨询关系助长技术、认知改变技术、行为强化技术、精神分析技术等。而且不同流派的心理咨询和治疗方法还包含了更多具体的治疗技术或策略，甚至有关心理咨询的伦理准则、工作原则和实施过程等，都需要咨询师进行专门的学习和训练，并且通过临床实践来获得更为专业的咨询能力。心理咨询的专业性，是决定咨询过程是否有效的关键因素。

心理咨询不是单纯的安慰和开解。生活中我们遇到烦恼的事情，身边的亲人和好友通常会给予安慰或开解，这些话可能暂时起到一定的缓解不愉快情绪的作用，但对从根本上解决问题的作用是有限的。并且有时不合时宜的安慰和开解不仅没有效果，反而还会使来访者压抑和否认自己的感受，导致更深层的心理问题。一个专业的心理咨询师不会只是安慰失恋的来访者说"天涯何处无芳草"，开解有抑郁倾向的来访者说"你开心点嘛，事情会过去的"，而是帮助来访者去重新认识自己，体验自己的感受，面对自己的问题，以重建信心，促进成长，获得持久的心理平衡。

### 4. 心理咨询是谋求更好的变化

心理咨询的效果通常体现在来访者的变化上，当然是积极、正性、更好的变化，如来访者碰到的问题获得了一定程度的解决，感受到的压力得到缓解，消极情绪减少，积极情绪增加，对自我和环境的认识更加清晰合理，自我价值感、效能感和自尊感增加，人际交往的主动性和能力提高等，这些变化反映出心理咨询对来访者所起的作用，也是心理咨询为来访者提供帮助的一种体现。心理咨询的最终结果就是要设法使来访者得到与咨询之前不同的更好的变化，这种变化不仅仅是解决来访者当前所面临的问题，更重要的是让来访者获得心理复原和新生的能量，有信心同时也有办法去调整自己的认知、情绪，以及与环境、他人的关系，完善自我，适应社会，使个人心理疗愈的能力得到可持续的发展。

心理咨询不是专门为人解决问题。尽管问题解决是心理咨询带来的变化之一，甚至有的来访者就是冲着这一目的来的，但单单解决问题、就事论事的咨询并不是真正的心理咨询。心理咨询需要咨询师透过问题的表象看到其本质，帮助来访者接纳自己，建立自信，提高其独立决策与行动的自主能力。咨询师面对来访者的问题，应该有全面的评估，理解导致问题出现的深层次原因，挖掘问题背后隐藏的个人或集体无意识，从来访者自身及其社会关系中寻求解决的方案，而不是"头痛医头，脚痛医脚"，只治标不治本。例如，一个因没有朋友而苦恼的中学生，咨询师如果仅仅是为其提供交友的建议，而没有看到来访者问题的根源在于对自己的否定和失望，就无法使其人际关系发生实质性的改变。因此，咨询师要关注的点应超越来访者当前的具体困难或问题，应关注来访者的自我、人格和周围的环境。心理咨询中治本才是良方，而具体问题的解决只是整个治本过程中的副产品。

### 5. 心理咨询涉及一系列的心理活动过程

心理咨询是一系列的心理活动的过程。从咨询师的角度看，在咨询过程中需要观察来访者的表情、姿势和动作，倾听来访者的诉说，理解他们言语和非言语传达出的表面或潜在的含义，在众多信息中抽丝剥茧，发现问题的核心和实质；并且还要把自己的理解和想法反馈给来访者，帮助他们认识自己、理解自己，引导他们探索内心世界和外部环境。从来访者的角度看，在咨询过程中需要接受新的信息，改变认知，重新理解和建构自己的经验，学习新的行为，学会调控情绪，寻求解决问题的方法和策略，自己做出抉择、制订计划并付诸行动。这些过程都会涉及一系列的心理活动，包括注意、感知、记忆、思维、想象、情绪情感、动机、态度、意志、气质、性格、自我等与心理相关的诸多活动，并且咨询师与来访者之间良好关系的建立更是离不开双方的心理活动过程。可以说，没有咨询师和来访者积极主动的心理活动，心理咨询是无法顺利开展的。

心理咨询不仅仅是为来访者提供资料。对于碰到困难的当事人来说，其内心世界的混乱和烦扰会来自很多方面，有的可能是缺乏相应的信息和资料，但更多的可能是心理过程和个性心理上的失调所致，如情感的欲罢不能、认知偏差、对自我的否定、预期焦虑等，这些心理上的不适仅仅靠提供资料是不足以改变的，需要咨询师对来访者的心理世界进行同感理解，关注他们的情绪，理解他们的行为，帮助其整理自己的心理世界。同理，心理咨询也不是单纯的逻辑分析。心理过程并非简单的逻辑过程，也包括直觉、感受和领悟等非逻辑的活动形式，特别是对于已经陷入混乱纠结的来访者而言，要求他们运用逻辑分析的方法来清晰地整理自己的内心世界显然是有很大难度的，并且可能加重他们的心理问题。过于理性的逻辑分析也可能使咨询师比较难以对来访者的遭遇和感受做出共情，妨碍咨询师无条件地接纳和认同来访者，不利于良好咨访关系的建立。当然，作为一名合格的心理咨询师，需要保持清晰和理智的头脑，不能完全被来访者的情绪所左右，同感理解来访者的同时，还要能够通过自己的逻辑分析来为当事人提供帮助。

### 6. 心理咨询要助人自助

心理咨询的助人功能是通过来访者的自助过程实现的，来访者的自助一是表现为自愿求助，二是表现为主动改变。人本主义心理学认为每个人的内心都有自愈的力量，都有自我修复和潜能实现的可能。咨询师要相信来访者的领悟力、自决力和创造性，结合内外资源，通过分析、引导、启发和支持，帮助来访者唤起内心向上的力量，认识自我、悦纳自我、发展自我、协调自我，敢于面对问题，找到或选择正确的解决办法，制订行动方案，充分发挥自己的潜能，达到自我完善。咨询师在心理咨询过程中对来访者的自我探索与决策起着辅助和促进的作用，而不是起主导和决定作用。自己的问题只有自己才能解决，自己的困境也只有自己面对才有可能改变。来访者在咨询过程中要学会对自己的行为和人生负责任，增强自身的独立性和自主性，减少对咨询师的依赖，用自己的意志自主决策，逐渐从"他助"转向"自助"，将咨询中获得的知识、方法、体验运用到日常生活中，实现知识与能力的迁移，调整心态，主动改变，在遇到类似的挫折或困难时，可以独立自主地加以解决。

心理咨询不是一味地给予来访者忠告和建议，尽管不少来访者是抱着获得咨询师的答案和建议而来的。咨询师不是布道者，更不是救世主，而是教人自助者。咨询师无权把自己的价值观或愿望强加给来访者，更不能代替来访者去思考、去改变、去作决定。直接给出答案的出谋划策、开方下药都不是心理咨询，问题的解决办法必须由来访者在咨询师的帮助下自己去寻找。如果来访者只是简单地按照咨询师的建议行事，就会失去自我负责和自我抉择的学习机会，很难获得内在心理功能的转变和人格的完善。心理咨询的实质是为来访者提供重新认识自己和环境的视角，促进其重新思考自己与环境的关系，找到解决问题的关键。来访者通过自己的思考和探索寻找到解决心理冲突的办法，一旦尝试成功便会带给自己满足和成就感，增强应对心理困惑的信心和效能，获得自我成长。即使不能成功，也可以从中汲取教训，在咨询师的引导下逐渐找到适合自己的解决路径。

根据心理咨询的以上6个特点，我们再看心理咨询师需要如何来对那位因恨父亲而烦恼的女学生做出反应。根据来访者的陈述，有经验的咨询师通常会考虑与此相关的一系列问题并做出判断：

（1）来访者的内心冲突和主要问题是什么？来访者的问题在多大程度上影响了她的生活和正常的人际交往？在憎恨自己父亲的情感背后隐含什么样的事实和心理冲突？——心理咨询不是一般性的社交谈话，也不是普通的会见，需要咨询师聚焦和理解当事人面临的问题及其带来的情绪感受，评估这些问题和感受对当事人的影响程度，并且将关注的焦点从问题本身转向问题背后，寻找可以引导当事人自助的契机。如果咨询师关注的焦点只是停留在帮助当事人缓解因憎恨父亲带来的不安、烦恼、担忧等消极情绪，不去理解和探寻引起憎恨的原因，就很难为当事人走出当前的困境提供可持续的帮助。

（2）这种针对父亲的憎恨的无意识根源是什么（显然并不是像来访者自己所说的那样没有原因）？来访者的情绪状态是否形成症状且属于哪种类型的心理问题？如何就来访者的问题做出合适的病理解释并为来访者所接受？可供选择的具体的咨询方案是什么？——这些问题的回答需要系统的专业知识。心理咨询不是简单的安慰和开解，咨询师所说的每一句话、所做的每一个反应都是有理可循、有据可依的，体现了非常强的专业性。在众多的专业知识和技能中，与心理学、心理咨询学相关的理论和方法显得尤为重要，可以帮助咨询师科学准确地把握来访者问题的根源和实质，抓住问题解决的关键点，给予切实有效的指导。

（3）你将运用怎样的方法与来访者建立良好的情感协调关系以利于咨询的进行？针对来访者的咨询过程将以什么样的形式、程序、方向进行？你和她会有怎样的心理活动？——心理咨询不是咨询师单方面的说理和教导，也不单是咨询师为来访者提供信息资料，它一定是在咨询师和当事人双方达成相互尊重、信任、同理共情的和谐关系基础上使当事人发生改变，这种情感协调的咨访关系是心理咨询的关键要素，而咨询师和当事人的心理活动影响良好咨访关系的建立。

（4）你会使用怎样的干预手段让来访者自我领悟，从而使你的面谈能更有效地帮助来访者实现人格改善与自我成长？咨询过程中可能的风险及应对策略是什么？——当事人在认知、情绪、行为以及社会交往上的变化是衡量心理咨询是否有效的依据，心理咨询不只是解决具体的显性的问题，咨询师不能只看到来访者对父亲的恨以及由此产生的烦恼、担忧情绪，将咨询的重点放在直接改变来访者的消极情绪上，而是需要帮助来访者探寻憎恨的无意识根源，让她重新面对与父亲的关系，重新描述和解释成长经历中父亲的影响，从人格结构层面去理解她所谓的没有理由的恨，最终获得人格的完善和自我心理的成熟，才能从根本上解决来访者的情绪问题。这一过程中来访者可能出现的阻抗，咨询师应该有所预估和谋划，想出合适的应对策略。

## 二、心理咨询与相关概念

### （一）心理咨询与心理治疗

#### 1. 心理治疗的含义

心理治疗（psychotherapy）与心理咨询一样，没有一个公认的定义，心理学和医学的不同研究者在心理治疗的定义表述上各有侧重。分析这些定义，可以看出都或多或少涉及以下几个方面：①治疗与被治疗者：由经过专业训练的心理治疗师对来访者或患者进行心理帮助的过程；②治疗基础：心理治疗师与来访者或患者之间建立具有治疗意义的良好的治疗关系或医患关系；③治疗方法：心理治疗师运用与心理学、心理治疗等有关的理论、方法和技术；④治疗目的：促使来访者或患者的心理、行为、社会关系以及生理功能的积极变化，从而消除或缓解他们的心理问题或心理障碍，促进其人格向协调、成熟的方向发展，维护个体心理健康。

综上所述，我们认为，心理治疗是由经过严格专业训练的心理治疗师，根据来访者或患者的心理病理症状，运用心理学、心理治疗的有关理论、方法和技术，通过持续的具有治疗意义的人际互动关系，帮助来访者消除或缓解心理障碍，恢复和增进身心健康的过程。

#### 2. 心理咨询与心理治疗的共同之处

（1）达成的目标一致。心理咨询与心理治疗都是一种助人活动，通过求助者与提供帮助者之间的人际关系，促进求助者发生心理和行为上的改变，帮助其解决心理问题，恢复或维护其健康良好的心理状态，所以二者达成的目标是一致的。

（2）使用相同的心理学理论和技术。心理咨询与心理治疗都是专业的助人活动，二者均会使用相同的心理学基本理论，如精神分析理论、动机理论、行为理论、认知理论、人本心理学理论、家庭系统理论、社会学习理论等，也同样会用到相同的策略和技术，如反应性倾听、观察、提问、释意、自我表露、指导、心理评估等，这些心理学理论和技术为心理咨询和心理治疗的助人效果提供了专业上的保障。

（3）都强调帮助者与求助者之间的人际关系。心理咨询和心理治疗都注重建立帮助者与求助者之间的良好的人际关系，认为这是帮助求助者改变和成长的必要条件。我们把帮助者叫作咨询师或治疗师，把求助者叫作来访者或患者，二者之间相互尊重、接纳、信任、真诚沟通的互动关系对于咨询或治疗效果是至关重要的，贯穿咨询过程或治疗过程的始终。

（4）遵循相同的原则和职业规范。心理咨询和心理治疗都是与人打交道的实践活动，为了能够给有心理问题或烦恼的人提供切实有效的帮助，心理咨询师和心理治疗师都必须持以求助者为本的态度，平等对待每一位求助者，尊重当事人的知情同意权和隐私权，维护当事人的利益，遵循自愿、理解、尊重、保密、价值中立、感情限定、促进成长等基本原则，同时都需要按照专业的伦理要求与求助者建立恰当的职业关系，避免出现双重关系，清楚自己的能力界限和职能界限，才能更好地促进求助者的自我成长和发展。

### 3. 心理咨询与心理治疗的不同之处

心理咨询与心理治疗的区别大概可以追溯到它们的起源及其发展历程。现代心理治疗发源于欧洲，通常认为第一个正式的心理治疗体系是奥地利精神科医生弗洛伊德创立的精神分析治疗，这个体系从理论和实践模式上都深刻地影响后来的各种心理治疗体系，强调由精神科医生来对"病人"实施"治疗"。心理咨询则起源于美国，最先并不是在医疗系统而是在教育、人员安置等部门中发展，并不太强调"治疗"，更关心教育、问题解决、生活决策等特性（郑日昌，江光荣，伍新春，2006）。因此，从狭义的心理咨询含义看，心理咨询和心理治疗还是存在明显的差异，其主要区别见表1-2。

表1-2 心理咨询和心理治疗的主要区别

| | 心理咨询 | 心理治疗 |
|---|---|---|
| 接受帮助者 | 称作"当事人"，主要是在适应和发展上有困难的正常人 | 可称为"病人"，主要有：①康复期的精神病人；②神经症病人；③精神上受了打击的人；④严重行为越轨者 |
| 给予帮助者 | ①咨询师，在心理学系、教育心理学系或临床心理学系接受训练；②临床心理学家，在临床心理学系接受训练；③社会工作者，在社会学系或社会工作系接受训练 | ①精神科医生，主要在医学院接受训练；②临床心理学家，主要在心理学系或临床心理学系接受训练 |
| 障碍的性质 | 正常人在适应和发展方面的障碍，如人际关系问题、学业问题、升学就业问题、婚姻家庭问题等 | 神经症、人格障碍、行为障碍、身心疾病、性心理异常、处在缓解期的某些精神障碍 |

续表

| | 心理咨询 | 心理治疗 |
|---|---|---|
| 干预的特点 | 强调教育的原则和发展的原则，重视当事人理性的作用，重视发掘、利用当事人潜在的积极力量解决他们自己的问题，费时较短，从一次到数十次不等 | 强调人格的改造、行为方式的矫正，重视症状的消除，有的治疗体系（如心理动力学和行为治疗）不重视病人理性的作用，费时较长，从数周到数年不等 |

（引自：江光荣，心理咨询的理论与实务，高等教育出版社，2005 年 7 月第 1 版，p10）

从表 1-2 可见，心理咨询与心理治疗的对象和从业者有所不同，狭义的心理咨询的服务对象通常是有适应和发展困难的正常人，他们的心理问题或者困惑没有严重到"疾病"的程度，所以不能算是病人，一般称作"当事人"或者"来访者"，并且心理咨询的从业者多是接受过心理学方面的专业学习和训练的"咨询师"，他们主要在学校、教育机构或社区服务机构从事心理咨询工作；而心理治疗的服务对象通常是有精神疾病或者严重心理和行为问题的异常人群，他们的心理问题已经发展到精神障碍的程度，可以被称为"病人"或者"患者"，并且心理治疗的从业者多是接受过医学和心理学训练的"心理医生"，他们主要在医院心理门诊或精神科、保健和康复机构从事心理治疗工作。基于接受帮助者的问题程度、类型、性质的不同，"咨询师"与"心理医生"给予求助对象的帮助方法、手段、侧重点和时间都有所不同，心理咨询强调"助人自助"，帮助方法更偏重心理和社会模式，咨询师与来访者共同面对和解决问题，来访者通过咨询获得信息，学习新的社会适应技能，调整社会关系，预防心理疾病的发生；而心理治疗强调"谨遵医嘱"，帮助方法更偏重医学模式，由心理医生给病人开出处方，病人通过治疗改变异常的行为方式和人格特征，减轻或消除各种心身疾病的症状。

关于心理咨询与心理治疗的关系，一直是研究者争论的问题，现在已有不少学者认为二者没有本质的不同，只有量的区别（陈仲庚，1989；江光荣，2005）。事实上，在心理咨询和心理治疗的实际工作中，二者因其诸多的共同性而经常被混用，很难完全区分开。心理咨询与心理治疗的差异只是在同一连续维度上的两极（见图 1-1），一个有着某种心理困惑的个体，既可以去学校或社区的心理咨询中心求助心理咨询师，也可以去医院的心理门诊求助心理治疗师，并且随着心理咨询和治疗的方法越来越趋向于整合，二者在实践运用中的差异已越来越小。另外，由于我国民众对心理疾病的接纳和认同有限，许多人担心被别人贴上"精神病人"的标签，即使有比较严重的心理问题也不愿意去医院接受心理治疗，而选择去心理咨询机构寻求帮助，导致心理咨询师要解决的问题已不仅限于适应和发展的范围，还要解决来访者不同程度的心理障碍，使得心理咨询也带有治疗的成分，因此广义的心理咨询实际上是包含了心理治疗的内容。由于特殊儿童不同于普通儿童，其自身的身体缺陷或功能障碍会影响他们的身心发展，本书所谈到的特殊儿童心理咨询使用广义的心理咨询概念，包含了心理治疗的内容。

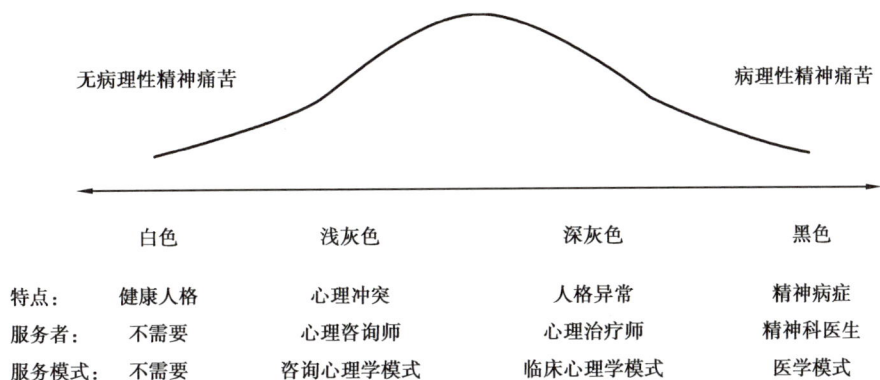

无病理性精神痛苦            病理性精神痛苦

|  | 白色 | 浅灰色 | 深灰色 | 黑色 |
|---|---|---|---|---|
| 特点： | 健康人格 | 心理冲突 | 人格异常 | 精神病症 |
| 服务者： | 不需要 | 心理咨询师 | 心理治疗师 | 精神科医生 |
| 服务模式： | 不需要 | 咨询心理学模式 | 临床心理学模式 | 医学模式 |

图 1-1 心理咨询与心理治疗的关系

（引自：樊富珉，心理咨询学，北京：中国医药科技出版社，2006 年 2 月第 1 版，p11。略作修改）

### （二）心理咨询与心理康复

#### 1. 心理康复的含义

心理康复（psychological rehabilitation）是以心理学的理论为基础，运用心理学相关的方法、手段和技术，对存在残疾、伤病或障碍的康复对象进行心理干预和治疗，帮助他们接受残疾现实并逐渐适应，使其身体、心理及社会适应恢复到健康水平，能够以健康的心理状态充分平等地参与社会生活（佟立纯，2010）。心理康复既是康复服务的一项重要内容，也是综合康复或全面康复的目标体现。心理康复需要以心理学的专业知识和理论为指导，采用心理诊断与评估、心理咨询和治疗、心理训练、团体辅导等技术，改善康复对象的认知、情感障碍和不良行为，使之正确对待残疾及其影响，最大限度地自尊、自信、自强、自立。

随着现代医学从原来的生物医学模式转变为"生物—心理—社会"医学模式，

越来越多的人认同健康或疾病不仅仅是生物学过程，而且受到心理和社会因素的影响，是生物因素、心理因素以及社会因素交互作用的结果，逐渐突显出心理和社会因素在人类疾病防治和健康促进中的重要作用。基于此，现代康复医学认为康复已不再是简单地促进残疾人或患者的躯体功能康复，而是使其生理和心理都得到改善，实现全面康复、重返社会。全面康复，即整体康复或综合康复，是指在心理上（精神层面）、生理上（躯体层面）及社会上（适应层面）实现全面的、整体的康复，同时也是指在康复的四大领域，包括医疗康复（身心功能康复）、教育康复、职业康复、社会康复中全面地获得康复。而重返社会，则是指通过功能改善及环境改变，促使康复对象成为独立自主和能实现自身价值的人，实现平等参与社会生活。现代康复医学明确表明，全面康复和重返社会是康复最重要的两大目标（贺丹军，2005）。

世界卫生组织将健康定义为躯体、精神和社会适应的完好状态或完全安宁，而不仅仅是身体没病，只有个体的生理、心理及其社会功能方面都没有疾病才能称得上健康。事实上，个体的身体健康与心理健康密切相关，没有哪一种疾病是单纯的生理功能障碍，也没有哪一种疾病是纯粹的心理问题。对于康复而言，单纯的躯体功能、言语功能等功能性的康复是远远不够的，残疾人或者伤病患者会因其生理障碍引发各种心理问题，而这些心理问题的存在不利于康复对象身体功能的康复。所以在对康复对象进行身体结构和功能的康复治疗的同时，也应特别关注心理的康复，并且心理康复要始终贯穿整个康复过程，解决他们在康复过程中出现的情绪、认知和行为问题，消除或减轻心理困惑，增强康复的信心，强化康复治疗的效果，改善他们的社会功能和家庭功能，使其更好地适应和融入社会，以提升康复对象及其家庭的生活质量。心理康复对于帮助残疾或患病的康复对象恢复身体功能、克服障碍，调整家庭关系，以健康的心理状态充分平等地参与社会生活具有非常重要的意义。

### 2. 心理咨询与心理康复的关系

心理咨询与心理康复有着很密切的联系。心理咨询和心理治疗都是心理康复过程中使用的手段和技术，心理测验、行为评估、精神分析、认知改变、行为矫正、团体心理治疗、游戏治疗、音乐治疗等在心理咨询和心理治疗领域普遍使用的技术都可以用在心理康复中；心理康复与心理咨询一样，都要以心理学的专业知识和理论为指导，包括普通心理学、发展心理学、异常心理学等心理学基础学科中所涉及的内容；二者都是以当事人为本，充分考虑当事人的主动性和自主性，重视与当事人之间建立积极的互动关系；并且心理咨询与心理康复的终极目标都是谋求当事人的身心健康发展和良好的社会适应。可以说，心理咨询是心理康复的技术支持，而心理康复为心理咨询的实际运用提供了一个特殊的场域。

心理咨询与心理康复在具体的实施上也有差异，主要体现在以下几方面：①服务对象不同。广义的心理咨询的服务对象不仅是有精神疾病或心理障碍的病人，还包括在适应和发展上有困难的正常人；而心理康复的服务对象主要是残疾人、老年病患者、各种慢性病患者、疾病急性期或恢复期的患者。②服务场域不同。心理咨询师通常是在学校、教育机构或社区服务机构提供服务；而心理康复师通常是在医院或康复机构提供服务。③侧重点不同。心理咨询更重视咨询对象的人格完善和社会适应能力的充分发展，通常关注来访者的心理问题和心理状态；而心理康复除了关注康复对象的心理问题之外，还会关心患者因损伤或疾病带来的功能障碍，重视心理状态与身体功能康复的相互影响及其对社会功能恢复的影响。

特殊儿童因其自身的残疾、缺陷或障碍，需要相应的功能训练和康复，有的康复治疗甚至伴随儿童的整个童年期，对于处在个体成长和发展关键期的儿童来说，只有躯体功能的康复是远远不够的，必须同时重视心理和社会功能的康复。例如，一些听障人士在早期得到了较好的听力和言语康复训练，借助人工耳蜗或助听器可以与健听人进行沟通，但是由于在童年期的言听康复过程中缺乏心理康复的跟进，往往在与他人交往时出现身份认同混乱、自我统合困难、敏感自卑、多疑等心理问题，导致社会融合和社会适应不良。因此，正是由于特殊儿童对于身体康复和心理康复的双重需求，心理咨询必须贯穿整个康复过程，特殊儿童的心理咨询与心理康复是交叉相容的，心理咨询的各种方法和技术可以用于特殊儿童的心理康复，而特殊儿童心理康复的达成情况是心理咨询实施的目标和结果。本书所谈到的特殊儿童心理咨询与康复即基于此理解。


## 第二节　特殊儿童心理咨询与康复的学科性质

特殊儿童心理咨询与康复是以心理学的理论为指导，运用心理咨询和心理治疗的各种原则、方法和技术，分析与解决特殊儿童的心理和行为问题，改善特殊儿童的康复效果，促进其心理健康的一门应用性学科。

## 一、特殊儿童心理咨询与康复是咨询心理学和康复心理学的分支学科

咨询心理学（counseling psychology）也称心理咨询学，是研究心理咨询的理论观点、咨询过程和咨询技法的一门科学，是应用心理学的分支学科（林崇德，2002）。它以心理学及相关学科的理论观点为依据，揭示心理咨询活动的基本规律，探索心理咨询的本质、特征、内容、过程、方法与技术等问题，有其系统的理论体系、特色和技术方法（乐国安，2002）。咨询心理学的学习可以使心理咨询师运用专业的心理咨询的理论、技术和方法，帮助人们解决他们在学习、工作、生活、人际交往、保健和疾病防治等诸方面出现的心理问题或心理危机，调整和改变人们的认知、态度、情绪情感及行为方式，重新建构自己的经验，完善个性，以达到更好地适应家庭和社会环境的目的，促进身心健康和谐发展。咨询心理学的研究任务主要包括揭示人们的心理问题以及心理障碍发生、发展、变化的规律；发现人们的心理问题和心理障碍的表现及其产生的机制；探讨解决人们的心理问题和心理障碍的理论、方法、措施；教会人们模仿某些策略和新的行为，从而最大限度地发挥其存在的能力，或者形成更为适当的应变能力；帮助人们扫除其正常成长过程中的障碍，从而促进人们得到充分的发展（唐柏林，1999）。

康复心理学（rehabilitation psychology）是一门运用心理学的理论和技术，研究康复领域中有关心理问题的学科，是康复医学和心理学的交叉学科（朱红华，2009）。它把心理学的知识应用于康复医学的各个方面，揭示伤残和疾病患者在康复中的心理活动、心理现象及其规律，特别是心理因素对残疾的发生、发展和转归的作用，以及患者心理与躯体的相互影响、患者与社会的相互影响等，以解决康复对象因残疾、病患或器官和功能缺陷所造成的心理问题或障碍（佟立纯，2010），帮助他们接受现实，积极康复治疗，重新回归家庭和社会（贺丹军，2005）。康复心理学的研究内容主要涉及研究心理行为与病残的关系，包括心理行为因素与病残之间的相互影响、病残对个体心理行为的影响及其适应过程；研究康复对象在康复过程中的心理特点和规律，为心理康复提供科学依据；研究各种心理治疗技术在康复中的应用，解决因残疾而发生的心理行为问题和因心理行

为因素而造成残疾改变的问题；为康复对象及其家属提供心理咨询，帮助他们改善负性情绪和矫正不良行为；运用心理测验和诊断技术进行康复心理评估，以合理制订心理康复计划和评价心理康复效果；研究康复治疗方法对患者心理的影响，避免康复中出现负面效应。

我们分析了 2000 年以后国内出版使用的 11 本咨询心理学和 4 本康复心理学教材[1]，概括出其中大多数作者普遍认同的内容板块，发现咨询心理学教材中主要包括心理咨询的基本问题（概念、特点、过程、原则、伦理道德等）、心理咨询者、咨询关系、心理咨询技术、理论流派、心理测验与评估、团体心理咨询、不同年龄阶段或心理问题的咨询等，而康复心理学教材中则主要包括心理康复的基本问题（概念、特征、对象、内容等）、与康复相关的心理学基础知识、心理测验与评估、心理咨询方法、心理治疗方法、不同心身疾病和功能障碍患者的心理康复、老年人的心理康复、病残儿童的心理康复等。两门学科在内容上既有交叉重叠的地方，也有不同之处。

特殊儿童心理咨询与康复是咨询心理学和康复心理学的分支学科，是咨询心理学和康复心理学的知识和方法在特殊儿童这一对象上的具体运用。儿童不同于成人，特殊儿童更不同于普通儿童，特殊儿童有其特殊的身心发展特点和障碍特点，在他们的康复训练、教育干预过程中都需要对其个体的心理和行为问题以及社会适应状况的关注和介入，可以说咨询心理学为特殊儿童心理咨询与康复提供了手段和方法，康复心理学为特殊儿童心理咨询与康复提供了更为全面的目标和评价指标，更符合特殊儿童的现实需求。

### 二、特殊儿童心理咨询与康复具有显著的应用性和实践性

特殊儿童心理咨询与康复必须具备心理咨询和心理康复的基础知识和基本理论，甚至涉及普通心理学、发展心理学、临床心理学、康复医学等学科中的理论

---

1　咨询心理学教材包括：宋官东，徐晓宁.咨询心理.沈阳：东北大学出版社，2009；姚本先，钱立青，方双虎，胡海燕.咨询心理学导论.北京：中国科学技术出版社，2005；傅宏.咨询心理学高级教程.合肥：安徽人民出版社，2008；林崇德.咨询心理学.北京：高等教育出版社，2002；乐国安.咨询心理学.天津：南开大学出版社，2002；杜高明.咨询心理学.成都：四川大学出版社，2013；周正猷，张载福.咨询心理学.南京：东南大学出版社，2007；张日昇.咨询心理学（第二版）.北京：人民教育出版社，2009；樊富珉.心理咨询学.北京：中国医药科技出版社，2006；杨凤池.咨询心理学（第二版）.北京：人民卫生出版社，2013；刘华山，江光荣.咨询心理学.上海：华东师范大学出版社，2014。康复心理学教材包括：贺丹军.康复心理学（第二版）.北京：华夏出版社，2012；佟立纯.康复心理学.北京：北京体育大学出版社，2010；朱红华.康复心理学.上海：复旦大学出版社，2009；李静.康复心理学.北京：人民卫生出版社，2013。

观点，然而特殊儿童心理咨询与康复最为明显的性质还是其应用性和实践性。作为特殊教育和康复的主要对象，特殊儿童因其身心发展的障碍而在成长过程中有更多的困惑和适应不良，康复训练也会带来各种困难，极易遭受挫折与失败，出现诸多心理问题和心理危机。这些发生在教育、康复或者日常生活情境中的现实问题需要专业的心理咨询师或心理康复师来解决，所以特殊儿童心理咨询与康复的应用性首先体现在以心理咨询和心理康复的专业理论和原则为指导，将心理咨询和心理康复的方法、策略与技术用于特殊儿童的问题情境，以问题解决作为工作开展和效果评估的依据。特殊儿童的心理问题具有复杂性和长期性，不可能简单做几次心理咨询和康复治疗就可以一劳永逸，需要经历反复的心理咨询和康复过程，不断通过实践来反馈和修正咨询与治疗方案，寻找到更为合适和有针对性的解决办法。可以说，特殊儿童心理咨询与康复对于特殊儿童心理发展特点、规律和机制的揭示，对于心理咨询和康复方法和技术的理论探讨，都是为了更好地使用这些方法和技术来解决特殊儿童的心理问题，提高教育和康复的效果。

### 三、特殊儿童心理咨询与康复具有多学科交叉的特点

特殊儿童心理咨询与康复是咨询心理学和康复心理学的分支学科，但它并不是只与这两门学科有关，而是具有多学科交叉的特点。咨询心理学和康复心理学直接为特殊儿童心理咨询与康复提供了基本的理论、原则、方法和技术。除此之外，特殊儿童心理咨询与康复还与更多的心理学学科，如普通心理学、发展心理学、教育心理学、临床心理学、社会心理学和医学心理学关系密切，而且还与特殊教育学、特殊儿童相关服务、生理学、社会学、康复医学等相互交叉；并且特殊儿童的类型复杂，个体差异明显，如果要对特殊儿童进行有针对性的心理咨询和康复，就必须要知晓不同障碍类型和干预需求的特殊儿童的身心发展特点，因此特殊儿童心理咨询与康复工作的顺利开展还会涉及听力障碍儿童心理与教育、智力落后儿童心理与教育、视力障碍儿童心理与教育、情绪与行为障碍儿童心理与教育、自闭症儿童心理与教育、学习障碍儿童心理与教育等多门学科。只有将这些基础性和实践性的多学科知识学好用活，融会贯通，才能充分发挥出特殊儿童心理咨询与康复的实践价值。

# 第三节 特殊儿童心理咨询与康复的内容

通常意义上，心理咨询的对象是有心理问题的正常人，这里的正常人通常是指在身体上没有明显疾病或者生理机能正常的个体，他们的心理和行为问题以及心理障碍基本上是心理的不适应所致，而非完全由其先天素质或者身体原因造成，因此针对这些对象的不同适应情况和需求，心理咨询的内容主要有以下3个方面：①发展咨询：咨询对象比较健康，无明显心理冲突，基本适应环境。咨询的重点在于帮助来访者更好地认识自己和社会，扬长避短，开发潜能，提高学习与生活的质量，追求更完善的发展。例如，解决怎样处理好社会工作与学习的关系、怎样获得更多的朋友、选择什么职业有利于自己的发展及人生价值的实现、怎样得到更好的学习效果等问题。②适应咨询：咨询的对象基本健康，但生活中有各种烦恼和困惑，心理有冲突或矛盾。咨询的重点在于帮助来访者排解心理忧难，减轻心理压力，改善适应能力。例如，当事人因学习成绩不如意而忧虑、陷入失恋痛苦而难以自拔、因人际关系不协调而苦恼、环境改变导致自我认识失调等。③障碍咨询：咨询对象一般患有某种心理疾病，为此苦不堪言，影响了正常生活。咨询的重点在于通过系统的心理治疗，帮助来访者克服心理障碍，缓解症状，恢复心理平衡。例如，咨询和治疗当事人的焦虑性神经症、严重的神经衰弱、恐怖症、强迫症、抑郁症、人格障碍等。然而，特殊儿童心理咨询与康复由于服务对象的特殊性，其内容在侧重和具体要求上还是与有心理问题的正常人的咨询有所不同。基于前面对特殊儿童的身心特点的分析，以及特殊儿童心理健康概念和标准的理解，特殊儿童心理咨询与康复的内容主要涉及以下5个方面。

## 一、自我意识和人格问题

自我意识是人对自己的生理状况、心理特征以及自己与外界环境关系的意识，是人格结构中的核心成分，健全统合的自我意识是人格健康的重要标志。儿童期是自我意识和人格形成的关键期，特殊儿童由于自身的生理缺陷或功能障碍，容易产生对自己的认知偏差和负性评价，导致消极的自我体验和自我行为控制的过度或不足，进而出现许多自我意识和人格方面的问题。咨询师要帮助特殊儿童客观认识和评价自己的缺陷和障碍，重新接纳自己，增强自我价值感和自我效能感，形成合理的自尊和适度的自我控制，积极应对自我发展过程中的困惑，克服自卑、自我中心、过度敏感、多疑、固执、孤僻、依赖等人格缺陷。此外，对于进入青春期的大龄特殊儿童，随着第二性征的出现，他们的性生理逐渐趋于成熟，性意识也逐渐从朦胧到清晰，还需要开展性心理适应方面的咨询，帮助他们应对由于性生理、性心理和性道德所引发的心理问题。

## 二、人际交往问题

人际交往问题是大多数特殊儿童普遍出现的心理问题，几乎是跨障碍类型的，不仅反映在自闭症儿童、智力障碍儿童和沟通障碍儿童中，而且聋童、盲童和脑瘫儿童，都会出现程度不同的人际交往问题。咨询师需要帮助特殊儿童理解集体和人际关系，感受人际交往带来的积极情绪，培养交往意识和态度，克服交往中的不良情绪和行为（如胆怯、恐惧、敌意、封闭、退缩、攻击等），学会与人相处的技能（如怎样获得他人好感、如何交朋友、如何维持友谊等），应对人际冲突和矛盾等。

## 三、学业问题

对于特殊儿童来说，由于其智力发展的水平有限，家长和教师可能会降低对他们的学习要求，但认知的发展和学习能力的培养仍然是特殊儿童的发展任务，毕竟学习会伴随一个人的一生，对于特殊儿童同样如此。在特殊儿童的学习过程中，咨询师要面临和解决的问题很多，如不同学科不同阶段的学习特点、对不同障碍类型和障碍程度儿童的学习要求、学习障碍的调节（如学习过程中的认知障碍、注意障碍、情绪情感障碍、意志障碍等）、激发积极的学业情感、应对学业挫折、不同学段之间的衔接和适应等。

## 四、生活适应问题

通常儿童生活适应能力的养成主要是在学龄前阶段完成，但对于特殊儿童来说，尤其是发展性障碍儿童，培养其生活适应能力可能是一个比较漫长的过程，需要家长付出更多的努力。良好的生活习惯和常规对于特殊儿童的健康成长与社会交往都有积极的影响，咨询师有必要帮助特殊儿童树立对生活自理、自我照顾、居家生活和日常规范等的认识，体验从生活适应中感受到的积极情绪，克服因障碍所限带来的无助感和挫败感，不断习得更多的生活技能，建立良好的生活习惯和生活方式，提高自己的生活适应能力。具体来看，生活适应方面心理咨询和康复的问题主要涉及建立科学的日常生活习惯（如良好的饮食、睡眠、如厕习惯等）、培养生活自理能力（如独立吃饭、穿衣等）、掌握基本的人身安全知识和技能（如过马路走斑马线、红灯停绿灯行等）、养成良好的卫生习惯（如理发、洗手、洗脚、刷牙、洗澡等）、选择恰当的休闲娱乐方式（如郊游、运动、不沉溺于电视或网络等）、培养正确的消费观念和合理的消费行为。

### 五、社会适应问题

特殊儿童的生活空间主要是家庭和学校（或者康复机构），他们与社会环境的接触主要是在社区。部分家长担心社会环境中的不利因素（如偏见、歧视等）会加重孩子的障碍和问题，也会有意识地减少特殊儿童与外界社会环境的交往。在当前社会接纳和融合程度还有待提高的现实下，特殊儿童的社会化之路的确显得非常艰难，但成年后的特殊儿童仍然要面对融入社会的难题，因此应该鼓励和帮助儿童走出家门和走出校门，在真实自然的公共场所里习得社会规则和锻炼社交能力。目前社会对特殊儿童的支持力度在不断加大，但相比于特殊儿童的支持需求还是很有限，咨询师有必要为特殊儿童走出家门和校门提供心理上的支持，帮助他们缓解进入陌生环境的紧张和焦虑，为他们营造安全的心理氛围，克服自卑、退缩的心理定式，练习融入社会所需的先备知识和技能，鼓励他们力所能及地主动参加社会实践活动，并且改变家长的过度保护，指导家长积极为特殊儿童参与社会提供支持和寻求支持。

## 第四节　特殊儿童心理咨询与康复的形式

特殊儿童心理咨询与康复在形式上具有多样性，与一般心理咨询的形式基本相同，可以根据不同的标准划分为不同种类的形式。例如，根据心理咨询与康复的对象分为：①直接咨询与康复，是指心理咨询师对有求助需要的来访者直接进行的咨询与康复，其特点是咨询师与来访对象直接沟通和交往，以解决其心理问题；②间接咨询与康复，是指心理咨询师通过与来访者的亲属或其他人沟通，以解决来访者的心理问题而进行的咨询与康复，其特点是在咨询师与来访者之间多了一个中转的媒介，由中间人中转咨询师的意见和来访者的问题。由于特殊儿在言语表达和认知能力上的发展受限，对其进行心理咨询与康复需要结合使用直接和间接两种形式，既要直接观察和访谈特殊儿童本人，也要对他们的重要他人展开咨询会谈，以全面了解来访的特殊儿童的具体情况和症状。此外，按照咨询和康复的对象数量及成员关系可以分为个别咨询与康复、团体咨询与康复和家庭咨询与康复3种形式，在每一种形式里又可以细分为更加具体的类型。

### 一、特殊儿童的个别心理咨询与康复

特殊儿童的个别心理咨询与康复是指一位咨询师与单个来访的特殊儿童建立一对一的咨询关系，咨询师着重帮助特殊儿童解决其个人的心理问题，是特殊儿童心理咨询与康复的主要形式。由于特殊儿童普遍具有身体或生理功能上的障碍，针对其个体的心理咨询和康复一般需要特殊儿童的主要照顾者参与，帮助咨询师准确地理解儿童的心理活动和行为反应，同时也可以协助儿童完成咨询师的指导和训练。因此，特殊儿童个别心理咨询与康复通常是以咨询师和一名特殊儿童以及一名主要照顾者组成的一个咨询单元，有时也可能会有多名主要照顾者参与其中。虽然有家庭成员参与咨询过程，但特殊儿童个别心理咨询与康复关注的焦点在这名来访的特殊儿童身上，而不是照顾他的家人，咨询和康复的目的是解决儿童本人的情绪行为问题或者其他发展困难。个别咨询与康复的优点是针对性强、保密性好，交流比较深入，有利于来访者真实地表现自己，方便因人制宜，但比较费时、成本较高。

在特殊儿童的个别心理咨询与康复中，根据咨询师使用的心理咨询和康复的手段或方式不同，可以分为以下4种主要类型。

#### （一）面谈心理咨询与康复

面谈心理咨询与康复是指咨询师和来访的儿童或其家长在一个安静、舒适、私密性较强的空间，用面对面的谈话方式进行心理咨询和康复。面谈是个别心理咨询与康复中最常见和最主要的方式，咨询师在对特殊儿童实施个别的心理咨询与康复时，除了要与孩子的主要照顾者进行面谈之外，还需要与特殊儿童进行面对面的接触和了解，如观察儿童的言行、询问儿童的感受、在游戏或沙盘活动中直接评估和干预儿童的问题等。面谈心理咨询与康复互动频率高，是一种更为直接和自然的形式，可以使来访的特殊儿童及其家长直接向咨询师详尽地表达自己的烦恼、焦虑、不安或困惑，咨询师则可以通过与来访者进行面对面的观察、讨论、

评估、分析和询问，更充分且直观地把握特殊儿童的情况并实施干预办法。此外，面谈心理咨询和康复的时间一般是 40~60 分钟，比较宽裕，除非是来访儿童强烈要求，通常咨询室或康复室里是没有旁人在场的，包括孩子的家长，能够为来访儿童提供轻松、自由和受保护的心理空间，所以容易被来访者信任和接受。

（二）电话心理咨询与康复

电话心理咨询与康复是指咨询师与来访儿童或家长通过电话交谈的方式进行心理咨询或康复，是一种较为方便、迅速而又及时的咨询和康复形式。电话咨询的快捷性和隐蔽性，使其在心理危机干预方面发挥了重要作用，常被人们称为"生命线"或"希望线"。电话心理咨询与康复不需要复杂的准备过程，不需要提前预约，不受空间距离的限制，只要手边有一部电话、个人有求助的意愿就可以与咨询师建立咨询关系，对于那些因一时冲动而可能采取危险行为的来访者而言，是非常有用的心理求助形式。不过电话心理咨询与康复中咨询师与来访者之间缺乏面对面的直接交流，所以咨询师无法了解来访者的非言语信息，难以准确对其心理活动做出判断和评估，有可能降低咨询师的干预和康复效果。

（三）信函心理咨询与康复

信函心理咨询与康复是指咨询师与来访儿童或家长以书信交流的方式进行心理咨询或康复，来访者在来信中提出问题或描述症状，咨询师回信答复并给出专业的咨询意见。信函心理咨询与康复可以打破地域的限制，不仅隐去了个体的相貌、表情等外表特征，甚至还隐去了声音信息，具有比电话咨询更大的隐蔽性，适合异地居住、不愿意暴露自己或者不善于口头表达的来访者。但信函咨询与康复的局限在于咨询师和来访者不能直接面谈，甚至都不能像电话咨询那样有双方的对话和交谈，咨询师对于来访儿童问题的了解只能来自对方在信函中的陈述，无法对问题进行深入的提问和追问，所以也只能给出一些原则性的干预建议，很难有针对性地指导和帮助来访者。对于认知发展迟缓或表达困难的特殊儿童，如果他们家长自身的文化水平、相关知识、文字表达和写作能力不足，很可能导致信函中对问题描述不清或不全，也会进一步降低咨询师的工作效率，必要时应给予面谈咨询。不过，随着网络和计算机的普及，传统的信函方式已经逐渐被电子邮件所替代，使得信函心理咨询与康复也带有了及时、便捷的特点，一定程度上可以增强咨询师与来访者的对话和互动，有助于提高咨询师的干预和康复效果。

（四）网络心理咨询与康复

网络心理咨询与康复主要是指借助互联网等高科技网络媒介进行的心理咨询或康复活动，是近年来逐渐兴起的新型心理咨询与康复形式，其主要服务方式包括电子布告（BBS），电子邮件（E-mail），即时互动工具（微信、QQ 等），相关心理咨询或康复网站等。与电话和信函相比，互联网具有更强的交互性、保密性、隐蔽性、快捷性和实时性，不仅给那些因身体条件、地域环境所限不能直接求助的来访者带来便利，而且网络上的虚拟身份增强了来访者的安全感，使其可以没有顾忌地倾诉自己的隐私，暴露自己的问题，而咨询师也可以实时提问和互动，通过视频观察来访者的表情和动作，及时做出判断和评估，给出有针对性的回应和处理。当然，网络心理咨询与康复的效果受来访者的年龄、文化程度、语言表达能力以及心理问题的性质和程度的影响较大，且需要一定设备条件和比较熟练的电脑操作技能。当前我国网络心理咨询与康复还处于起步阶段，科普性比较强，但随着互联网、计算机、人工智能、大数据等技术的不断发展，信息交流将更加智能化和人性化，网络心理咨询与康复的专业性和科学性将进一步加强，对于特殊儿童及其家长的心理健康维护会发挥出更大的作用和功能。在特殊儿童心理咨询与康复服务中，有必要把网络形式与面谈形式相结合，开展线上和线下的整合干预，网络心理咨询与康复可以成为完整的心理咨询与康复服务体系中的组成部分，为特殊儿童心理问题的全面咨询和康复奠定基础。

## 二、特殊儿童的团体心理咨询与康复

特殊儿童的团体心理咨询与康复是指在团体情境中，为来访的特殊儿童提供心理帮助和康复指导。它是通过团体内人际交互作用，促进特殊儿童在交往中观察、学习、体验，认识自我、探讨自我、接纳自我，调整和改善与他人的交往、学习新的态度与行为方式，以发展良好的生活适应能力的助人过程。团体心理咨询与康复通常把具有类似性质或者共同问题的特殊儿童组织在一起，在集体环境中进行咨询和康复。参加团体咨询与康复的特殊儿童，不仅要解决的心理问题基本相似，而且其认知发展水平较为接近，年龄差异也不宜过大。由于特殊儿童经常会出现一些突发状况，每次参加的人数不宜太多，一般不超过 10 人，如果人数较多或者障碍程度较重，需要儿童的主要照顾者或者咨询师的助手共同参与。在团体心理咨询与康复中，特殊儿童处于一种多向性的交流环境，不仅得到咨询师的帮助和指导，而且可以感受到同伴支持，还能够通过观察同伴的态度和行为促进自我认知，稳定情绪，改善行为问题。团体心理咨询与康复在解决特殊儿童的共性问题（尤其是人际交往问题）、节约时间和人力、扩大社会影响方面，有着较强的优势。当然，由于特殊儿童的异质性较大，团体咨询与康复有可能难以顾及每位成员的个体差异，并且在集体氛围中一些个体深层次的问题不容易暴露，咨询师对问题的解决停留在表面。因此，咨询师在对特殊儿童实施团体心理咨询与康复时，一定要留意团队里不同成员的差异性，在活动方案的设计上要考虑不同儿童的身心特点，反映出个别化的咨询目标和康复要求，将团体咨询与康复和个别咨询与康复结合起来，实现来访儿童心理健康问题的有效减轻。

特殊儿童的团体心理咨询与康复，根据其功能的不同，可以分为以下三种类型。

（一）治疗性团体心理咨询与康复

治疗性团体心理咨询与康复是在一个较为正式的且受保护的团体中，咨询师针对特殊儿童或家长的某个典型心理问题设计专门的团体活动，并控制和引导活动实施过程，通过团体特有的治疗元素，如团体成员所提供的支持、关心、尊重、共情等，调整和恢复受损的心理功能，帮助特殊儿童及其家长改变自我意识和人格结构，矫正情绪和行为障碍，达到问题治愈和心理康复的目的。治疗性团体心理咨询与康复的实施对象通常是有较为严重的心理问题或行为异常，如严重的焦虑和恐惧等，心理咨询和康复的重点在于过去经验和潜意识的影响，持续的时间一般较长，对咨询师的专业要求更加严格。

（二）训练性团体心理咨询与康复

训练性团体心理咨询与康复关注的不是团体中成员的个人问题或个人成长，而是团体中的人际关系，强调通过团体环境下的人际互动和行为演练，体验团体成员间的相互作用，学习对自己、他人和团体的理解与洞察，帮助成员有效地解决问题、做出决定或形成新的行为模式。训练性团体心理咨询与康复重视团体发展的过程，通过每个阶段中成员之间的互动方式来引导成员观察并改进自己的行为。例如，一个参与同伴游戏的特殊儿童，可以在训练性团体中表现某一行为（如合作），看看是否能够获得同伴的认可；他也可以做出相反的行为（如攻击），看看其他同伴的反馈，通过理解同伴对于自己不同行为的反应来找到适当的行为方式。训练性团体心理咨询与康复的主要功能是为特殊儿童或家长提供一个行为实验室，通过团体内的互动性体验，让成员看到"改变"带给个人在团体和人际关系中的变化，从而主动改变自己的非适应性社会行为。训练性团体心理咨询与康复强调此时此地不涉及成员过去的行为，重视真实的人际关系，强调尊重他人和促进他人成长，其主要的组织形式如压力管理训练营、自我肯定训练工作坊、社交技巧训练小组等。

### （三）成长性团体心理咨询与康复

成长性团体心理咨询与康复是通过团体成员的主动参与，有效地表达自我，找到大家共同的兴趣和目标，在此基础上通过交流、互动、体验和反思，发掘每个成员内在的动力，促进自我觉察，全面了解自己，充分发挥潜能，从而得以自我成长和自我完善。这是目前应用最为广泛的团体心理咨询与康复形式，尤其在学校心理健康教育中备受重视。成长性团体心理咨询与康复的对象可以是有潜能开发和更好发展需求的认知正常的特殊儿童，也可以是有自我成长和个性完善需求的特殊儿童家长，其组织形式多样，如自我探索工作坊、生涯规划辅导团体、亲子沟通成长营、才能拓展小组等。

### 三、特殊儿童家庭心理咨询与康复

特殊儿童家庭心理咨询与康复是通过改变特殊儿童家庭成员的心态和认知方式，以及相互之间的交往模式或结构，促使家庭成员调整个人的情绪和行为反应，恢复受损的家庭关系和家庭功能，进而使特殊儿童的心理和行为问题得到缓解和改善。特殊儿童家庭心理咨询与康复的对象不单是某一位特殊儿童个体，而是他所在的整个家庭，这个家庭中的每一位成员以及成员之间的关系都是咨询师要关注的焦点，尤其是儿童的主要照顾者对儿童的言行、态度、沟通方式、依恋关系等，无疑是特殊儿童家庭心理咨询与康复的核心要素。家庭不是一般意义上的团体，是儿童出生和成长的直接环境，对其身心发展有着特殊的教育功能。家庭是由有血缘关系的家人共同组成的一个动力结构，每个家庭成员之间相互作用，形成相对稳定的互动方式。特殊儿童身体的残障会影响到家庭里的每一个成员，而家长尤其是父母之间及其与孩子之间的关系又会反作用于特殊儿童的心理和行为，因此特殊儿童的心理问题通常与其他家庭成员有关，是家庭成员相互作用的结果。

在家庭心理咨询与康复中，儿童主要照顾者的作用不再是辅助和支持性的，而是心理咨询与康复工作的重要部分之一，家长心理素质的增强、亲子沟通技巧的掌握、家庭关系的重新调整、家庭功能的提升、问题产生的家庭动力机制的改变等，都有助于减少特殊儿童的情绪和行为问题，提高他们的心理健康水平和康复训练效果。有关家庭心理咨询与康复在不同模式上的分类，本书的第五章第四节进行了详细阐述。

# 第二章

# 特殊儿童的心理健康

## 【问题导入】

·谁是特殊儿童？特殊儿童的重要他人有哪些？

·特殊儿童心理健康的概念是什么？

·特殊儿童心理健康的评估标准和内容是什么？

·我国特殊儿童心理健康的现状如何？

## 第一节　特殊儿童及其重要他人

特殊儿童心理咨询与康复的对象主要是特殊儿童，其次是特殊儿童的重要他人。由于特殊儿童在人生发展阶段中属于童年期，不管是生理还是心理的发展都正处于一个逐渐成熟的过程，加之自身缺陷和障碍，在成长中会不断遭遇困难和问题，需要他们身边的重要他人给予支持和帮助，才有可能在教育干预和康复训练时取得良好的效果，重要他人对于特殊儿童身心健康的促进起着非常重要的作用。并且特殊儿童在养育和教育康复中出现的各种问题和困难也会给他们的重要他人带来较大的压力和影响，成为重要他人维护自身心理健康的危险因素。因此，特殊儿童及其重要他人都应成为特殊儿童心理咨询与康复的对象。

### 一、特殊儿童

#### （一）特殊儿童的含义

关于谁是特殊儿童，不同学者有着自己的观点。如美国 1980 年版百科全书第九卷"教育"条目中把特殊儿童定义为在智力、感官、情绪、身体、举动或表达能力上与正常情况有较大差距的儿童（朴永馨，2014）；陈云英等（2004）认为特殊儿童一般是指有特殊教育需要的儿童，国际上泛指一切需要特殊教育的儿童，在我国则指残疾儿童，包括 18 岁以下在心理、生理、人体结构上某种组织功能丧失或不正常，全部或部分丧失以正常方式从事某种活动功能的人；韦小满（2006）认为特殊儿童是一群在生理和心理发展的某一方面或多个方面明显地偏离普通儿童的发展水平，有特别的学习或适应困难，只有接受了特殊教育才能充分发展的儿童；郭为藩（1983）将特殊儿童界定为由于某些生理的、心理的或社会的障碍，使其无法从一般的教育环境获得良好的适应与学习效果，而需借着教育上的特殊扶助来充分发展其潜能的儿童。特殊儿童与普通儿童没有截然不同的区别，只是某些心理特性（如智能、知觉、情绪、社会适应等）较为偏异，或者某些生理条件（如视觉、听觉、语言、肢体等）具有缺陷，以致在生活适应或学习上较为困难，需要教育者根据其特殊的身心状况给予特别支持，才能获得充分的发展（郭为藩，1983）。

从以上的表述可见，特殊儿童有狭义和广义之分。朴永馨教授指出，狭义的特殊儿童是指那些在生理或心理发展上有缺陷的残疾儿童，仅包括智力、视觉、听觉、肢体、言语、情绪等方面发展障碍、身体病弱、多种残疾等儿童，又称为"缺陷儿童"或"残疾儿童"。广义的特殊儿童把正常发展的普通儿童之外的各类儿童都包括在内，是指一切偏离常态的儿童，他们由于生理、智力、感觉、社会环境等方面的原因，无法在正常教育条件下获得学习效果而需要特殊教育措施及服务来发展潜能，如各种能力超常的儿童、行为问题（包括轻微违法犯罪）的儿童、智力发展低常的弱智儿童、视觉或听觉有不同程度障碍的儿童（包括盲童、低视力儿童、聋童、重听儿童）、肢体障碍儿童、言语障碍儿童、学习障碍儿童、情感障碍儿童、多重障碍儿童等（朴永馨，2014）。这些特殊儿童在更大的范围上也可以统称为"特殊需要儿童"或"特殊教育需要儿童"，几乎包含了所有在不同阶段因不同原因需要接受额外教育支持的儿童。

随着社会经济和教育的发展，特别是人们对人权、民主、公平认识的发展，对特殊儿童内涵的理解大致经历了从"残疾儿童"到"特殊儿童"再到"特殊需要儿童"的三个主要阶段，特殊儿童的概念内涵在逐渐扩大（盛永进，2011）。早期的特殊儿童主要指那些由于较严重残障状态而被剥夺正常就学机会的残疾儿童，如聋童、盲童、智力障碍儿童、肢体伤残儿童等。后来逐渐扩大到那些虽有机会进入普通学校学习，但所受教育并不适合他们的能力与需要，在教育情境中受到挫折的轻度障碍儿童，如智能不足儿童、情绪困扰儿童、语言缺陷儿童、重听与弱视儿童、病弱儿童等，还包括才能超常的儿童。到第三阶段，特殊儿童已经扩大到特殊需要儿童，包括任何在学习上有特别困难、需要接受教育支持的学生（郭为藩，1985）。特殊需要儿童这一概念的提出，超出了传统的以医学和病理学为基础的残疾范畴，从教育的视角审视儿童需要，意味着每个儿童都有可能在某个发展阶段遭遇学习困难而具有特殊教育需要，真正体现了全纳教育的理念。

　　每一个儿童都是独特的个体，他们会因为先天身体素质和后天生活环境的不同而在其解剖、生理、心理等方面的发展上出现各种差异，有的儿童的差异较大地偏离了正常的发展水平，表现出显著不同于大多数普通儿童的特征。那么，具有偏离常态的明显差异就是特殊需要儿童吗？一个生来就是白头发的儿童，他的发色显然与大多数儿童的头发颜色不同，但这个特征并不影响他在学校接受教育；一个听觉器官受损的儿童，他的听力缺陷会让他无法在课堂上正常听课，进而影响到他的学习和人际沟通。因此，如果儿童在生理和心理特征上表现出偏离常态的差异，但是并没有给他们的学习、生活和社会适应带来障碍和困难，就不需要特别的支持和帮助。只有那些因在身心发展或学习、生活中与普通儿童有明显的差异，且需要给予区别于一般帮助的特殊服务的儿童才是特殊需要儿童，尤其是当儿童因其偏离常态的"怪异"特征遭受到同伴、老师或陌生人的嘲笑、排斥和拒绝时，他们内心经历和累积的负性情绪体验、自我怀疑与否定都是需要给予特别的心理咨询和康复服务的。

　　同样，具有损伤或残疾就一定是特殊需要儿童吗？我们可以从损伤、残疾和障碍的概念上来理解这个问题。损伤通常是指个体在心理、生理、解剖结构或功能上的缺失或异常，如肢体缺损；残疾是由损伤造成的、个体以正常方式进行活动的能力受限或缺乏，如下肢截瘫的人无法正常行走；障碍则是因损伤或残疾而使得个体在完成正常任务时受到限制或阻碍的不利情况，如一名丧失一条腿的儿童如果使用假肢，他在行走上是没有问题的，因此在教室内的课堂学习中他是没有障碍的，但是如果在篮球场上和那些没有残疾的同伴进行比赛，他是有障碍的（休厄德，2007a）。可见，残疾未必一定导致障碍，只有个体在与环境的交互作用中，因为自身的残疾无法顺利完成某项任务或工作时，残疾才会成为障碍。障碍与环境有关，并且对于残疾儿童来说，除了物理环境的障碍，还有更多的障碍是来自心理环境的，如他人的消极态度和不恰当的行为。因此，具有损伤或残疾并不一定是特殊需要儿童，特殊儿童需要的特殊帮助取决于他们处于教育环境和社会环境中所发生的障碍内容和性质。基于此，对特殊需要儿童的理解可以包含两个方面，一是在生理和心理发展的一个或多个方面与普通儿童有明显差异，即身心特征有显著异常；二是这些差异严重影响了他们的学习或适应，需要特别设计的课程、教材、教法、组织形式等，以获得最大限度的发展，即需要个别化的教学计划或相关服务。在这些相关服务中，心理咨询和康复是不可缺少的内容。

尽管特殊儿童的概念内涵在理论和研究层面上有了不断扩大的趋势，但在我国特殊教育的实践中对特殊儿童的理解多数还是局限在狭义的残疾儿童上，只有一些经济和教育比较发达的地区，尤其是融合教育开展较好的地区会将特殊儿童的含义扩大到更多的普通学校里需要额外教育支持的儿童。每个儿童都有接受教育的权利，也都有谋求身心健康发展的权利，关注每个儿童在成长过程中的困难和问题，为其提供必要的心理援助应该是教育工作者的重要职责。并且国际上已有越来越多的国家和地区采用广义的概念，把多种特殊儿童纳入特殊教育的范围，体现了特殊教育从残疾教育走向全纳教育的必然趋势。因此，特殊儿童心理咨询与康复的对象除了残疾儿童之外，还要包括更广范畴、更多类别、不同支持程度的特殊教育需要儿童，即广义的特殊儿童。

（二）特殊儿童的分类

对特殊儿童的分类具有多样的原则和依据，可以按生理或心理发展状况分类，也可以按受教育年限和程度分类，还可以按医学诊断的结果分类等。特殊儿童与普通儿童的不同首先表现在解剖、生理和心理发展上的显著差异，如感觉器官或肢体上的明显异常、生理或心理发展水平极大高于或极大低于多数儿童、行为上的显著异常等。特殊儿童在解剖、生理和病理上的特点及其临床症状是特殊儿童医学诊断的基础，也是其心理发展特异性的基础，这些生理和心理的差异正是特殊教育分类的依据，特殊教育需要根据诊断出的不同类别的特殊儿童的身心特点采取相应的教育措施和方法，促进儿童的发展。医学诊断和教育需求可以作为特殊儿童分类的原则和依据，对特殊儿童进行分类的目的不是为了贴标签，而是为了更好地了解每一类别特殊儿童的特殊性，对其实施更为有效的个别化教育。

目前世界范围内各个国家在不同时期对特殊儿童的分类不尽相同，如美国的《所有残疾儿童教育法》中把残疾儿童分为智力落后、重听、聋、言语缺陷、视觉障碍、情感严重紊乱、畸形损害、其他健康损害、聋盲、多种障碍、特殊学习障碍11类；日本在《学校教育法》中规定残疾儿童包括视觉障碍（含盲和弱视）

儿童、听觉障碍（含聋和重听）儿童、智力落后儿童、肢体缺陷儿童、病弱儿童、精神和情绪障碍儿童、言语障碍儿童、重复障碍儿童8类；根据《中华人民共和国残疾人保障法》对残疾人的分类可以把残疾儿童分为视力残疾、听力残疾、言语残疾、肢体残疾、智力残疾、精神残疾、多重残疾和其他残疾儿童8类（朴永馨，2014）。

这些分类基本上都是对狭义的特殊儿童即残疾儿童的分类，随着特殊教育的发展以及对特殊儿童含义理解的拓展，特殊儿童的类别增加了，如根据美国1997年颁布的管理条例，将特殊儿童分为学习障碍、视觉障碍（含全盲）、听觉障碍（含全聋）、聋盲双残、肢体障碍、智能障碍、言语语言障碍、外伤性脑伤、重度情绪障碍、自闭症、多重障碍、其他健康障碍与发展迟缓共13类儿童（方俊明，2005），与《所有残疾儿童教育法》中的分类相比增加了自闭症、发展迟缓和外伤性脑伤。同时不少学者还主张在特殊教育的对象中增加超常儿童，如美国的著名特殊教育专家柯克和加拉赫（Kirk，Gallagher，1989）就认为特殊儿童既包括残疾儿童又包括天才儿童。因此，本着特殊教育理论和实践的发展趋势，以及全纳教育的核心观点，对特殊儿童的分类不能仅停留在狭义的理解上，而应该对广义的特殊教育需要儿童进行分类。在广义的特殊儿童分类中，方俊明教授的分类是更为系统和全面的，他把特殊儿童分成了残疾儿童、问题儿童和超常儿童三大类（方俊明，2005）。我们以他的分类框架为主，融合了其他学者有关特殊儿童分类的观点，具体阐述如下。

### 1. 残疾儿童

残疾儿童根据伤残部位或造成缺陷的不同，可以分为感官残疾儿童、智力障碍儿童、肢体残疾儿童、语言残疾儿童、病弱儿童、创伤性脑损伤儿童、多重障碍儿童等，其中感官残疾儿童主要包含了视觉障碍儿童（含盲童和弱视儿童）、听觉障碍儿童（含聋童和重听儿童）和聋—盲双残儿童三类。在我国目前的特殊教育领域，感官残疾儿童和智力障碍儿童是主要的对象。残疾儿童因其伤残或缺陷导致身体功能的障碍，直接影响到他们的个体发展和社会适应，他们大多数都需要功能康复的训练，通常教育和康复是同时进行的，因此对残疾儿童的心理咨询和康复要考虑到康复训练对他们心理和行为的影响，一些过于困难的康复方法需要心理咨询的介入和跟进，以免给残疾儿童心灵留下阴影，危害到他们健全人格的形成。

### 2. 问题儿童

问题儿童是指那些有严重的行为障碍、情绪极不稳定的儿童，包括学习障碍儿童、社会行为障碍儿童、情绪障碍儿童、自闭症谱系障碍儿童、注意缺陷及多动障碍儿童、处境不利儿童等。问题儿童的教育问题在我国以前一直都是普通教育需要面对和解决的，通常会在普通学校里作为差生或问题学生来对待，普通学校的老师会简单地把学习障碍儿童视为偷懒、不勤奋的学生，把自闭症儿童看作性格孤僻内向的学生。随着特殊教育对象的扩大和融合教育的发展，问题儿童逐渐成为特殊教育中一个新的领域，有不少特殊教育者开始关注学习障碍、自闭症等儿童的教育问题，并且也有一些程度严重的自闭症儿童直接进入特殊学校接受教育。特别需要提到的是处境不利儿童，这类问题儿童包括单亲、离异或重组家庭儿童，留守儿童，流动儿童，流浪儿童，孤儿（包括艾滋病致孤儿童），寄养儿童等，他们往往生活在特殊的家庭或社会环境中，在成长和发展过程中因环境的不利导致身心受到不同程度的伤害，会产生较多的心理和行为问题，需要对他们进行心理咨询和心理康复，恢复健康的人格和心态。

### 3. 超常儿童

超常儿童也被称为资质优异儿童，是指那些有高于常人的智商，有较高的领悟能力和解决问题的能力，或在某一方面有特殊才能的儿童。超常儿童通常包括两类，一是指天才儿童（gifted children），即在认知能力上有高度发展的儿童，他们具有智能、创造力、思维、推理等方面的天赋才能，其智力发展水平往往非常明显地超过同龄儿童的一般水平。目前多采用标准化的智力测验来进行鉴别，普遍将智商分数在130或140以上的确定为天才儿童（查子秀，2006）。已有不少研究者认为天才儿童不仅要具有注意集中、知觉敏锐、观察力强、思维灵活、想象丰富等优秀的智力素质，而且还需具备兴趣广泛、求知欲强、坚韧不拔等好的个性品质。二是指专才儿童（talented children），即具有某种特殊才能的儿童，他们在一般能力即智力的发展上表现普通，但在某些特殊能力上有着显著超过同龄儿童的高度发展，如具有特别突出的数学、文学、语言、运动、绘画、书法、音乐、发明创造等方面的能力。并且还有一部分儿童，他们的智力发展水平落后于普通儿童，或者有着某些缺陷或障碍，有的甚至日常生活都难以自理，但却在某些特殊方面表现出卓越的才能，如高水平的记忆力、数字运算能力、音乐能力或绘画能力等。奥斯卡获奖影片《雨人》中的主角原型金·皮克（Kim Peek），是美国一位生活低能的自闭症患者，拥有超常的记忆能力，精通从文学、历史到地理、音乐在内的 15 门学科，能一字不漏地背诵至少 9 000 本书的内容。

从统计学来看，超常儿童或低常儿童是指处于超过或低于均值两个标准差的那部分儿童（施建农，徐凡，2004），特殊教育领域对超常儿童的关注，将特殊教育的对象从残疾儿童扩大到了特殊儿童，不再只重视因身心残障导致能力发展低于常态水平的那些儿童。那么，能力发展高水平的超常儿童是否需要心理咨询和康复呢？尽管在超常儿童的定义中研究者强调智力因素和非智力的个性品质的共同作用，但超常儿童的实际案例中还是反映出他们在某些心理特征上具有明显的缺陷和问题，如过于自负、孤僻固执、人际交往困难、社会适应不良、脆弱敏感、挫折耐受较差等。尤其是身心残障超常儿童，他们兼具残障儿童与超常儿童的两种特质，一方面表现出某些优异能力，具有高抱负和高期望；另一方面又存在某些身心障碍，发展受到限制，自我贬抑。在这两种极端特质的相互作用下，身心残障超常儿童容易产生既自负又自卑的心理，出现较大的内心冲突和自我统合困难，常常采取生气、哭闹、自责、冷漠、退行、做白日梦等方式来掩饰他们的矛盾心理，挣扎在不安、压抑与羞愧中，进而影响他们的学习、生活和人际关系等，甚至还会导致严重的情绪行为问题。因此在超常儿童的成长和教育过程中仍然需要得到相应的心理支持，维护身心健康，使其优势能力得到可持续的最大展现。因考虑到超常儿童与其他特殊儿童的显著差异，本书所谈及的特殊儿童主要是指广义的特殊需要儿童中的残疾儿童和问题儿童。

## 二、特殊儿童的重要他人

重要他人（significant others）是心理学、社会学和教育学都关注的概念，美国精神医学家沙利文（Harry S. Sullivan）在其人际关系理论中提到重要他人，指那些在生活环境中对个体具有相当的重要性和影响力的人（黄希庭，2004），而美国社会学家米尔斯（Charles W. Mills）基于米德（George H. Mead）的自我发展理论明确提出这一概念。所谓重要他人，是指对个体的人格形成和社会化过程具有重要影响的具体人物或群体，包括互动性重要他人和偶像性重要他人两种（唐彬，2010）。前者是个体在日常交往过程中认同的重要他人，如父母、老师、朋友等；后者是指受到个体特别喜爱、崇拜、敬佩的学习榜样或楷模等，多为社会知名人物。互动性重要他人对儿童的认知、语言、自我概念、行为方式、个性品质、价值观等方面的形成与发展都有着重要作用，如被父母接受的孩子一般表现出更多的亲社会行为，而受父母支配的孩子比较被动顺从、缺乏自信心（李丽，2010）。互动性重要他人受到年龄阶段的影响，通常沿着"家长—教师—同辈伙伴"的路径逐渐变化，即学龄前的年幼儿童会受到家长的更多影响，学龄早期的儿童会更多地受到老师的影响，而学龄晚期的儿童受到同伴的影响会更多。

特殊儿童的重要他人主要是互动性重要他人，涉及特殊儿童的家长、教师和同伴，他们同样是特殊儿童心理咨询与康复的对象。由于特殊儿童处于童年期这样一个人生发展的特殊阶段，加之不同程度的身心问题，他们的生活和学习离不开重要他人的影响，不管是在康复训练还是教育教学中都需要重要他人的特别支持和帮助，并且特殊儿童自身的缺陷和障碍也会带给重要他人麻烦和困难，成为重要他人的压力源。因此，为特殊儿童重要他人提供心理咨询与康复服务，不仅可以改善重要他人的心理健康状况，而且可以通过调整重要他人与特殊儿童相处的方式和态度来促进特殊儿童良好的适应与发展。

（一）家长

家长显然是儿童早期家庭教育中的重要他人，家长以自己的一言一行潜移默化地影响着孩子，在培养孩子生活能力和个性形成中起着重要作用。对于特殊儿童来说，其成长过程充满艰辛，家长是与特殊儿童亲密接触的抚养者，同时也是特殊儿童的困难或障碍的早期发现者，他们大多亲历了震惊与混乱、否认、悲伤、焦虑与恐惧、愤怒、自责以及最终的适应等一系列反应过程中的某些阶段（哈拉汉，考夫曼，普伦，2010），几乎每天都要应对和处理孩子的情绪行为问题、大众的指责和自身的各种麻烦，感受到极大的压力。特别需要说明的是，这里的家长不仅是指父母，还包括主要承担养育儿童责任的亲人，如祖父母、外祖父母、其他亲戚等，他们在特殊儿童的父母忙于工作或外出挣钱时，承担起了照顾、陪伴特殊儿童的任务，不同程度地参与到特殊儿童的康复训练和教育过程中，对特殊儿童的发展也起着重要的作用。

虽然健全儿童的家长也会在养育孩子的过程中感受到亲职压力，但有生理缺陷或发展障碍的儿童会使家长更容易感受到亲职压力，并且知觉到的压力更大。过大的亲职压力不仅会使家长产生暴躁、焦虑、抑郁等负面情绪和心理困惑，危害其身心健康，而且还会使家庭出现较多的矛盾和分裂，影响到整个家庭的幸福感和生活质量。同时家长的消极心态和不良情绪、家庭氛围的不和谐和不稳定，又可能成为引发特殊儿童情绪和行为问题的危险因素。

　　我们曾采用简式亲职压力量表和贝克抑郁自评量表，对重庆、广东深圳、浙江嘉兴的特殊教育学校和康复机构中的135名特殊儿童父母进行了问卷调查，其中母亲85人，父亲50人，特殊儿童的障碍类型主要有智力障碍、自闭症和脑瘫等，调查结果发现有72.59%的特殊儿童父母感受到较高程度以上的亲职压力，有39.26%的特殊儿童父母表现出中度和重度的抑郁倾向，亲职压力与抑郁倾向呈显著正相关，即特殊儿童父母感受到的亲职压力越多，其抑郁倾向越明显。我们还进一步在中西部地区抽样调查了327名特殊儿童及其家长，研究家长的压力知觉与特殊儿童心理健康的关系，以及亲子沟通的影响机制，发现家长的压力感受可以显著地负向预测特殊儿童的心理健康，并且亲子沟通在家长压力知觉与特殊儿童心理健康之间起着部分中介的作用，也就是说，家长感知到的压力会通过亲子沟通影响到儿童的心理健康，家长的压力越大，亲子沟通的质量就会越差，进而降低特殊儿童的心理健康水平。因此特殊儿童心理咨询和康复也必须把特殊儿童家长视为重要的服务和研究对象，帮助特殊儿童家长减轻压力，努力寻求办法去解决孩子成长中的问题，乐观地接纳和应对孩子的障碍及自己的困难，增强自我调节的能力，实现心理的和谐与健康状态。家长的心态平和了，家庭关系正常了，家庭氛围轻松温暖了，才可能有一个更有利于特殊儿童发展的家庭环境。

　　（二）教师

　　当儿童进入幼儿园，教师这一角色就出现在儿童的生活里，随着儿童年龄的增长，他们从幼儿园到小学，从小学到初中，学段和年级的不断升高会使得教师慢慢成为影响力渐增的儿童的重要他人。教师是经过专门培养和训练的教育工作者，他们具有比家长更为专业和科学的教育理念、教育思想和教育方法，他们理应比家长更懂得如何去有效地改变儿童的认知和行为。因此，教师的认知风格、个性特征、情绪表达、道德修养、期望、对待学生的态度和行为方式等，都会对儿童的成长和发展有着极大的影响，尤其是幼儿园和小学低年级的儿童，正处于许多心理品质形成的关键期，特别需要教师的正确引导和促进。

　　相比普通学校的教师，特殊教育的对象是各类具有特殊教育需求的学生，特殊教育教师的职业压力因此具有不同于普通中小学教师的独特性。国内研究发现，61.3%的特教教师体验到中等程度以上的压力，5.6%的特教教师体验到重度以上的压力（王玲凤，2009）。我们采用方便抽样的方法，在重庆、四川、云南、广西、湖南、浙江共20所特殊教育学校抽取了419名特殊教育教师作为调查对象，结果发现特教教师在工作中感受到的最大压力来自学生管教，其他的职业压力源从大到小依次为工作负荷、工作待遇、家长态度、组织支持和同事关系，并且男教师比女教师感受到更多的职业压力。职业压力会增加教师的情绪困扰和身心疾病，使其出现职业倦怠，降低教师的工作效率与职业认同，职业满意度和幸福感减少，进而产生更多的离职意向，对特殊儿童的教育与干预都是不利的。特殊儿童心理咨询与康复应该关注特殊教育教师的心理冲突和情绪困扰，帮助他们更加有效地应对职业压力，减少职业倦怠，提高职业认同感和幸福感，促进其身心健康发展。只有教师的心理健康了，才有可能为特殊儿童提供卓有成效的教育教学干预和有益的潜在影响。

（三）同伴

作为儿童重要他人的同伴存在于不同的生活环境中，具有空间并存的特性。他们可以是家庭环境中的同伴，多指一起生活的亲兄弟姐妹或堂（表）兄弟姐妹，在我国生育政策变化的背景下，将会出现更多的多子女家庭，儿童的家庭内同伴也会增多；他们也可以是学校环境里的同伴，即同学，主要是同班或者同年级的同学；他们还可以是社会环境里的同伴，如同一小区的小伙伴。同伴关系不同于亲子关系和师生关系，是年龄相仿或相近的儿童在共同活动中建立起来的一种平等、互助的人际关系，对儿童个性、社会行为、态度、价值观的形成具有重要意义，直接影响到儿童社会化的进程。随着儿童年龄的增长，同伴的重要性日益凸显，会逐渐补充甚至代替家长和教师的作用，成为儿童个体心理和社会行为发展的重要他人。良好的同伴交往为儿童提供了分享知识经验、互相模仿探索的重要机会，以及自我评价的参照标准，有利于儿童认识自己，共同解决问题，学习社会知识，体验积极情绪，发展社会技能和社交策略，进而学会宽容、理解他人，形成对他人的积极态度，产生安全感和归属感，促进儿童自我意识、认知能力和社会适应能力的发展。

对于特殊儿童而言，同伴的作用尤为重要，同伴不仅是特殊儿童个人成长和社会生活中不可或缺的陪伴者，同时也是他们教育干预和功能康复的支持者。有研究者对一名在普通小学随班就读的自闭症儿童实施了同伴支持计划，发现通过同伴这种自然的支持手段，自闭症儿童在班级适应、学业、社交等方面的能力都有所提高（郭丽莎，2015）。还有研究者以一个普通幼儿园的随班就读班级为研究对象，采用绘本教学方式改善了普通幼儿对身心障碍同伴的接纳态度，进而使身心障碍幼儿与普通幼儿的良性互动增加，表现出更多的独立和自信（范秀辉，2012）。可见，同伴的接纳和支持，对于特殊儿童的社会交往和社会融入是必不可少的关键要素。然而，当前特殊儿童学习生活领域中的同伴接纳度和支持度都亟待提高，吴支奎曾调查了大连市568名班上有智力障碍的随读班小学生和344名非随读班小学生，发现持消极态度的学生占53.34%，持中间态度的学生为26.87%，只有19.80%的学生持积极态度，频率分布的卡方检验达到0.01的显著水平，表明普小学生对随班就读智力障碍的态度在总体上是消极和不接纳的（吴支奎，2003）。同伴的拒绝、嘲笑等不接纳态度，常常会使特殊儿童产生自我贬低和社会退缩，不愿也不能与同伴发展正常的互动关系，难以适应学校生活和社会环境。此外，与特殊儿童关系亲密的同伴很可能遭受影响，社会公众对特殊儿童"受损身份"所形成的负面刻板印象、偏见和歧视也会给特殊儿童的同伴带来压力，并且随着关系的亲近度而增加。特别是特殊儿童家庭里一起生活的兄弟姐妹，他们体验着与父母一样的负性情绪，如恐惧、愤怒、自责、焦虑等，对残疾同胞和自己的现有关系和未来担忧，不愿因残疾同胞而显得与众不同，但由于年幼，他们的心智发展尚不成熟，无法应对这些心理困惑和纠结，可能表现出比其他普通儿童更多的情绪行为问题和较低水平的自我意识（哈拉汉，考夫曼，普伦，2010）。因此，特殊儿童的同伴，尤其是相处较多、关系亲密的同伴，也是特殊儿童心理咨询与康复的研究和服务对象，咨询师有责任帮助他们处理好与特殊儿童的关系，接纳特殊儿童并为其提供力所能及的支持，增强挫折耐受力，学会应对情绪困惑和解决交往问题，促进特殊儿童及其同伴身心的健康发展。

## 第二节　特殊儿童心理健康的内涵

特殊儿童的心理咨询与康复工作可能面对特殊儿童表现出来的不同种类或程度的心理和行为问题，甚至可能是心理问题与身体缺陷相互交织的复杂情况，但无论表现形式如何、程度轻重，特殊儿童心理咨询与康复的最终目标一定是通过专业的咨询、辅导和康复活动，改善特殊儿童的心理状态，促进特殊儿童的心理健康。心理健康是衡量人类健康的重要指标，特殊儿童也不例外，他们已经存在某些身体上的缺陷或功能障碍，引发心理问题的危险因素高于普通儿童，因此他们的心理健康更应该得到关注和维护。

## 一、心理健康的概念与标准

### （一）心理健康的概念

关于健康，世界卫生组织（WHO）早在 1948 年就对其下过定义，指出健康不仅是一个人身体没有疾病或虚弱，而且是一种在生理上、心理上和社会功能上的完好状态，并在 1989 年进一步将健康的概念重新确定为在身体健康、心理健康、社会适应良好和道德健康四个方面都要健全。现代社会，人们对健康的理解已经不再局限于身体健康，开始逐渐重视心理和精神层面的健康，心理健康正在成为社会大众普遍关心的话题。有关心理健康（mental health）的概念，国外早有系统的研究和论述，我国的研究也颇为丰富。1929 年，在美国举行的"第三次儿童健康与保护会议"的草案中指出，健康的心理是没有像精神病患者的症状，不仅如此，心理健康是指个人在适应过程中，能发挥其最高知能且获得满足，因而感觉愉悦的心理状态，并且在社会中能谨慎其言行，有勇于面对现实人生的能力（王以仁等，1999）。1946 年，第三届国际心理卫生大会将心理健康界定为在身体、智能以及情感上，在与他人的心理健康不相矛盾的范围内，将个人心境发展成最佳的状态。《简明不列颠百科全书》将心理健康解释为是个体心理在本身及环境条件许可范围内所能达到的最佳功能状态，但不是十全十美的绝对状态。精神病学家麦灵格尔（Karl Menninger）认为，心理健康是指个体对于环境及其相互间的具有最高效率和快乐的适应状态，心理健康的人能适应外部环境，保持平稳的情绪，并具有愉快的性情。社会学家波蒙（Werner W. Boehm）认为，心理健康就是合乎某一标准的社会行为，一方面能为社会所接受，另一方面能给自身带来快乐。心理学家舒尔茨（Duane P. Schultz）把心理健康解释为人积极的心理品质和潜能最为完整的发挥，认为心理潜能的最佳发挥取决于人在一生中是否能够成就某种事业。心理学家英格里希（Horace B. English）指出，心理健康不只是没有心理疾病，而且是一种持续的积极的心理状态，它能够使人做出良好适应，具有生命活力，且能充分发展其身心的潜能（陈家麟，2002）。

我国学者也从不同角度对心理健康的概念做出了解释，可以帮助我们更加深入地理解何谓心理健康。例如，林崇德、李虹和冯瑞琴（2003）认为心理健康是指一种良好的心理或精神状态，它是个人的主观体验，不仅表现为没有心理疾病，更表现为一种积极向上发展的心理状态。陈家麟（2002）认为，心理健康是指旨在充分发挥个体潜能的内部心理协调与外部行为适应相统一的良好状态，心理健康既表现在个体与环境互动时的适应行为上，也蕴含在相对稳定并处于动态发展和完善中的心理特质上。刘华山（2001）认为，心理健康是指个人具有生命的活力、积极的内心体验、良好的社会适应，且能够有效地发挥个人身心潜力与积极社会功能的一种持续的心理状态。心理健康具有不同层次，不仅是一种静态的平衡，更是与现实环境保持协调的动态过程，也是一种人生态度。江光荣（2004）认为，心理健康既是适应与发展良好，也是心理机能健全。心理健康的人在与环境的互动中，其心理活动过程能够有效地反映现实，解决面临的问题，达到对环境的良好适应并且指向更高水平的发展。王登峰和崔红（2003）认为，心理健康是个体在良好的生理状态基础上的自我和谐及与外部社会环境的和谐所表现出的个体的主观幸福感。心理健康是个体的一种主观体验，是身心和谐的结果，主观幸福感是心理健康的最终表现，也是个体良好的生理状态以及个体的内部和外部和谐的结果。叶一舵（2015）认为心理健康是指个体在与各种环境的相互作用中，在内外条件许可范围内，能不断调整自身心理结构，自觉保持心理上、社会上的正常或良好适应的一种持续而积极的心理功能状态。郑日昌和刘视湘（2010）认为，心理健康是指不断保持个体与环境的动态平衡，以实现个人与社会的和谐发展。心理健康的人一方面能够积极调整完善自我，顺应日益变化的环境；另一方面又能够有效地改变环境，满足个人和社会的需要。

综上所述，心理健康是指个人不仅没有心理疾病或变态，而且在身体上、心理上以及社会行为上均能保持最高或最佳的状态，是个体发展中应该具备的一种积极、良好的心理状态。这种状态具体表现为各类心理活动正常、关系协调、内容与现实一致和人格处在相对稳定的状态（章志光，林秉贤，郑日昌，2008），是个体的身心机能良好发挥所实现的个体对社会环境的适应。目前有关心理健康概念的表述方式较多，但对于其概念内涵研究者基本有着一些比较一致的观点，都强调心理健康是个体内部协调与外部适应相统一的良好状态（刘艳，1996），是个体内外和谐的积极的心理功能状态，是一种主观的情绪情感体验。综合起来看，心理健康的概念内涵可以有广义和狭义之分。广义的心理健康主要指的是人类所追求的完美精神状态，也是个体应该达到的可能状态，重视个人潜能的充分发挥，是人类对理想心理状态的追求和逼近。要实现这一层面的心理健康比较困难，但却是心理咨询与康复的终极目标。从现实意义来讲，广义的心理健康就是个体能够在社会环境中健康地生活，保持良好的情绪状态，能与他人正常交往，适应社会生活变化节奏。而狭义的心理健康指的是临床意义上的不具有某种具体的心理障碍或精神疾病，表现为个体在临床上没有认知、社会功能的明显受损，没有由此导致的生活、学习和工作效率的明显下降（傅宏，2005）。心理咨询与康复最直接的目标就是解决个体的心理问题，减轻或者消除当事人的不良体验或心理病理症状，同时对未出现或可能出现的异常心理和行为进行防御与抵抗。

（二）心理健康的标准

与心理健康的概念一样，心理健康的标准也是一个有争议的问题，国内外不少专家学者从不同的研究立场、理论基础和文化背景提出了不同的观点。第三届国际心理卫生大会就曾指出心理健康的标准包括：①身体、智力、情绪十分谐调；②适应环境，人际关系中彼此谦让；③有幸福感；④在工作或职业中能发挥自己的能力，过着有效率的生活。《简明不列颠百科全书》认为心理健康的标准是：①认知过程正常，智力正常；②情绪稳定乐观，心情舒畅；③意志坚强，做事有目的；④人格健全，性格、能力、价值观等均正常；⑤养成健康习惯和行为，无不良行为；⑥精力充沛地适应社会，人际关系良好。美国人格心理学家奥尔波特（Gordon W. Allport）提出了心理健康的6条标准：①力争自我的成长；②能客观地看待自己；③人生观的统一；④有与他人建立亲密和睦关系的能力；⑤人生所需的能力、知识和技能的获得；⑥具有同情心，对生命充满爱。美国人本主义心理学家马斯洛（Abraham H. Maslow）和米特尔曼（James H. Mittelman）提出了心理健康的10条标准：①充分的安全感；②充分了解自己，并对自己的能力作适当的估价；③生活的目标能切合实际；④与现实环境能保持接触；⑤能保持人格的完整与和谐；⑥具有从经验中学习的能力；⑦能保持良好的人际关系；⑧适度的情绪表达及控制；⑨在不违背团体要求的情况下，能作有限度的个性发挥；⑩在不违背社会规范的前提下，能适当地满足个人的基本需求（陈家麟，2002）。美国学者坎布斯（Arthur W. Combs）认为心理健康的标准有：①积极的自我观念；②恰当地认同他人；③面对和接受现实；④主观经验丰富，可供取用（王玲，2012）。美国学者杰何达（1958）指出可以从6个方面去衡量心理是否健康：①对自己的态度；②成长、发展或自我实现的方式及程度；③主要心理机能的整合程度；④自主性或对于各种社会影响的独立程度；⑤对现实知觉的适当性；⑥对环境的控制能力。

我国也有不少学者基于自己对心理健康本质的理解，提出了有关心理健康标准的不同观点。如黄坚厚（1985）提出4条衡量个人心理是否健康的标准：①乐于工作，能从工作中获得成就和满足感；②乐于与人交往，能和他人建立良好的关系；③对自身具有适当的了解，并能悦纳自己；④和现实环境保持良好的接触，能对环境做出健全、有效的适应。林崇德、杨治良和黄希庭（2003）在其编著的《心理学大辞典》中认为心理健康的标准有5条：①情绪稳定，无长期焦虑，少心理冲突；②乐于工作，能在工作中表现自己的能力；③能与他人建立和谐的关系，且乐于和他人交往；④对自己有适当的了解，且有自我悦纳的态度；⑤对生活的环境有适当的认识，能切实有效地面对问题、解决问题，而不逃避问题。刘华山（2001）归纳总结出心理健康的6条标准：①对现实的正确认识；②自知、自尊与自我接纳；③自我调控能力；④与人建立亲密关系的能力；⑤人格结构的稳定与协调；⑥生活热情与工作效率。马建青（2005）提出7条衡量心理健康与否的标准：①智力正常；②善于协调与控制情绪，心境良好；③具有较强的意志品质；④人际关系和谐；⑤能动地适应和改造现实环境；⑥保持人格的完整与健康；⑦心理行为符合年龄特征。俞国良和宋振韶（2008）认为心理健康的标准主要有8条：①智力正常；②人际关系和谐；③心理行为符合年龄特征；④了解自我，悦纳自我；⑤面对和接受现实；⑥能协调与控制情绪，心境良好；⑦人格完整独立；⑧热爱生活，乐于工作。

分析上述观点可知，研究者在心理健康标准理解上的多样化源于研究者判断心理健康标准的依据不同。心理健康标准是心理健康概念的具体化，目前对心理健康标准的判断依据主要有以下7种：①统计学标准，以正态分布理论为基础，根据个人的心理行为是否偏离某一人群的平均值来判断心理健康与否。一个人的心理和行为特征或功能越是接近于普通人群的平均值，则心理越健康；越是偏离平均值，则心理越不健康。②诊断学标准（或生理学标准），以是否存在心理异常现象或生理致病因素来判断心理健康与否，心理健康就是心理上没有疾病或不存在心理病理症状。③社会规范标准，以社会的道德、法律及风俗等规范为依据，个体的心理和行为符合社会公认的规范就是心理健康的，若偏离公认的社会规范则是心理不健康或异常的。④社会适应标准，根据个人的社会适应和社会成就水平来判断心理健康程度，心理健康与否取决于个体心理行为是否与所处社会环境相协调。心理健康是一个动态的概念，是一种积极的社会适应，是健全的人格发展。⑤理想标准，从人类具有的大量潜能出发，以人格特质理论为基础，认为具备有价值的心理特质如智力正常、人格统整、幸福感便是心理健康。⑥主观经验标准，心理健康与否依赖于个体的自我感觉，即个体自己认为是否有心理困扰，是否需要得到支持和帮助。⑦心理成熟标准，个体心理健康与否视其身心两方面的成熟和发展水平而定，发展水平相当为心理健康，比同龄人明显偏低则为心理不健康。

尽管心理健康标准的判断依据多样，但在其方法论层面上反映出两种研究取向，一是遵循"众数原则"，二是遵循"精英思路"。众数原则是将个体的心理健康状况与同社会的大多数人相比较来确定，而精英思路是根据个人内在天性发展的程度来确定心理健康状况（江光荣，1996）。从根本上讲，众数原则强调的是个体对主流社会环境的适应以获得生存，而精英思路强调的则是个体通过发掘自身的潜力，能动地改造社会和创造生活，以获得自我价值的实现。这实际上切合了个体人生的两大基本任务，即适应和发展。因此，适应和发展是心理健康考察的立足点和基本内容，无论哪类心理健康的标准，都应该将其适应标准和发展标准结合起来，才可能全面地考察一个人的心理是否真正健康。

在心理健康层面，适应和发展有着不同的含义，同时又密不可分。适应是指个体能够合理应对身体发育、学习生活、人际交往等的变化，表现出与之相一致的心理和行为，达到个人和环境之间的和谐与平衡。适应是为了与环境有效互动而进行的自我调整，侧重于个体与环境现有的关系。发展是指个体在能动地适应环境过程中充分发挥自己的身心潜力，不断提高智能、完善个性、激发创造力，成为有个人和社会价值的人，倾向于个体与环境在未来可能达成的关系。可以说，适应蕴含着发展，发展是为了谋求更高水平的适应。适应保障了个体的生存，是发展的基础和前提；而发展则是个体价值的实现，当现有的适应无法满足内外环境的变化时，会推动个体形成更成熟和更健全的心理品质，进而获得更为理想的内外和谐状态。

## 二、特殊儿童的心理健康

### （一）何谓特殊儿童的心理健康

儿童心理健康是指儿童整个心理活动和心理特征的相互协调、适度发展、相对稳定，并与客观环境相适应的状态（李维，张诗忠，2004）。综合研究者的观点发现，心理健康的儿童一般具有以下心理品质：智力发育正常、情绪稳定而愉快、反应适度与行为协调、恰当的自我控制、健全的人格、符合年龄特点的自我认知和社会认知、人际关系良好、能适应环境、热爱生活（高雪梅，2012；李维，张诗忠，2004）。作为儿童中的一个特殊群体，特殊儿童首先是儿童，他们具有儿童心理发展的某些共性，在心理需求要素、人格结构成分和社会适应内容等方面都具有相似性；其次他们才是特殊儿童，具有自身发展的特殊性，表现出明显不同于普通儿童的特点，比如身心缺陷较多、个体间和个体内差异较大、社会适应能力较差等。与普通儿童相比，特殊儿童自身的障碍和缺陷是导致他们出现心理问题的直接原因，如自闭症儿童与生俱来的沟通障碍使其无法用合适的方式与人交往，普遍存在社会适应困难。再加之他人的消极反应和态度，以及环境中缺乏足够的支持所带来的不利影响，都容易成为引发特殊儿童心理问题的高危因素。因此，特殊儿童更需要心理健康的维护。

然而，当前我国对特殊儿童心理健康的研究和实践还很不够，特殊教育教师和特殊儿童家长更关心的是儿童的功能康复，看重儿童障碍症状的减轻，将干预训练的重心放在功能补偿和恢复上，不够重视特殊儿童心理问题的解决与预防。在特殊教育学校里，有关特殊儿童心理健康教育的观念、教师结构和专业素养、开展情况、管理与评估机制、家校合作等方面都存在着不足，亟待提高（高俊杰等，2013）。在我们的临床心理康复实践中也经常发现，一些自闭症儿童家长急于通过教育干预减轻孩子的社交障碍和沟通障碍症状，对孩子要求过多、过严，给孩子带来极大压力，反而引发孩子更多的情绪行为问题。此外，我们从心理健康的标准中可以发现，不少研究者将智力正常作为心理健康的标准之一，并且普遍认为心理咨询是针对正常人开展的。特殊儿童中的确有部分儿童，尤其是智力障碍儿童存在着智力发展落后的情况，导致人们觉得无法对特殊儿童实施心理健康教育。事实上，心理健康水平与智力发展水平是两类不同性质的概念，有各自不同的评估条件和方法（何侃等，2008），我们只有把二者做适当分离，灵活运用心理咨询和心理康复的适宜方法，才可能真正使特殊儿童的心理康复和心理健康教育得以有效实施并受到重视。

基于特殊儿童身心发展的特点，我们在理解特殊儿童心理健康的内涵时必须结合考虑其心理机能的一般性和特殊性。一方面，特殊儿童表现出与普通儿童共有的心理机能，有着与普通儿童相同的社会适应心理机能的活动领域，同样具有诸如自我、学习、人际、生活等方面的适应需求；另一方面，特殊儿童也有某些特异性的心理机能，如对残疾障碍的自我认识、功能康复与补偿的自信心、生涯规划的积极预期、对外来消极评价的包容态度等，这些独特性反映在他们因为自身残疾或障碍经历着与普通儿童不同的生活事件和生活情境，形成不同的心理特征和个性品质。特殊儿童自身的生理缺陷和功能障碍给他们的成长和发展带来很大的困难，不管是对其内在的心理协调，还是外在的环境平衡，都会是一种挑战。特殊儿童要获得健康的心理，既需要克服残疾或障碍带来的内外困难，力图达成自我及其与环境的适应，更需要唤起和发掘自己的潜能，不受限于障碍，努力实现对缺陷的超越。可以说，适应与发展仍然是特殊儿童心理健康的核心内容和重要命题。鉴于此，我们认为特殊儿童心理健康是指特殊儿童个体能够主动应对身心障碍和环境中不利因素的影响，积极做出适当调整，努力发挥个人潜能，使自己处于适应良好的状态，达成与外界环境的适度平衡和内心的和谐。

（二）特殊儿童心理健康的评估标准

尽管大家对心理健康的看法不尽一致，心理健康的评估标准也呈现多样化，但是心理健康的核心内涵还是指个体各种心理机能的正常发挥，使其能够比较好地适应社会环境，从而获得内在的良好状态与外在的和谐平衡状态。但是对于特殊儿童而言，他们难以像正常儿童那样，可以使各种心理机能发挥出成长所需的社会适应功能。相反，某些身体和心理机能的缺陷，不仅导致其特定心理机能难以发挥正常的社会适应功能，而且可能导致其整体心理功能的不良适应状态，表现为整体上的适应不良结果。这可能有自身对其局部身心缺陷的心理放大的消极效应，也可能有社会环境的污名标签的负面强化作用。因此，心理健康的特殊儿童应该具有的本质特征是：一方面，特殊儿童个体能够比较平和坦然地接受自己局部身心功能缺陷的事实，不过分夸大这种身心缺陷对自己造成的负面的心理效应，这也为个体通过其他身心机能获得补偿提供重要的心理基础；另一方面，特殊儿童个体能够通过自己的努力获得有效的社会支持，为自己的良好社会适应创造外在的支持性条件。鉴于此，我们认为，评估特殊儿童的心理健康至少有以下几条标准：

①能够平和坦然地接受自己局部的身心缺陷及其可能带来的生活适应困难，能够克服由此产生的消极自我评价，甚至是自我抛弃和自我否定。

②能够发展出其他身心机能对局部缺陷身心机能的补偿作用，从而促进自己整体上的社会适应能力。

③能够在生活适应困难的逆境中发展出更强的挫折承受能力和心理韧性，表现出生活适应的坚强意志和乐观心态。

④能够感受到来自家庭、学校、社会的正面积极的支持和帮助，心怀感恩之心。

⑤能够积极主动地寻求外在的社会支持资源，以促进自身的社会适应。

⑥能够拥有积极健康的支持性心理氛围，从而在有限的社会环境条件下尽可能达到良好的社会适应状态。

（三）特殊儿童心理健康的内容

心理健康与社会适应关系密切，可以说，心理健康与社会适应在本质上具有一致性（叶一舵，2001）。从社会适应的功能来看，心理健康的实质就是和谐与平衡，一方面是个体内在的心理成分及其与行为关系的和谐状态，另一方面是个体与社会环境之间的动态的外在平衡关系（陈建文，王滔，2004）。个体要在社会适应层面上达到心理健康，有赖于个体心理机能的正常发挥或不断趋于完善，心理健康作为个体在社会生活环境中适应良好的心理机能状态，可以从两个维度进行分析，一是社会适应心理机能的特质内容维度，二是社会适应心理机能的活动领域维度（陈建文，2009）。从社会适应心理机能的特质内容来看，心理学的一般观点认为，个体的心理机能分为知、情、意、行四个方面，其中知、情、意是人类心理活动的三种基本形式，行为是心理的外化。由于意志与行为密切相关，意志的本质就是人对自身行为关系的主观反映，它在行为中表现出来，并对行为起着发动、维持、制止、改变的控制和调节作用，可以将意志与行为结合起来考虑。情绪和行为是评估心理健康状况的重要指标，一个心理不健康的人往往表现出情绪困扰（内化指标）和行为问题（外化指标）（Bobrowski, Czabala, & Brykczyńska, 2007），同时认知又是情绪情感和行为的基础。因此，我们认为基于社会适应的心理健康可以从认知、情绪情感、意志行为三个方面来反映。从社会适应心理机能的活动领域来看，由于个体具有不同的生活空间、活动目标、角色任务等，其社会适应的心理机能往往表现出活动领域上的差异。例如，林崇德（2012）提出要重视学生的心理和谐，主张从学习（敬业）、人际关系（乐群）、自我（自我修养）三个方面来评价学生的心理健康。郑日昌、张颖和刘视湘（2008）以适应为内涵研究了小学生的心理健康结构，提出从学习适应、自我概念、人际关系和生活适应四个方面进行考察。苏丹和黄希庭（2007）探讨了适应取向的心理健康，认为中学生的心理健康包含学习、生活、人际、考试和情绪五个方面。李东方（2008）从社会适应的角度入手，对大学生心理健康在适应领域上的维度进行理论思考，指出可以将其分为学习、人际关系、身心状况、生活角色和家庭五个方面。张大均和江琦（2006）探讨了青少年心理健康素质在适应上的不同维度，问卷调查结果显示由学习适应、人际适应、生理适应、情绪适应、社会适应和生活适应六个方面构成。综合前人观点，被我国研究者普遍认同的青少年社会适应的心理机能主要表现在自我（含身心自我）、学习、人际和生活四大活动领域。

对于特殊儿童来说，适应是他们生存的基础，而发展为其更好地适应创造了条件。特殊儿童的适应与发展是交织在一起的，这里的发展更多体现的是特殊儿童自身潜能的激发和挖掘，是他们的能力和品质随时间而发生的积极变化。这些变化与普通儿童相比发生得较慢或者较弱，但相对于特殊儿童原有的水平仍是积极的、向好的，是发展的。适应和发展都有利于特殊儿童达成自我与外界环境的适度平衡与和谐，其心理健康的本质就是社会适应，社会适应所能达到的功能状态决定了特殊儿童的生存质量和发展可能。基于上述分析，特殊儿童心理健康的构成要素也可以从心理机能的特质内容和活动领域两个层面进行系统的探讨，在心理机能的特质内容上，特殊儿童心理健康反映在认知、情绪情感和意志行为三个方面，在心理机能的活动领域上，特殊儿童心理健康表现在自我意识、人际交往、学习适应、生活适应和社会支持五个方面。之所以增加了社会支持领域，是由于特殊儿童自身存在的缺陷和障碍，使他们的适应和发展需要比普通儿童更多的支持，这些支持包括来自家庭、学校或教育康复机构、社区等外界环境的多方面、多渠道的积极帮助和资源提供，也是社会环境要素影响特殊儿童身心发展的集中表现，故我们将社会支持作为特殊儿童心理健康的重要活动领域之一。

此外，特殊儿童身心上的缺陷和障碍是一个客观事实，本身就是一个很大的挫折源，加之社会中他人的负性态度和消极回应，使得特殊儿童的成长会遭遇比普通儿童更多的挫折情境，他们对挫折的体验和应对都可能极大地影响心理健康状态。如果特殊儿童没有足够的挫折承受能力，不能有效地应对挫折和压力，受挫感就会累积过多或者持续时间过久，都非常不利于他们的心理健康。研究发现，对挫折的积极态度可以提高听障中学生的心理弹性水平，使其在挫折和压力情境中有着更好的生活适应（刘敏，冯维，2016）。由于挫折源可能涉及特殊儿童的自我、学习、人际、生活、社会环境的各个方面，我们在这些适应领域的意志行为素质中增加了特殊儿童对相关情境的挫折的应对行为。

正如表 2-1 所示，特殊儿童心理健康的五个活动领域与三个特质内容相交，就构成了特殊儿童心理健康的具体评价指标，如特殊儿童在自我意识领域的积极情感评价指标包括自我接纳、自我价值感、自尊、自我效能感、幸福感等，我们可以在特殊儿童心理健康的活动领域与特质内容二维结构模型下构建特殊儿童心理健康的评价指标体系，为实施特殊儿童心理健康教育提供有效的、具体的目标和内容，并且进一步探索有助于稳定实现其心理健康的内在的心理素质。心理素质与心理健康既有区别又有紧密的关系，心理素质是以生理条件为基础的，将外在获得的刺激内化成稳定的、基本的、衍生性的，并与人的社会适应行为和创造行为密切联系的心理品质，是由认知、个性和适应性三个因素相互作用、动态发展、同构而成的自组织系统（张大均等，2000）。可见，心理素质是以生理条件为基础的、由外向内转化的一种综合性心理品质，它有好与坏、积极与消极之分；而心理健康则强调内在心理的和谐及其与外在环境的平衡，是个体发展中应该具备的一种积极、良好的心理状态。心理素质比心理健康更加稳定和基础，心理素质是本，心理健康是标。从社会适应的主体来看，在复杂多变的社会关系中，个体心理健康与否在很大程度上取决于心理素质的好坏，心理健康是心理素质的社会和心理功能的体现。如果一个人具有良好的心理素质，不管自身与外界环境之间处于何种关系，都可能拥有健康的心理，特别是处于难以调控的环境里，心理素质好的人更能够以积极的心态面对客观现实，更容易走出困境，保持心理的健康状态。相反，心理素质不好的人，会更容易出现心理问题或适应不良，导致心理不健康。因此，心理素质的优化是提高特殊儿童心理健康水平的根本，要实现特殊儿童的心理健康，有必要从培养那些有利于促进其心理健康的积极的心理素质着手，治标又治本，增强特殊儿童心理健康教育的成效。

表 2-1　特殊儿童心理健康二维结构模型的理论构想

| 特质内容 | 自我意识 | 学习适应 | 人际交往 | 生活适应 | 社会支持 |
|---|---|---|---|---|---|
| 认知 | 合理的自我概念、自我评价 | 知学，对学习活动的认识 | 对父母、同学、老师以及其他普通人与自己间相互关系、集体的认识 | 对生活自理、自我照顾、居家生活和日常规范的认识 | 对来自家庭、学校、社区等外界环境中积极支持的认识 |
| 情绪情感 | 自我接纳、自我价值感、自尊、自我效能感、幸福感等 | 乐学，学业活动中的情绪情感，如理智感、成就感、满足感等 | 与父母、同学、老师以及其他普通人相处时体验到的亲密感、归属感、乐群感等 | 对能否生活自理和自我照顾所带来的满意感、成就感等 | 对社会支持的积极心理感受，如感恩、希望、乐观等 |
| 意志行为 | 自我控制和自我调节的行为，自我困惑的应对行为 | 勤学，指有效学习行为，学业情境中的挫折应对行为 | 改善人际环境的行为，如解决人际冲突、待人热情、分享合作等，人际情境中的挫折应对行为 | 生活自理行为和自我照顾行为，居家生活情境中的挫折应对行为 | 主动寻求社会支持的行为，社会情境中的挫折应对行为 |

# 第三节　我国特殊儿童心理健康的现状

## 一、我国特殊儿童的心理健康

### （一）特殊儿童心理健康的整体水平

据第二次全国残疾人抽样调查的数据显示，我国 0~14 岁的残疾儿童有 387 万人。由于残疾儿童身体或器官功能的损伤、活动能力上的受限、他人或社会的歧视以及偏离正常的家庭环境，他们比普通儿童有更高的罹患心理疾病的风险（Witt, Kasper, & Riley, 2003），其心理健康状况着实令人担忧。已有研究发现，在我国中小学生群体里，特殊学生的心理问题多于正常学生（杨宏飞，2001）。孤儿院残疾儿童的心理问题同样多于正常同龄儿童，其焦虑、敌对、抑郁、人际关系敏感和精神质均显著偏高，而自我意识偏低（丁国鹏等，2003）。与正常学生相比，随班就读学生的社会能力较低，交往不良、社交退缩、多动等行为问题的发生率更高（昝飞，刘春玲，陈建军，2002）。一项关于重庆市特殊儿童心理健康状况的调查研究显示，特殊儿童心理问题检出率排前三位的分别是身体症状、恐怖倾向和冲动倾向，并且特殊儿童的孤独倾向、身体症状和冲动倾向显著高于普通儿童（赵均，2009）。概括来说，特殊儿童的心理健康问题在情绪上主要表现为敏感、焦虑、恐惧、情绪不稳定、情绪表达不当，在意志上主要表现为冲动、依赖性强、缺乏持久性，在人际关系上主要表现为孤僻和自我中心（杜建慧，王雁，2017）。

（二）不同障碍类型特殊儿童的心理健康问题

智力障碍儿童由于智力功能的限制，更容易出现心理健康方面的问题（Emerson, Einfeld, & Stancliffe, 2010）。研究发现，不同教育安置条件下的轻度智力落后儿童的心理健康水平有显著差异，随班就读生比辅读生表现出较为明显的心理问题，并且女生的恐怖倾向比男生更强烈（张福娟，江琴娣，杨福义，2004）；而随班就读轻度智力落后学生比智力正常学生具有更多的孤独倾向、身体症状、恐怖倾向和焦虑情绪（江琴娣，2005）。智力落后儿童的情绪不稳定，表现出更多的焦虑和抑郁，并且有着更多的社会和学校适应困难（李红菊，梁海萍，2006）。随着智力落后程度加重，社会能力显著降低，轻度智力落后学生的反社会攻击显著少于中、重度智力落后学生，且智力落后男生的反社会行为水平显著高于女生（王雁，王姣艳，2004）。智障儿童普遍存在焦虑、恐惧、孤独等情绪问题，人际交往退缩，有较强的自卑感，缺乏坚韧性，常以自我为中心，对环境的适应性较差，会伴随一些冲动行为（王思阳，2011）。

听觉障碍儿童在听力上的缺陷，会给他们的言语、社交、情感和适应性等方面的发展带来困难。研究显示，听障学生的心理健康状况差于健听学生，心理问题检出率较高，其中躯体化、偏执、人际敏感、敌对等是较为常见的心理问题，他们在社会交往中存在自卑倾向和对人焦虑，伴有明显的社交回避，其孤独倾向往往比普通学生重（兰继军，张银环，2016）。另有研究认为，聋生的心理问题中严重程度最高的两项依次是恐怖倾向和身体症状，还存在自卑、孤僻、固执、多疑、强迫等心理问题（赵丽娜，赵斌，2013）。李祚山和胡晓（2004）的研究支持了这一结论，发现听觉障碍儿童的心理问题的检出率由高到低分别是恐怖倾向、身体症状、对人焦虑和冲动倾向，自我意识中的焦虑和合群对其心理健康有较强的预测作用。

关于视觉障碍儿童心理问题的检出率，不同研究报告的具体数据差异较大，如卞清涛、李钦云和张云霞（1997）的研究结果显示，检出率高达72.99%，其中过敏倾向最高，而后依次为自卑、幻想、孤独、退缩、焦虑、冲动等；黄柏芳（2004）对盲生心理健康的调查结果发现，症状自评量表（SCL-90）的检出率为28.07%，心理健康诊断测验（MHT）的检出率为11.30%，最为严重的心理问题是敌对性和焦虑，包括对人焦虑和学习焦虑；李祚山（2005）的研究则发现，视障儿童心理健康问题的检出率由高到低排前三位的分别是冲动倾向、身体症状和恐怖倾向，其检出率在14%~24%；邓晓红、朱乙艺和曹艳（2012）的研究也显示，视障儿童的心理健康问题主要表现在对人焦虑、自责倾向、过敏倾向和学习焦虑，其中对人焦虑和自责倾向是主要的心理健康问题，恐怖倾向能够显著预测其社交焦虑。尽管检出率的数据不同，但多数研究者都认为视觉障碍儿童存在不同严重程度的心理健康问题。此外还有研究表明，视觉障碍学生在人格上表现为以自我为中心、自卑、敏感且挫折承受力差，攻击行为多，在学习生活中容易出现动机失调（胡静，张福娟，2009）。相对于视力正常儿童，视障儿童具有更多的情绪症状和情绪行为问题，受到问题行为的影响程度也更大，且表现出相对较少的亲社会行为（姜硕媛等，2015）。

目前，国内有关自闭症儿童心理健康的研究甚少，已有研究多集中在自闭症儿童家长和教师的心理健康，而对自闭症儿童心理健康的关注只能散见于一些研究自闭症儿童的情绪、行为、人格和社会适应等方面问题的文献中。有研究者发现，68.32%的自闭症谱系障碍儿童都存在情绪行为异常，其中情绪症状、多动、同伴交往问题和品行问题的发生率分别为66.03%、61.45%、59.92%和38.55%（鲁明辉等，2018）。与正常幼儿相比，自闭症幼儿存在较多的情绪行为问题，他们在社会退缩、抑郁、躯体主诉、攻击行为、破坏行为上的阳性率均高于正常幼儿（王菲菲等，2019）。无论是高功能还是低功能的学龄期自闭症儿童，大多伴随有焦虑障碍（强迫症、广泛焦虑症、单纯恐怖症等）、注意缺陷多动障碍、情感障碍（抑郁、双相）、对立违抗障碍等情绪行为方面的共患病（余明等，2014）。自闭症儿童缺乏与他们心理年龄相一致的认知他人心理的能力，使其在社会性行为以及人际交往上存在着问题，即使是具有更高社会认知水平的高机能的自闭症儿童，仍表现出交往障碍，难以发展起亲社会行为（蔡蓓瑛，孔克勤，2000）。并且自闭症儿童的适应行为整体发展水平偏低，研究结果显示，有90.2%的自闭症儿童在适应行为上存在不同程度的缺损，其中生活自理能力和感觉运动能力发展较好，但在经济活动、劳动技能，特别是在与认知有关的时空定向方面发展缓慢（赵梅菊，肖非，邓猛，2015）。

国内关于脑瘫儿童心理健康的研究与自闭症儿童心理健康的研究相似，研究者的关注焦点也是脑瘫儿童家长的心理健康，对脑瘫儿童心理健康的研究分散在探讨脑瘫儿童的心理和行为问题上。有研究者同时调查了脑瘫儿童及其家长的心理卫生状况，发现脑瘫儿童具有内向、情绪不稳定的个性倾向，心理上比正常儿童存在更多的焦虑、抑郁、恐惧、躯体化、人际敏感等多方面症状（苏玉兰，2002）。一项关于脑瘫儿童心理行为问题的研究显示，脑瘫儿童心理行为异常的检出率为52.83%，明显高于正常儿童和一般慢性病儿童，主要的心理行为问题表现为社交退缩、抑郁等内向行为问题，以及攻击性、多动等外向行为问题（查贵芳，刘苓，2016）。也有研究发现，脑瘫儿童行为问题的检出率为59.32%，其行为问题以内向性行为问题为主，如社交退缩、交往不良、抑郁、不成熟、分裂样、强迫行为等（王涛等，2012）。脑瘫儿童由于体能障碍阻碍了他们探索周围事物的主动性，也限制了他们从日常生活中获得各种感知以及与人建立关系的能力（张洪胜，郭焱，2002）。脑瘫儿童有明显的消极气质，表现为注意力难集中、情绪消极、坚持性差、趋避性过高或过低、适应性差，这些消极气质与抑郁、社会退缩、不成熟、多动、攻击行为等有明显相关（李丰等，2004）。已有不少的研究发现，情绪异常是脑瘫儿童最常见的心理行为问题，通常表现为紧张、焦虑、抑郁、恐惧、敏感、胆小、孤独等（夏慧芸，刘振寰，2011）。

我们梳理了智力障碍、听觉障碍、视觉障碍、自闭症、脑瘫等不同障碍类型儿童的心理健康问题，不难发现，尽管具体到不同的障碍类型，特殊儿童的心理健康问题有所不同，但概括归纳这些问题，不同障碍类型的儿童在不少心理健康问题上却具有共性，主要表现在情绪、行为和人格三个方面，如情绪上的焦虑、抑郁、恐惧、躯体化、孤独等，行为上的退缩、冲动、攻击、多动等，以及人格上的自卑、敏感、强迫、自我中心、适应性差等。不同障碍类型的特殊儿童，具有各自不同的功能障碍的表现，成为他们产生心理健康问题的不同刺激源。然而，这些不同的功能障碍或缺陷却会引发他们出现相同的心理健康问题，如听障儿童的听力障碍、视障儿童的视力缺陷、脑瘫儿童的动作迟缓、智障儿童的智力落后、自闭症儿童的社会交往障碍都可能成为他们社交退缩的原因。因此，我们有可能跨障碍地研究特殊儿童的心理健康，并提出适合更多障碍类型特殊儿童心理健康教育的理论框架，以提高特殊儿童心理健康教育的成效。当然，不同障碍类型的特殊儿童在心理健康问题的成因及其问题的侧重、程度和水平也有所不同，我们在对不同障碍类型特殊儿童进行心理咨询与康复时，需要理解其心理健康问题产生的不同根源，并针对不同障碍类型特殊儿童的不同特点来采取和运用相应的心理康复技术与方法。

### 二、心理咨询与康复在特殊儿童心理健康教育中的作用

如前所述，特殊儿童相比普通儿童可能产生更多的心理健康问题，对特殊儿童开展心理健康教育，有助于减轻他们成长过程中的心理困惑和危机，提高其心理健康的水平。特殊儿童心理咨询与康复的根本目标正是维护和促进特殊儿童的心理健康，它在特殊儿童的心理健康教育中起着极其重要的作用。具体来说，主要表现在以下三个方面。

#### （一）心理咨询与康复是特殊儿童心理健康教育的重要实现途径

特殊儿童作为社会弱势群体，已经要承受身体或器官功能损伤带来的困难，他们在童年时期的心理困惑和问题很有可能成为其成人后心理障碍的形成根源，影响到一生的适应和发展。特殊儿童心理咨询与康复的主要任务就是直接针对有心理问题的特殊儿童进行鉴别和调整，帮助他们发现自己与众不同的地方，充分利用其现有的能力，并激发多方面的潜能，减少他们的心理问题，预防和克服心理障碍，培养良好的心理素质，协调自身与环境之间的平衡关系，以提高特殊儿童的心理健康水平，使其更好地适应和融入主流社会。可以说，心理咨询与康复是特殊儿童心理健康教育的实现途径，心理咨询与康复的具体技术与方法为特殊儿童心理健康教育的成效提供了专业的保障。在专门的心理健康教育课程还未普遍进入特殊教育学校课堂的现实条件下，个体心理咨询与康复的针对性和个别化，以及团体心理咨询与辅导的人际互动性和高效率，使心理咨询与康复在特殊儿童心理健康教育中占有重要的地位。

#### （二）心理咨询与康复为特殊儿童心理健康教育提供良好的家庭环境支持

家庭是特殊儿童尤其是学龄前特殊儿童重要的学习生活场所，家长是照顾和养育特殊儿童的主要承担者，特殊儿童会使其家人承受很大的精神压力，进而影响到家长自身的心理健康状况以及与孩子的沟通方式和质量。心理咨询与康复不仅直接服务于特殊儿童，而且会间接服务于家长，通过调整家长的认知、情绪和

行为来改变家长对待孩子的教养态度和教养模式，帮助家长缓解压力，解决其心理冲突和矛盾，提升幸福感，增强对未来生活的希望，提高家长的心理健康水平，进而改善亲子关系和特殊儿童的养育环境，营造和谐、健康的家庭氛围，构建安全、和睦、可持续发展的家庭生态系统，提高家庭生活质量，促进积极的家校合作关系的建立和保持，为特殊儿童心理健康教育提供有益的家庭环境支持，使特殊儿童心理功能的恢复具有自由与受保护的空间。

（三）心理咨询与康复为特殊儿童心理健康教育提供学校环境和人力支持

学校是特殊儿童尤其是学龄期特殊儿童的重要成长环境，学校里专门从事心理健康教育工作的教师和其他学科教师都是特殊儿童心理健康教育的重要实施者，心理健康教育教师通过专门的心理健康教育课程、有针对性的心理咨询和康复，其他学科教师通过学科渗透等形式，都可以为特殊儿童开展多样化的心理健康教育。而教师可能因为工作家庭冲突、学生管教困难、社会经济压力大等诸多原因出现心理失调，并且解决特殊儿童的心理问题也会消耗教师的心理资源，其自身的心理健康同样需要得到及时的维护，否则会影响到教师对特殊儿童实施心理健康教育的效果。因此，心理咨询与康复可以帮助特殊教育教师提高心理健康的水平，促进其专业成长和人格健全，补充积极的心理能量，增强他们应对特殊儿童心理健康问题的能力，建立和谐的师生关系。此外，心理咨询与康复还能解决特殊儿童与同伴之间的交往问题，为特殊儿童心理健康教育营造良好的班级和学校氛围，提供有利于特殊儿童心理健康发展的学校环境支持。

第三章

# 心理咨询概论

【问题导入】

· 心理咨询的要素是什么？

· 心理咨询的原则有哪些？

· 心理咨询的过程通常分为哪几个阶段？

· 心理咨询师应该具备哪些基本素质？

## 第一节　心理咨询的要素

　　心理咨询的根本目标是帮助有问题的来访者在心理和行为上发生改变，即从不健康、不适应状态向健康、适应的状态转化，使其心理功能得以恢复。心理咨询的临床实践告诉我们，不同的心理咨询理论、策略和技术，都可能给来访者带来积极的改变，这些咨询效果的产生主要来自各个咨询方法中的共同要素，而不是某些特异性的东西（Wampold，2001）。影响心理咨询的共同要素有很多，如心理咨询师、来访者、咨询关系、咨询室环境、咨询技术、咨询理论、咨询策略和方法等，其中最重要、最核心的要素是人——心理咨询师和来访者，当然其他要素也都发挥着重要作用，只不过所有的心理咨询均是围绕来访者和咨询师而展开的，其他要素会因人或者环境的变化而改变。

### 一、来访者

　　来访者是心理咨询和康复的服务对象，也可以称作当事人，他们因为自身的问题前来寻求帮助，是心理咨询工作开展的核心要素。来访者的求助动机、人格特点、对心理咨询和咨询师的态度等都会影响咨询效果，但并不是所有来访的人都适合做咨询，这是由心理咨询的固有特性决定的。

那么，到底哪些人适合或者哪些人不适合做心理咨询呢？通常来说，精神科的病人不适合做心理咨询，因为他们的主要病因是生物学因素导致的，如精神分裂、脑器质性精神障碍等。还有一些心理障碍虽然是心理因素所致，但由于障碍的特殊性、现有咨询手段的局限性，其心理咨询的效果非常有限，如偏执型、分裂型人格障碍者等，他们也不是心理咨询要服务的对象（江光荣，2005）。而哪些人适合做心理咨询，或者咨询的效果更好呢？我们可以从来访者的障碍特点、改变动机及其人格特征来分析。

不同心理障碍类别的来访者，心理咨询师使用的咨询方法和技术是不一样的。因此，很多咨询师在接案的时候都非常注意来访者当时的症状，也会考虑其心理障碍的性质和程度。很多研究表明，障碍的严重程度与咨询效果之间是负相关关系（张人骏，1987），因此，障碍程度越严重的来访者，咨询的效果越不明显。不过来访者的障碍程度及其特点只是影响咨询效果的一个方面，最主要的还是来访者对咨询的态度和动机。有一些来访者很信任咨询师，也相信通过咨询能够使自己成长，配合度比较高，效果就明显。但还有一类来访者防御心理比较强，对于心理咨询和咨询师都不太信任和接纳，求助动机不强，咨询师需要做出很多努力帮助来访者树立对心理咨询的信任。所以在初诊接待时，咨询师就得重视这些问题，注意培养来访者对咨询积极的态度和信心。

每个来访者都是独立的个体，都存在个别差异，他们的某些个人特点会影响咨询过程和咨询效果。Highlen 和 Hill（1984）发现有 5 种人格和个人特点特别有利于来访者取得良好的咨询效果：①来访者具有对人际影响的敏感性；②来访者处在烦恼中，并深感痛苦；③来访者诉说的痛苦是人际交往而不是躯体化的；④来访者有一定的应对能力和成功应对的经验；⑤来访者具有一般的智力水平也是一个重要因素，尤其是言语理解和表达能力，以及自我理解和自我反省能力。都说教育者要因材施教，在心理咨询中也一样行得通，针对不同特点的来访者，咨询师要采用不同的咨询技术和方法，在最大程度上帮助来访者自我成长。

## 二、咨询师

咨询师是帮助来访者自我成长的工作者，咨询师的人格和咨询技巧是帮助来访者成长的条件，并且这种助长条件会形成一种自由、信任和相互尊重的咨询关系，进而又会影响到咨询效果。这里主要讨论心理咨询师的作用和特点。

心理咨询师的作用就是帮助来访者摆脱目前困境，具体来讲，咨询师在心理咨询的每个阶段都有自己的作用，可以是倾听者、引导者、示范者、支持者和督促者。倾听者是指积极地听、关注地听，不只是单纯地用耳朵听，听的同时可以给来访者一些反馈，促进关系的建立。引导者是指在咨询到某一阶段的时候，当来访者对于自我的整理到了瓶颈期时，此时咨询师应该适当引导，帮助来访者突破自我。示范者是指在整个咨询中，咨询师用一言一行影响来访者，他们的态度、价值观以及行为方式都会给来访者产生一种示范效应。很多来访者来咨询都是因为他们想改变目前这个糟糕的状况，但是感觉自己又没能力改变，内心充满冲突和矛盾，此时咨询师就是他们的支持者，用真诚、理解、关心的态度，给予他们必要的鼓励和安全感，慢慢地使其接纳自己。咨询师还是督促者，当来访者有意识地想要做出改变，但又困难重重时，咨询师需要督促来访者继续坚持，鼓励来访者尝试新的体验，在现实生活中学习和实践新的行为。

有理想的来访者，自然也会有理想的咨询师，那么理想的咨询师是怎样的人呢？一般来讲，大家都认为心理咨询师应该是有耐心、细心、敏锐、善解人意、温和、有经验、理论知识丰富、善于倾听、能给人安全感……Jennings和Skovholt（1999）用质性研究方法，分析了10位大师级的心理咨询师，发现他们具有以下特点：①是永不满足的学习者；②能够大量地从经验中学习；③不排斥认知上的复杂性和不确定感；④敏于并且愿意接纳别人的情绪；⑤个人心理健康、成熟，并注意自己的情绪康宁；⑥清楚自己的情绪怎样影响自己的工作；⑦有杰出的建立和维持关系的技能；⑧信赖咨询师与来访者的工作同盟；⑨善于在咨询中利用自己各种用得上的技能。当前人们对心理咨询师个人品质的要求与上述特点不谋而合，当然，对咨询师的要求并不是希望他们有超能力，而是希望他们能够具备这些特点和品质，这样会给予来访者足够的安全感和信任感，确保咨询过程顺利而高效地进行。

### 三、其他要素

除了来访者和咨询师两个主体，其他那些能够影响心理咨询的因素都可以归纳为其他要素，而这些要素都是不容忽视、缺一不可的，它们在心理咨询中发挥重要作用。我们主要探讨咨询关系、环境变量以及咨询中运用到的理论和技术。

（一）咨询关系

咨询关系是咨询师与来访者在咨询过程中产生的一种人际关系，来访者通过这种关系中的支持性因素而发生改变。这种关系从外部特征来看，是一种有明确目的、人为的和非强制性的职业关系；从内部特征来看，是一种双方相互信任、尊重、理解和接纳的关系。人与人交往的实质就是在一种关系背景下进行的，心理咨询中咨询关系毋庸置疑是一个非常重要的变量。在日常生活中，如果与人的交流是比较生硬和冷漠的，那么在这段关系里面彼此是互不信任的；如果两人的交往是比较融洽、舒适的，那么彼此的关系应该是比较亲密和信任的。同样，心理咨询也是咨询师与来访者之间的交往过程，咨询师和来访者的态度都会影响双方的关系，更会影响到咨询效果。所以，在心理咨询过程中，保持良好的咨询关系是非常有必要的，并且需要双方的维持。尽管咨询关系的好坏受到咨询师、来访者和情境等多种因素的影响，但起决定作用的还是咨询师，咨询师的同感理解、积极关注、真诚等态度和特质有利于形成相互信任、尊重、接纳的咨询关系，而良好的咨询关系无疑是产生咨询效果，即来访者人格改变的重要条件。

（二）环境

在整个心理咨询的过程中，来访者除了在咨询的时候与咨询师见面，其他大部分时间都是在他原本生活的环境中，一个是咨询内的力量，一个是咨询外的力量，这两个方面相互作用和影响，既可能是彼此促进的，也可能是相互冲突的，甚至可能促进与冲突共生。咨询师在心理咨询中不仅需要注意到来访者的问题，还得判断来访者对环境变量的依赖程度。有些人是场依存型，有些人是场独立型，前者更依赖自己生活的环境，而后者则是属于比较独立的，不太容易受环境的影响，对于这两种特征的人，咨询师运用的方法和给出的建议是不同的。无论是哪一种类型，来访者的家庭、单位、班级以及身边的重要他人，都是来访者社会支持的重要来源，咨询师需要注意帮助来访者协调这几者之间的关系，共同为来访者的问题改善创造有利条件。

（三）咨询理论和技术

心理咨询的特别之处在于咨询师与来访者看似像朋友一样在聊天，但实际不是这样的，咨询会谈是需要足够的专业背景和理论知识支撑的，这些理论包括精神分析理论、行为主义理论、人本主义理论、认知理论等，每一种理论下又有不同的咨询技术和方法，咨询师必须要能掌握和灵活应用，将其融会贯通，在丰富自己实践经验和理论知识的同时促进来访者的自我改变。并且，咨询师要逐渐把自己的人格特质、成长经验与所采取的咨询理论和技术相匹配，寻找到适合自己的咨询风格，才能提高心理咨询的效能。

我们简要地介绍了对心理咨询有重要影响的几个共同要素，这些要素不是孤立的，是相互作用的。在实际咨询中，咨询师既要清楚地把握这些要素的关系，还应该考虑到这些要素可能会发生的作用，在此基础之上，可以创造一些条件，整合咨询师、来访者、咨询关系、环境等各种不同的咨询要素，形成合力，共同促进来访者的积极改变。

## 第二节　心理咨询的原则

心理咨询的原则是开展心理咨询工作的基本准则，是对心理咨询工作的规律概括和经验总结，也是对心理咨询工作的一般要求，它对心理咨询工作具有指导意义。在心理咨询与康复过程中，能否遵守这些基本原则，关系到整个心理咨询工作是否能够顺利开展，也决定了心理咨询的成败与效果，因此心理咨询师必须要了解并遵守这些原则，才能更好地帮助来访者解决问题。

已有不少学者探讨过心理咨询的原则，如林崇德（2002）提出6条心理咨询的原则，分别是保密原则、主体原则、转介原则、时间限定原则、态度中立原则以及咨询、治疗和预防相结合原则；杨宏飞（2006）认为心理咨询的原则可以从心理咨询工作的态度（包括接纳原则和尊重原则）、心理咨询工作的行为（包括对外保密原则和对内信息透明原则）、心理咨询工作的方法（包括指导与非指导相结合原则和预防与发展相结合原则）三个方面来分析；张日昇（2009）将心理咨询的基本原则概括为保密的原则、时间限定的原则、地点限定的原则、感情限定的原则、"来者不拒，去者不追"的原则、"一只脚在岸上，一只脚在水里"的原则、重大决定延期的原则；石向实等（2010）提出了心理咨询的接纳原则、尊重原则、保密原则、教育发展原则、情感中立原则、时间限定原则。

学者们提出的心理咨询原则既有相同之处，也有一些差异，对于心理咨询工作的有效开展都非常重要。我们综合了不同研究者的观点，提出8条目前得到较多认同的心理咨询原则，包括保密性原则、价值中立原则、助人自助原则、综合性原则、灵活性原则、时间限定原则、来访自愿原则和感情限定原则。

## 一、保密性原则

保密性原则是指咨询师有责任对来访者的谈话内容进行保密，不得向外公开，也拒绝任何有关对来访者情况的调查，来访者的隐私权和名誉权都应该受到法律的保护。咨询师为来访者保守秘密是咨访双方建立相互尊重和信任的基础，一切热情、诚恳、耐心都要以保守来访者的秘密为前提，如果失密，对咨询师来说是失职，也会因此而失去信誉。保密性原则既是心理咨询的一般原则，也是对心理咨询师职业道德和伦理的基本要求。

在心理咨询过程中，很多情况都会涉及来访者的隐私，如人际关系的冲突、家庭矛盾、朋友之间的争执等，对来访者来说这些可能是放在内心深处的秘密，咨询师了解这些背景的目的，是更好地帮助来访者厘清心理问题的原因，摆脱目前的困境。如果来访者这些内心的自我表露没有得到尊重和保护，咨询师和来访者的关系就会发生改变，可能引起双方的矛盾，导致咨询无法继续进行，甚至会严重影响来访者的心理健康。咨询师没有权利透露来访者的隐私，如果因为工作需要迫不得已要引用某些案例，必须得到来访者本人或者监护人的知情同意，并且对该案例中的内容进行恰当处理，即使是咨询师之间的相互交流也应该去掉来访者的真实姓名。

然而，还是有保密例外的情况：①来访者同意将保密信息透露给他人；②司法机关要求心理咨询师提供保密信息；③出现针对心理咨询师的伦理或法律诉讼；④心理咨询中出现法律规定的保密问题限制，如虐待儿童、老人等；⑤来访者可能对自身或他人造成即刻伤害或死亡威胁；⑥来访者患有危及生命的传染性疾病。

心理咨询师应该在初诊接待及其他必要的时候，向来访者说明保密原则。遵守保密原则既是职业道德的要求，也是心理咨询本身的性质所决定的。

## 二、价值中立原则

价值中立原则是来访者中心疗法所提倡的，该原则强调在心理咨询过程中咨询师对来访者的价值观念必须无条件地接受，即使来访者的价值观与咨询师的价值观相对立，咨询师也不能对其进行指责或批评。心理咨询师要超越咨访双方价值观念的冲突，采取中立的态度和立场，创造一种轻松、和谐的氛围，从而使来访者充分地表达自己的思想、情感和行为，这样才能帮助来访者树立独立的意识，使来访者自己进行价值判断和选择，让来访者感受到咨访双方的平等性，最终使其能够自己解决问题（路瑞峰，蒋伟龙，2002）。

人本主义代表人物罗杰斯的自我理论强调自我实现是人格结构中的唯一的动机，自我理论中包括了"经验""自我概念"和"价值的条件化"，其中，在自我的形成过程中，个体会产生被关注的需要，这种关注是有条件的，即让别人满意才能得到，这就是所谓的"价值条件化"。当来访者为了得到关注，被迫接受别人的观点，此时的自我与机体经验被打破，心理就会失调。来访者中心疗法的实质是重构个体在自我概念与经验之间的和谐，通过价值条件合理地内化他人的价值观念从而形成自我观念，消除心理失调，最终达到个体人格的重建。从这个层面出发，咨询师坚持价值中立会避免给来访者造成新的自我和经验之间的冲突（Brammer，2003）。因此，在咨询中的价值中立原则是贯穿整个咨询过程的，咨询师要做到不评判，保持中立的态度，尽量减少用自己的价值观去影响来访者。

### 三、助人自助原则

助人自助原则是指在心理咨询中，心理咨询师引导来访者积极勇敢地面对现实，帮助其客观全面地认识自己与客观世界的关系，树立信心，自己主动去协调当前环境，努力改变自我，以更好地适应社会；同时咨询师也能帮助自己在专业方面的成长。助人自助也是心理咨询的终极目标。

助人自助具有两方面的意义，一是对于来访者而言，他们通过接受心理咨询，逐渐改变不合理的思维、情感和反应方式，学会与外界相适应的方法，获得自我改变和成长，甚至自我实现；二是对于咨询师而言，他们在帮助来访者的过程中，也会学习调节自我心理和维护人际关系的技能，并且还会因获得尊重和自我满足而增强其内部动机，进一步积累自己的专业理论和实践经验，最终实现自我价值。咨询师要相信和激发来访者自我改变的需求，不能替他们去解决问题，而是要让他们自己去解决问题。助人自助原则使心理咨询活动对于来访者和咨询师双方都是有益的，来访者因咨询师的帮助和支持而得到成长，逐渐成为一个有力量的个体，有能力独立地面对自己的生活；咨询师也因帮助来访者而获得成长，逐渐成为一个更好的咨询师，有能力为来访者提供更加有效的帮助。此外，还可以从更多方面促进咨询师的个人成长，如培养咨询师良好的自我觉察能力、有效的自我

完善方式、坚定终身学习的理念、社会各界的参与等（Jennings & Skovholt，
1999）。

### 四、综合性原则

综合性原则强调来访者心理问题的产生原因不是单方面的，心理问题的症状
表现也是复杂多样的，因此咨询师需要根据不同的咨询理论和咨询方法的特点，
并结合具体情况，以最优效果为原则，综合性地选择适当方法来帮助来访者。

心理咨询中的综合性原则可以从以下几个方面来分析：第一，身心的综合。
心理和生理因素相互作用、互为因果，咨询师在咨询过程中必须将二者结合起来
考虑。因为来访者在咨询过程中内心是冲突的，他们不能正视这个冲突，很多时
候就会以躯体化的症状表现出来，二者相互影响，共同作用于来访者，给来访者
带来烦恼。第二，影响因素的综合。来访者的心理问题是生理、心理和社会等多
方面相互作用的结果，其中的关系复杂，咨询师需要区分各方面因素，找准主要
原因，快速而高效地帮助来访者。第三，心理问题的综合。人的认知、情感、行
为也是相互联系，不可分割的，一旦来访者内心有认知冲突，就会表现在情绪感
受和外在行为上。因此，一般来讲，来访者面临的问题往往并不是单一的，其中
某一方面有问题，另外的方面或多或少也会出现问题。咨询师需要全面考虑来访
者的问题，并且还要从中找到主要的问题，视情况选择从根源入手还是从边缘入
手，因为有时候根源的问题对于来访者来说太难解决，这时我们就需要根据来访
者的能力做出判断。第四，方法和技术的综合。众所周知，心理咨询有精神分析
疗法、行为疗法、以人为中心疗法、认知疗法、理性情绪疗法等，还有很多咨询
技术，这些方法和技术交织和贯穿于整个咨询过程，不是单一的，虽然相对来说
某一些典型的心理问题可以选用某种有针对性的咨询方法，但是错综复杂的心理
问题需要的就不只是一种咨询方法或技术，而是将多种方法和技术融为一体。

### 五、灵活性原则

灵活性原则是指在不违反其他咨询原则的情况下，咨询师灵活地运用各种咨
询理论、方法、技术，采用灵活的步骤和程序，以便最有效地取得咨询效果。也
就是说，咨询师要最大限度地根据每一个来访者的个性或特殊性采取不同的咨询
方法和技术，制订个别化的咨询方案，并且在整个咨询过程中根据来访者的具体
情况进行调整和改变。

灵活性原则其实对咨询师的要求比较高，初出茅庐的咨询师在工作的时候，很多时候考虑不到灵活性，就想把大家公认好的方法用进去。其实，不同的来访者适合的咨询方法也不一样，这样生拉硬扯不但得不到想要的效果，反而会阻碍咨询的进行。经验较丰富的咨询师相对来说，使用咨询方法和技术会更加灵活一些，知道如何根据来访者不同的问题情况和个人特点以及不同的咨询阶段，不断调整和改变所用的咨询方法与技术。当然，灵活并不是随便选用，同样应该针对来访者的心理特点及其心理问题进行合适的选取。灵活也不代表可以随时随地换咨询方法，这样会给来访者一种不确定感。因此，心理咨询师需要把握好灵活的度，在因地制宜的咨询环境下，提高咨询方法和技术的效能。

### 六、时间限定原则

时间限定原则强调每次的心理咨询都要遵守一定的时间限制，心理咨询的时间一般为每次 50~60 分钟，每次咨询的间隔时间是一周左右，原则上不能随意延长或缩短咨询时间，初次咨询可视情况延长时间。咨询中对时间的控制关系到咨询能否顺利开展，对来访者的成长非常重要。

长时间的咨询并不会效果更好，长时间的咨询会使来访者和咨询师都感到疲惫，都不能将注意力很好地投入到咨询中，长时间的咨询并不能解决来访者的问题，反而会影响咨询效果。所以，咨询时间需要有一个限定的时段，尽量不要迟到，这可以在咨询的同时给来访者建立一定的规则意识；并且知道什么时候结束，也会给来访者一种安定感。

大部分的心理咨询活动，都是有时间限定的，但也有例外的情况，来访者的年龄、生理及心理状态等都会影响到咨询时间。例如，有些年龄较小的来访者，他们的注意力可能不能像成人那样持久，可以适当缩短咨询时间；对于情绪波动比较大或者年纪较大的来访者，可以适当延长咨询时间。

### 七、来访自愿原则

来访自愿原则是指咨询师要充分尊重来访者参与咨询活动的意愿，来访者前来寻求帮助应该完全是出于自愿。忽视来访者的求助意愿和动机，有悖于心理咨询的本义，即使咨询师认为来访者需要咨询，想要帮助来访者摆脱困境，也不能强迫他人来咨询。来访者能意识到自己当前面临的问题和困惑，有想要自我改变的意愿和动机，并且积极主动地寻求咨询师的帮助，这样的来访者才能够使自己完成改变，这也是建立咨询关系的先决条件。

有一些来访者，他们不是自己想要来咨询，而是迫于父母或老师、上司的催促前来咨询。咨询师不能排斥这种迫于别人督促而前来咨询的来访者群体，但需要付出更多的努力，才能够使来访者改变被动态度，最终建立咨询关系并展开咨询活动。此外，代替他人来心理咨询的情况也比较多，原则上，心理咨询是与当事人进行谈话，才能帮助解决其存在的心理问题，但我们仍然不能拒绝代替来访者前来咨询的群体，不过要让代替者明白，当问题的实质无法解决而又期望问题解决时，需要来访者出面。

"来者不拒，去者不追"是来访自愿原则的具体体现，无论是在咨询关系确立时，还是在咨询过程进行中，都不应该存在对来访者任何意义上的强制，也不应该去挽留中途要中止的来访者。心理咨询室的大门向任何人都永远敞开，对于来到心理咨询室的群体，更是需要咨询师的无条件接纳。

### 八、感情限定原则

感情限定原则是指对来访者和咨询师的关系的限定，亲密、信任的关系能够促进心理咨询的顺利进行，但是这种关系有限度，过于亲密或者过于冷漠都会影响到咨询效果。来访者对咨询师的要求和劝诱，即便是好意，咨询师也应该予以拒绝。若咨询师和来访者接触过密，不仅容易使来访者过于了解咨询师的内心世界和私生活，阻碍来访者的自我表达，而且容易使咨询师该说的不能说，进而失去客观公正地判断事情的能力。在咨询的过程中，咨询师需要区分一些特殊的关系，如依赖、移情，当有这两种情况出现时，咨询师要和来访者说清楚咨询的目标是帮助来访者自我成长，而不是咨询师做决定。咨询师和来访者只有一种关系，即咨询关系，咨询师和来访者都应在内心树立相应的界限，使咨询可以顺利进行。

心理咨询的原则还有很多，无论哪一个原则，都对顺利开展心理咨询工作至关重要。这些原则是咨询师和来访者双方共同的责任与义务，只有双方一起遵守和承担，才能确保心理咨询工作能够改变来访者的困境。

# 第三节　心理咨询的过程

　　心理咨询是由一系列不同的活动和内容组成的过程，这些活动和内容围绕着不同的阶段性任务展开。心理咨询的过程从咨询师与来访者的初次见面直至咨询结案，大体上可以分为八个不可或缺的阶段：①初诊接待，建立咨询关系；②收集资料，探索问题；③资料分析，初步诊断；④确定咨询目标；⑤制订咨询方案；⑥实施咨询方案；⑦咨询效果评估，反馈调整；⑧咨询结束。其中每一个阶段都包含了自己的特点和任务，但它们彼此间不是简单割裂的，而是相互渗透的，在内容上也可能有所重叠。心理咨询的过程本身是一个连续的整体。

## 一、初诊接待，建立咨询关系

### （一）约定初次会谈的时间

　　咨询师可以通过电话、电子邮件等方式与来访者建立联系，安排好初次见面会谈的时间和地点。无论采用口头对话还是书面交流的方式，咨询师都要注意以下几点：第一，保持亲切温和的态度，使来访者放下心中顾虑和戒备，感受到真诚的关心和理解，愿意前来接受心理咨询；第二，表述要清晰明确，如有需要可以适当详细些；第三，表明咨询师期待与来访者会面的态度。

### （二）接待来访者

　　来访者到达心理咨询室后，咨询师要以亲切友善的态度示意其就座休息，询问来访者有无其他需要，进行必要的登记。这样可以让来访者放松紧张的心情，适应咨询的环境，建立安全感。

### （三）互相简单介绍

　　咨询师简要地向来访者说明自己的名字、身份、职业特点等，让来访者对咨询师有一个直观、简单的了解。咨询师向来访者介绍心理咨询的一般原则和规范，如什么是心理咨询，心理咨询是怎样进行的，解释保密性、时间限定、自愿等原则以及心理咨询的限制等，取得来访者的同意并签订协议。咨询师请来访者简单介绍自己，同时观察来访者，必要时也可以让来访者填写基本信息表。咨询师要态度诚恳，有亲和力，尽量降低来访者的戒备心，使来访者感受到专业和信赖，以利于良好咨询关系的建立。

### （四）建立咨询关系，为咨询会谈作准备

从来访者初次进入心理咨询室那时起，咨询师与来访者之间的咨询关系就建立了，并且这一关系将维持到整个咨询工作结束。咨询关系在不同理论取向中有不同的看法，综合各类定义，我们可以将心理咨询关系看作一种职业性的助人关系，是一个独特的、动态变化的过程。在整个心理咨询过程中，始终都有咨访双方的人际互动，咨询师帮助来访者运用其内部资源以获得积极的成长，发生认知或行为的改变，并实现自我的潜能。大多数的心理咨询流派都重视良好咨询关系的建立和维护，认为这是心理咨询取得成效的基础和条件。

尽管咨询关系伴随整个心理咨询的过程，但在不同阶段咨询关系的特点和任务是不一样的。咨询关系的建立和发展主要是在心理咨询的前几个阶段，也就是从初诊接待直至确定咨询目标的几个阶段，而在中后期的心理咨询阶段，如咨询实施、评估、反馈等，咨询师会把重点放在咨询关系的维护、巩固、深化和终结等方面。因此，初诊接待是咨询师建立咨询关系的第一步，如果有了一个好的开端，咨询师要进一步发展起融洽、信任的咨询关系就相对容易，也能够为之后的咨询会谈铺垫良好的氛围。

那么，如何建立起良好的咨询关系呢？这有赖于咨询师与来访者两方面的共同努力，而咨询师的态度则是建立良好咨询关系的关键，这需要强调咨询师的共情、无条件积极关注、尊重、热情、真诚等态度。良好的咨询关系是建立在咨询师与来访者之间相互信任、相互理解、相互接纳的基础上，一方面，咨询师要理解、接受来访者，相信来访者有潜能改变自己，使来访者对咨询充满希望；另一方面，来访者也要接纳、信任咨询师，承认并尊重咨询师的专业性，积极配合咨询师进行自我探索，认真执行咨询师提出的咨询方案和措施。

### 二、收集资料，探索问题

### （一）摄入性会谈

会谈是咨询师收集来访者信息的重要途径。摄入性会谈是指心理咨询师通过与来访者面对面的交谈，在口头信息的沟通过程中了解来访者当前的心理状态、咨询动机和期望、学习或工作状况、家庭状况等客观背景资料，目的是为正确做出初步诊断、制订咨询目标和方案收集相关信息。为了初步诊断的顺利进行，咨询师在摄入性会谈中通常需要完成以下几项内容：第一，收集做出初步诊断需要

的资料，包括来访者的基本信息、成长史、家庭背景、目前生活基本情况、曾接受过的咨询或治疗以及来访者的主诉问题。这些资料应当力求客观、全面、真实，这样才能更好地帮助咨询师做出正确的判断。第二，通过提问、倾听、观察对来访者进行其重点亟待解决的问题的相关会谈，询问来访者对咨询服务的期望，对来访者的困扰情况做出初步的判断。第三，评估心理咨询对来访者的适合度。来访者的困扰是否适合做心理咨询，来访者对心理咨询是否有了适当的准备，来访者是否有足够的时间和预算等问题，咨询师都需要了解清楚。

由于来访者具体情况各不相同，进行会谈时，咨询师不可急于求成，迫切地希望立刻了解和解决来访者的问题，而对来访者提出在现有咨询关系下不便回答的问题，使来访者感到压力。这可能导致来访者通过隐瞒、谎言等方式提供相关信息，甚至可能导致来访者对心理咨询的抵触和抗拒。由于摄入性会谈包含的内容较多，咨询师要注意把握重点，抓住来访者心理问题的关键和核心。

虽然进行摄入性会谈的主要任务是为了做出初步诊断而收集资料，但与此同时，也具有帮助来访者进行心理调节的意义。咨询师的倾听，能够使来访者内心情感得到释放。咨询师的态度，能让来访者感受到自己被尊重和接纳。咨询师的介入，使来访者感到自己的心理困境能够得到帮助。因此，我们不能仅仅将摄入性会谈看作收集资料的途径，还要注重对来访者进行心理调节，并激发来访者解决问题的信心和对咨询师的信任。

（二）心理测评

在摄入性会谈之后进行心理测评，目的是用标准化和量化的方法客观地评估来访者的心理特质和问题症状，降低咨询师因个人主观性导致的错误评估的可能性，帮助咨询师更准确和全面地收集信息，以增强做出诊断、制订咨询目标和方案时的科学性，同时还可以作为咨询结束时比较咨询效果的基准水平。目前我国心理咨询中运用较多的心理测评大致有智力测验、人格测验以及心理评定量表三类（马志国，2005）。

智力评估是理解个体行为的基础，咨询师可以使用标准化的智力测验量表，通过来访者对量表题项的反应来测量其智力水平的高低，常见的智力测验工具有比奈-西蒙智力量表、斯坦福-比奈智力量表、韦克斯勒智力量表、瑞文标准推理测验等。在心理咨询中使用人格测验，有助于咨询师评估来访者的需要、动机、兴趣、价值观、态度、气质、性格等与社会行为有关的个人特征，既可以是客观的自陈测验，也可以是投射测验，常用的人格自陈量表有艾森克人格问卷、明尼苏达多项人格问卷、卡特尔 16 种人格因素问卷等。心理评定量表是在心理测评发展过程中衍生出来的一种便捷的评估形式，是评定个人心理和行为的常用工具，也是心理卫生评估的重要手段，主要包括如下类别：学习与教育评定、能力与职业评定、生活质量评定、心理健康评定、临床心理评定等。

咨询师在对来访者使用心理测评时需要注意：

第一，慎重选择量表。了解量表适用的年龄和认知能力范围，确定来访者是否符合；确定量表的信度和效度；考虑量表的结果是否对应来访者目前的心理问题。在正式给来访者测试前，咨询师一定要了解该测试的施测说明。

第二，协调好与来访者的关系。在进行心理测试前，咨询师应向来访者解释说明该测验的具体情况以及测评结果的用途等，并与来访者建立起相互信任、理解的和谐关系，取得来访者的合作，保证测试结果真实可靠。

第三，正确解释测评结果。心理测评能够为咨询师的临床工作提供相关信息，但是咨询师不能完全依赖和相信这些信息，应针对来访者的情况，结合多种因素解释，并联系参照信息，理性地看待和分析结果。另外也要注意来访者的心理状态是不断变化的，一次的测评结果不能当作永久的标签。

### 三、资料分析，初步诊断

#### （一）资料分析

在进行初步诊断之前，需要通过各种途径和渠道收集相关资料。在完成资料收集后，就需要对这些临床资料进行整理和评估，这是心理诊断前非常重要的环节。

在临床资料整理和评估的过程中，要注意以下几个方面的问题：

第一，收集到的临床资料可能来自不同的途径和渠道，也可能是在不同的时间、场合取得的，甚至可能来自不同的对象。因此在进行资料分析时，最重要的就是对取得的资料进行综合的分析，而不是片面地或割裂地分析。

第二，避免个人偏见和喜好。咨询师在整理和评估临床资料时，虽然不可能完全抛弃自己原有的价值观和思考，但是要尽量避免以自己的这些偏见和喜好去筛选和整理资料。

第三，从来访者的整体环境出发。临床资料有时仅仅能反映来访者某个方面的表现，咨询师可以通过对来访者周围的重要人物、环境以及事件等，更加充分和完整地了解来访者。

第四，注意处理混淆的信息。临床资料可能是通过各种不同的渠道得来的，有时可能会出现来访者的言语信息与非言语信息、会谈资料与心理测评结果存在差异甚至是截然相反的，这时就需要咨询师综合各方面的情况，进行深入的分析，对这些信息加以取舍。

（二）初步诊断

初步诊断是心理咨询师在与来访者有了初步的接触后，运用心理诊断的各种技术，在综合分析摄入性会谈和心理测评所得资料基础上，对来访者的心理问题做出性质或者类型等方面的判断。初步诊断的结果可以让咨询师明确来访者心理问题的基本情况，有助于咨询师根据心理问题的不同性质、持续时间、严重程度、症状表现等，与来访者共同商讨确定咨询的目标和选择咨询的方法。

需要注意的是，初步诊断应当是在咨询师对来访者有一定了解，并且有比较充足的相关信息支持的基础上做出的。因此，我们不能简单地把咨询师与来访者初次见面就当作初步诊断。有时，在初次见面后，咨询师对来访者的了解还不够，没有获得充分的资料，这时不可盲目地做出诊断。

在进行初步诊断时，咨询师应注意避免受到以下因素的影响：

1. 首因效应

咨询师在初诊接待和收集资料阶段与来访者的会面持续时间都不会太长，接触来访者的程度还不深，会在一定程度上限制对来访者的了解，并且为了及时开展心理咨询工作，咨询师通常没有很长时间来全面考虑来访者的心理问题，因此初步诊断时容易受到首因效应的影响，导致咨询师对来访者心理问题的判断比较主观。

2. 来访者资料受限

在初诊接待和收集资料的过程中，咨询师要在有限的时间内完成对来访者各种资料的收集是比较困难的，只能尽力做到在有限的时间里最大限度地掌握来访者的相关信息，并根据这些信息做出初步诊断，这可能导致诊断结果缺乏深度。

3. 心理定式

一些经验丰富的咨询师可以参照自己的知识或经验，快速地做出诊断，但有时这也会束缚咨询师的思维，用自己惯常的思考方式去分析和理解来访者的心理问题，可能做出的判断并不一定符合来访者的真实情况，也不一定适合来访者的需要。

基于此，在对来访者进行初步诊断时，咨询师一定要与来访者保持积极主动的沟通，在有限的时间里尽可能多且准确地收集相关信息，综合分析、深入思考，克服首因效应和心理定势的影响，采取谨慎的态度做出判断。初步诊断的结果关系到今后心理咨询中采用的方法和技术，从而影响到心理咨询的实际效果，需慎之又慎。

### 四、确定咨询目标

咨询师在对来访者的心理问题进行初步诊断之后，就要根据来访者的具体情况，结合自己的专业知识和经验，与来访者一起确定心理咨询的目标。咨询目标是在心理咨询过程中咨询双方共同努力的方向，有助于获得来访者的配合和支持，增强咨询合作。心理咨询的目标从根本上来说，是促进来访者的成长与发展，使其能够面对和处理自己生活中遇到的各种问题，但针对不同的来访者、不同的咨询理论流派、不同的咨询阶段，具体的咨询目标则各有不同。咨询师要与来访者充分沟通，既要确定咨询的最低目标，即消除或减轻来访者当下面临的心理困惑和不适应行为；又要确定咨询的最高目标，即完善来访者的健全人格和自我实现；还要确定咨询的努力目标，即经过咨询师和来访者的共同努力可以达到的目标。努力目标是最低目标的具体化，也是咨询工作的阶段目标，而最高目标为咨询工作提供主导方向（石向实 等，2010）。

咨询师在制订咨询目标时要注意：咨询目标应该是具体的，便于咨询过程中的判断和操作，也更易看到咨询效果；咨询目标应该是可行的，既不能超过来访者自身的能力，也不能超过咨询师能够提供的帮助；咨询目标应该是积极的，是符合来访者发展需要的；咨询目标应该是咨询双方都可接受的，咨询双方应在涉及咨询目标的问题上达成一致；咨询目标应该是可以评估的，可以使咨询双方看到进步，也能看到不足，及时调整措施或目标；咨询目标应该是灵活的，可以根据咨询的进程与变化进行灵活的调控。

### 五、制订咨询方案

制订咨询方案，能够使咨询双方明确咨询的具体做法，方便实际咨询过程中的操作。一般来说，咨询方案应该包括：咨询双方的责任、义务和权力；来访者心理问题的性质和程度；咨询的次数与时间安排；咨询的费用；咨询的大致过程及拟使用的方法和技术；咨询期望达到的目标；咨询的预期效果及评价方法；应变措施等。其中，最应重视的是这样两个问题：一是实现咨询目标所需要的心理咨询方法有哪些；二是应该通过怎样的具体措施、策略、途径、技术以及过程来开展心理咨询。由此可见，制订的咨询方案应该是对咨询过程有指导性和预见性的，能够在具体实施过程中发挥实际的作用。心理咨询方案的制订是以咨询师为主导、有来访者参与的互动过程，咨询师要在与来访者的互动沟通中制订和发展咨询方案，保证咨询方案的可调整性。缺乏互动性的心理咨询方案，不容易得到来访者的理解和支持，通常难以取得良好的咨询效果。

### 六、实施咨询方案

实施咨询方案是帮助来访者解决问题的阶段，是心理咨询过程中的核心阶段。这一阶段可能历时较久，需要使用各类咨询技术，咨询师的主要任务就是帮助来访者改变其不适应的认知、情绪或行为。应当注意的是，心理咨询方案必须在征得来访者同意之后才能实施。

在咨询方案的实施阶段，咨询双方应按照制订好的咨询方案进行心理咨询，但也不必完全受限于原有的咨询方案，可以根据来访者的实际情况进行调整和改变。咨询双方都不能急于求成，尤其咨询师要避免简单地告诉来访者应该做什么、应该怎么做，而是要提供对来访者有利的人际关系和环境，提出某些合理的解释和说明，帮助来访者通过自己的领悟和学习，促进其主动发生改变。

### 七、咨询效果评估，反馈调整

通过评估咨询效果，我们能够了解来访者的心理问题是否得到了解决，解决的程度如何，是否在生活中得到了迁移应用。评估咨询效果能够帮助咨询师了解自己咨询工作的成功和不足，及时总结经验，提高专业能力和技术水平。此外，评估咨询效果还可以为咨询心理学的研究提供丰富的实践资料。

咨询效果的评估可以分为过程性评估和总结性评估。过程性评估是在实施咨询方案的过程中同步实施的一种评估，可以帮助咨询师进行及时的反馈调整。总结性评估则是在咨询结束时的评估。二者都具有同等的重要性。也就是说，我们不仅要重视咨询结束时的效果评估，也应重视在咨询过程中，与实际实施咨询方案同步实行的过程性评估，以达到及时反馈调整咨询方案的效果。

评估咨询效果可以使用标准化测验、评定量表、行为观察、临床访谈或追踪回访等多种方法，并且需要进行综合分析，方能得出客观、可靠的结果。咨询师既要注意把握来访者自身主观的满意度，也要注意心理测验、心理评定量表等反映出的相对客观的结论；既要考虑量化评估的结果，也要深度分析质性评估资料所揭示的现象。此外，评估时还有一个值得咨询师考虑的因素是投入与收效的比率，即咨询效果与咨询过程中的投入（费用、时间等）的比率是否合适。有时虽然咨询效果不错，但是投入太大的话，也是一种低效的咨询。

### 八、咨询结束

心理咨询进行到这一阶段，不仅意味着咨询工作的结束，还意味着要对咨询过程进行总结和升华。咨询师要帮助来访者巩固咨询的效果，完成对心理咨询整个工作的总结与回顾。

为了做好结束工作，并进一步巩固心理咨询的效果，咨询师可以与来访者共同讨论咨询过程中的重点和矛盾，帮助来访者重新回顾咨询中的要点，指出来访者做出的努力和已经取得的进步，分析咨询目标达成的情况及其原因，鼓励来访者将在咨询过程中学到的应对和处理问题的方法迁移到日常生活中去，提出来访者今后还需要注意的问题，允许来访者提出尚存的疑问等。有时咨询师可以采用渐次结束的方式使来访者逐渐适应咨询的结束。

## 第四节　心理咨询师的基本素质

### 一、咨询师的职业道德素养

职业道德素养是心理咨询师必备的一种非常重要的素质，因为对于心理咨询而言，咨询效果及对来访者的心理帮助必须建立在咨询师遵守职业道德的前提下。咨询师如果不能遵守职业道德，即使拥有优秀的专业知识和专业技能，依然不能成为一名合格的心理咨询师。只有心理咨询师严守职业道德，才能保证来访者的权益。

我国劳动和社会保障部委托中国心理卫生协会组织有关专家，制定了《心理咨询师国家职业标准（2005年版）》，对心理咨询师必须遵守的职业道德提出了明确要求：①尊重来访者的意愿；②促进来访者的身心健康；③对来访者的个人隐私及所提供的资料保密；④与来访者建立平等的咨询关系，不得产生和建立除咨询以外的任何关系。

早在2001年8月，我国劳动和社会保障部首次颁布试行的《心理咨询师国家职业标准》对心理咨询师的职业道德做出了更为详细的规定：

第一，心理咨询师不得因为来访者的性别、年龄、职业、民族、国籍、宗教信仰和价值观等任何方面的因素而歧视来访者。

第二，心理咨询师在咨询关系建立之前，必须让来访者了解心理咨询工作的性质、特点，这一工作可能出现的局限性以及来访者自身的权利和义务。

第三，心理咨询师在对来访者进行咨询时，应与来访者针对咨询工作的重点进行讨论并达成一致意见，必要时（如采用某些疗法），应与来访者达成书面协议。

第四，心理咨询师与来访者之间不得产生和建立咨询以外的任何关系。尽量避免双重关系（尽量不与熟人、亲友、同事建立咨询关系），更不得利用来访者对咨询师的信任谋取私利，尤其不得对异性有非礼的言行。

第五，当心理咨询师认为自己不适合对某个来访者进行咨询工作时，应向来访者做出明确的说明，并且应本着对来访者负责的态度将其介绍给另一位合适的咨询师。

第六，心理咨询师应始终严格遵守保密性原则。

## 二、咨询师的知识技能素养

《心理咨询师国家职业标准（2005年版）》规定，心理咨询师必须掌握的学科的基础知识有：基础心理学知识、社会心理学知识、发展心理学知识、变态心理学与健康心理学知识、心理测量学知识、咨询心理学知识以及相关法律法规。

基础心理学知识可以帮助咨询师了解来访者最基本的心理现象与心理活动规律，包括心理活动的生理基础，感觉和知觉，记忆，思维、言语及想象，意识与注意，需要与动机，情绪、情感及意志，人格等。

社会心理学知识可以帮助咨询师理解来访者在个体和群体水平上与社会环境相互作用过程中心理和行为的发生及变化规律，包括社会化与自我，社会知觉与归因，社会动机与社交情绪，态度，沟通与人际关系，社会影响，爱情、婚姻与家庭等。

发展心理学知识可以让咨询师明白人类个体从受精卵开始到出生、成熟直至衰老的整个生命历程中心理发生和发展的特点及规律，包括个体从婴儿期到老年期的不同年龄阶段的心理与行为特征，还要涉及心理发展的社会生活条件和教育条件、生理因素的发展、动作和活动的发展、语言的发展等。

变态心理学与健康心理学知识能够为咨询师提供关于心理异常或心理不健康的判断、原因以及机制等方面的理论支持，包括正常心理与异常心理的区分，常见异常心理的症状、常见精神障碍、心理健康与心理不健康的区分、心理不健康状态的分类、压力与健康等。

心理测量学知识有助于咨询师通过科学、客观、标准化的测量手段对来访者的心理品质、个人特征和行为表现进行测评，增强咨询评估的可靠性和有效性，包括测验的常模、测验的信度和效度、项目分析、测验编制的一般程序、心理测验的使用等。

咨询心理学知识可以为咨询师提供心理咨询的原则、过程、咨询理论、方法和技术等方面的专业支持，包括心理咨询的理论观点，心理咨询的对象、任务、分类和一般程序，不同年龄阶段的心理咨询，婚恋、家庭心理咨询，性心理咨询等。

除了专业知识外，心理咨询师也要注意积累相关法律法规、医学、社会学、教育学等广泛的基础学科知识，并注重专业技能的训练，包括怎样在最短的时间内收集来访者的有关情况、发现来访者不自觉的掩饰和阻抗、引导来访者逐步认识自己内心深处的问题、设计相应的方法来矫正某些不良行为、适时地向来访者进行解释等。概括起来，就是发现与判断心理问题的技能，与来访者交谈的技能，运用相关知识解决心理问题的技能（莫雷，2002）。此外，还有建立和维持良好咨询关系的技能、有效评估的技能、察觉非言语信息的技能等。只有将理论知识与实践能力结合起来，才能够理解来访者的心理问题以及这种矛盾和冲突的成因，有针对性地分析问题，并引导来访者走出困境。

### 三、咨询师的心理素质

心理素质是以生理条件为基础的，将外在获得的刺激内化成稳定的、基本的、内隐的，具有基础、衍生和发展功能的，并与人的适应行为和创造行为密切联系的心理品质，它是由认知特性、个性和适应性构成的心理品质系统（张大均，

2003）。由于心理咨询工作的特殊性，咨询师必须具备良好的心理素质，才可能有足够的心理能量来为来访者提供有益的帮助和支持。如果咨询师的心理素质不够强大，不仅不能帮助来访者面对和解决他们的心理困境，而且还可能无法消解因来访者的心理问题而对自己造成的消极影响，进而危害到咨询师自身的心理健康状况。概括起来，一个好的心理咨询师应具备以下心理素质。

（一）自我意识明确

自我意识是对自己身心活动的觉察，即自己对自己的认识，具体包括认识自己的生理状况、心理特征以及自己与他人的关系。自我意识的结构可以从自我意识的知、情、意三层面分析，是由自我认知、自我体验和自我调节（或自我控制）三个子系统构成。正确的自我认知、客观的自我评价、积极的自我提升和关注自我成长，都可以促进自我意识的形成，并且在人生不同的发展阶段，其自我意识的形成也各有特点。

对咨询师而言，自我意识明确即有自知之明，自信，能自我觉察、自我反思等。明确的自我意识有助于咨询师在面对纷繁复杂的咨询问题时，能够对自我保持正确的认识，同时也能够通过自我觉察和自我反思来及时调整自己的状态。

（二）富有洞察力

洞察力是深入事物或问题的能力，是人通过表面现象精确判断出背后本质的能力，这种能力是可以后天培养的。富有洞察力的咨询师在咨询中感受更加敏锐，即能够敏锐地感知他人和自己的心理，有利于咨询师达成共情，理解来访者的处境和感受，同时也有利于咨询师时刻体察自己的感受和心理状态。

（三）心态开放

好的心理咨询师应该是心态开放的，这里的心态开放包含了两个层面：一是对待来访者的心态开放，二是对待心理咨询的各种理论和方法持开放心态。

不同的来访者可能存在各种各样的心理问题，有时这些心理问题可能是常人难以理解和接受的。咨询师在面对不同的来访者时，应表现出积极的接纳态度，才能够更好地建立咨询关系，帮助来访者走出心理困境。

心理咨询有着不同的理论流派，存在着不同的咨询和康复方法、技术等，而且随着研究领域的扩大，不同的理论观点层出不穷。咨询师应当以开放的心态来面对这些理论，不断学习和丰富自己的知识基础，而不是保守地拒绝新的理论和方法、技术。

### （四）心理健康

心理咨询师应该是一个心理健康的人，其心理的健康水平至少应高于他的来访者。在生活中，心理咨询师的生活环境与大多数来访者并无太大差异，也会有许多欲望，如希望被爱、被接纳、被肯定、被认可，希望有安全感。但这些都必须是在咨询关系以外来获得的，以此来保证出色地完成咨询师这一社会角色任务。在咨询过程中，心理咨询师的行为只能是利他的和助人的。

当咨询师面对自己生活中的困难时，必须努力保持情绪的稳定和个人内心的相对平衡，而且在咨询关系以外来解决这些内心冲突和矛盾。一位好的咨询师应是愉快的、热爱生活的、有良好适应能力和调整能力的人。情绪不稳定以及由于心理冲突而不能自我平衡和调整的人，是不适合从事心理咨询工作的。

### （五）人际沟通顺畅

人际沟通顺畅包括言语的和非言语的两个方面。咨询师与来访者的人际沟通顺畅，既包括咨询师与人交流时的语言沟通能力强，善于倾听的同时也善于表达自己的想法，能够与来访者顺畅地进行沟通交流；同时也包括非言语的沟通能力强，也就是说咨询师应该是有亲和力的人，给来访者以安全感，让来访者愿意与其交流沟通。

### （六）不断追求自我实现

心理咨询师应该是一个不断追求自我实现的人。所谓自我实现，通俗来讲，是指将潜能充分发挥。心理咨询的最终目的在于帮助来访者解决心理困扰，达到自我实现。因此，咨询师必须首先是一个要求进步、不断追求自我实现的人。

不断追求自我实现对咨询师从事心理咨询职业也具有重要意义。不断追求自我实现的咨询师能够正视人生，更好地引导来访者以积极、正确的心态来面对心理困扰；能够理智地应对在咨询过程中遇到的不同困境，克服困难，追求自我实现。一个不断追求自我实现的咨询师，对待工作也有不断追求的态度，以认真工作实现有价值的人生。

## 四、咨询师的伦理素质

心理咨询是与人打交道的实践活动，具有私密性的特征，因此不可避免地要涉及伦理道德问题。以符合伦理道德要求的方式处理咨询关系，就成为心理咨询的重要方面。

（一）心理咨询中的伦理基础

在心理咨询中，如果咨询师有意识地遵循伦理守则，可以预见，咨询师与来访者之间的关系进展能够更加顺利，这也有助于保护来访者的个人信息和感受。伦理观也是建立信任的一个组成部分。

与来访者相处时，咨询师需要具备伦理意识，了解来访者的多元文化背景，强调其正面优势。每个来访者都代表了不同的类型，这种不同来源于其家庭背景、成长经历、与其他人之间的关系等。家庭、学校、社区和文化都深深地影响着来访者的价值观和社会化，此时就要求咨询师能够立足于来访者所处的广阔背景来帮助其成长。有效咨询的其中一部分就是，帮助来访者发现其优势以及周围可用的资源。

（二）咨询过程中的伦理守则

伦理守则提倡既要尊重心理咨询师的权利，也要尊重来访者的权利。心理咨询是通过教导和提倡伦理及其适当实践的基本内容，以责任制保护来访者，作为一种机制来提升实践水平，进而改善咨询过程（G. Corey, M. Corey, & Callanan, 2011）。概括起来，伦理守则就是不要伤害来访者，并充分了解助人的社会背景，有责任感。作为心理咨询师，既要对来访者负责，也要对社会负责。当这些责任之间发生冲突时，咨询师就得遵循伦理守则。伦理守则包含能力、保密性、知情同意、权力、社会公正和多样性（孟莉，2004）。

### 1. 具备一定的能力，但有能力边界

称职的咨询师需要具备相关理论、知识和技巧，需要具备展开谈话以帮助来访者解决问题的能力，以及通过来访者的表现来了解自己处理问题的能力。同时值得注意的是，咨询师的能力是有边界的，咨询师的实践只能限制在他们能力范围内，要立足于他们的训练、教育、被督导经验、国家职业资格证书以及适当的职业经验。在与来访者相处时，咨询师需要一直保持审视状态，时刻对自己的能力进行评估，判断自己是否有能力对来访者提出的问题进行咨询。如若不能，则不应拖延来访者咨询的时间和机会，而应及时为来访者提供转介等帮助。

### 2. 注重并遵守保密原则

在心理咨询过程中，咨询师需要始终严格遵守保密原则以获取来访者的信任。关于遵守保密原则的具体要求，在2001年我国劳动和社会保障部首次颁布的《心理咨询师国家职业标准》中规定为：①心理咨询师有责任向来访者说明心理咨询

工作者的保密原则，以及实际应用中的限度；②在心理咨询工作中，一旦发现来访者有危害自身或他人的情况，必须采取必要的措施，防止意外事件发生（必要时应及时通知有关部门或来访者家属），或者与其他心理咨询师进行磋商，但应注意将有关保密信息的暴露程度限制在最低范围之内；③心理咨询工作中的有关信息，包括个案记录、测验资料、信件、录音、录像和其他资料，均属专业信息，应在严格保密的情况下进行保存，不得列入其他资料之中；④心理咨询师只有在征得来访者同意的情况下，才能对心理咨询过程进行摄像、拍照、录音等，在因专业需要进行案例讨论，或采用案例进行教学、科研、写作等工作时，应隐去那些可能会据以辨认出来访者的有关信息。需要注意的是，在某些特定情况下，保密性是有限度的。

### 3. 重视来访者的知情同意

在咨询开始的时候，心理咨询师必须告知来访者关于此次咨询的信息。在咨询的整个过程中，如有必要，咨询师也应告知来访者咨询的目标、程序、局限和潜在风险、收益以及其他相关信息。来访者有权在过程中参与制订咨询计划，拒绝任何推荐的服务，并且被告知这些拒绝会产生怎样的结果。咨询师应注意当来访者是孩子时，围绕知情同意而产生的伦理问题变得尤为重要，因为这还涉及到孩子的监护人。

### 4. 维护平等关系

在开始心理咨询的时候，来访者可能觉得咨询师的权力更大。如果咨询师意识到这一问题并与来访者开诚布公地讨论这一问题，有助于咨询师和来访者建立平等的关系。

在很多时候，根深蒂固的思维压迫或者文化上的压迫会体现在咨询关系中，即使咨询师本人可能并没有参与压迫活动。例如，有的人感情经历可能并不顺利，有的人可能对异性并不信任，有的残疾人由于自身的缺陷可能会想当然地认为身体健全的人无法理解他们的遭遇等。当咨询师遇到这些案例时，在咨询早期就与来访者谈论经历、文化和背景的差异，就能有效促进良好咨询关系的建立。

### 5. 对社会公正的思考

心理咨询师并不仅仅生活在咨询室中，他们需要走出咨询室、办公室，来到街道和社区，来感受、观察、了解、反思真实存在的社会现象，比如经济条件、公正等对来访者的影响。现在，对社会现象的思考已经成为一个能力全面的心理咨询师所必备的能力。

### 6. 具有多元化能力

如果想要对每位来访者的独特性做到真正的共情，就需要咨询师具有多元化能力，接受并理解来访者的独特性。现在，多样性和多元文化对于全世界的助人领域已经变得相当重要。如果来访者的需求源于多元文化问题，而咨询师在该领域却没有足够的能力，那么咨询师就可能需要将来访者转介。然而，从另一个层面来看，转介其实是无法胜任工作的表现。当今社会正是一个迅速变革、多元结构的世界，咨询师有义务通过不断学习和接受督导，来发展个人的多元文化能力。

## 五、咨询师的个人成长

成为有效能的咨询师，必须依托一个非常重要的途径和渠道，这就是心理咨询师的个人成长。咨询师能否帮助来访者解决心理问题，促进其独立成长，一定程度上也取决于咨询师自己能否成长。我们将从咨询师的专业成长和心理成长两个方面来探讨这一问题。

### （一）咨询师的专业成长

咨询师专业成长的途径多且广泛，需要咨询师严格要求自己，注重自身的知识学习和能力提升。对心理咨询师的专业成长有实质性帮助的途径主要有以下方面：

### 1. 接受督导的帮助

接受督导是帮助咨询师专业成长的一条必经之路。所谓督导，是对长期从事心理咨询和心理康复工作的心理咨询师或心理治疗师的职业化过程的专业指导。一般来说，每一位咨询师都应有自己的督导。根据督导与咨询师的关系，可以分为上级督导和朋辈督导；根据督导的时间安排，可以分为全职督导和临时督导。督导的具体作用表现为促进咨询师的个人成长；在咨询师自身出现心理问题时，帮助其恢复心理健康；有效帮助咨询师提高咨询技能；帮助咨询师及时调整咨询策略（雷秀雅，丁新华，田浩，2010）。

### 2. 继续教育与系统培训

继续教育和系统培训能够给在一线工作的心理咨询师提供了解和学习心理学、心理咨询领域的最新进展的机会，通过不断学习和参加不同的培训课程丰富个人专业知识和业务技能，使其职业行为能够符合专业要求。

### 3. 自我反思与合作交流

自我反思是咨询师在学习了理论知识或是完成了心理咨询工作后，对自我行为、工作状态等的自我思考，是咨询师自我认识和自我完善的重要渠道。自我反思中重要的工作是临床经验总结，即在每一次心理咨询结束后，咨询师回顾在咨询过程中的重要事件，感受来访者的变化，并分析和总结是自己什么样的行为和言语帮助了来访者，或者自己在咨询工作中的不足。对咨询本质和规律的反思，能够促使咨询师在实际咨询工作中开阔视野、拓展思路，在提供理论指导的同时也能丰富咨询师的专业知识（孟莉，2004）。

此外，咨询师还可以与其他心理咨询师进行交流与讨论，也可以组成成长小组共同学习交流。通过小组学习和相互交流，咨询师之间分享和总结实践经验和学习经验，帮助咨询师积累间接经验。尤其是在与经验丰富的、专业能力强的咨询师交流的过程中，更能促进咨询师的快速成长。

### （二）咨询师的心理成长

心理咨询是一种比较特殊的助人工作，在面对形形色色的心理问题的同时，心理咨询师要努力和来访者建立良好的咨询关系，要经常性地、设身处地地体验来访者所经历的种种强烈的紧张情绪，要运用自己的力量去对抗、调整和清除来自来访者周围的不良影响，这种负性情绪日积月累，很容易让心理咨询师感受到心理压力，产生心理疲劳、身心疾病和情绪障碍，导致工作效率低、职业成就感低。因此，咨询师应注重自己的心理成长，维护自身的心理健康，增强心理能量。咨询师可以从以下具体途径促进自我的心理成长：

### 1. 自我增能

咨询师的个人经验、态度和价值观等都会极大地影响咨询效果，因此咨询师应该培养积极的人格品质，即主动增强积极心态、自信、自我效能感、自我觉察力等品质。咨询师可以时常进行自我探索，随时对自己内心产生的反应保持清醒的觉察，同时可以尝试思考自己过去的经历、自己的心态和个性等，并设法努力改变自己的不良状态，实现自我增能。

### 2. 情绪调控

咨询师的情绪调控亦即处理好负性情绪，包括处理自己生活工作中的负性情绪，以及化解来访者负面情绪对自己的消极影响。由于工作的特殊性，相对于其他人来说，咨询师要倾听更多的心理倾诉，接触更多的负面情绪，咨询师情绪的波动变化要远高于其他人。同时，心理咨询师情绪的波动和消极很可能影响到来访者，从而使得情绪的影响扩大。因此，咨询师应利用自己丰富的心理知识储备、出色的心理问题处理能力及相关经验，及时察觉自己潜在的负性情绪，了解情绪产生的原因，对情绪可能带来的影响进行评估，采用合适的方法及时调控情绪。

### 3. 预防和应对职业倦怠

由于心理咨询工作要求咨询师具有高水平的共情，咨询师长时间处于情感消耗的状态，容易出现职业倦怠。职业倦怠对咨询师来说危害极大，会在不同程度上损害咨询师的身心健康，降低他们的生活满意度和主观幸福感，导致工作效率和服务质量下降，使来访者得不到有效的帮助。有研究者提出了缓解心理咨询师的心理疲劳和职业倦怠的建议，具体如下：①工作以外，多与心理健康的人交往；②理智地选择心理咨询理论和方法；③对来访者既要保持一种公正的关心的态度，又要善于超然事外；④善于改变和调节环境中的压力因素；⑤经常进行自我测验；⑥定期检查和澄清心理咨询的角色、预期和信念；⑦经常进行放松训练；⑧寻求必要的个体心理治疗；⑨拥有一定的私人时间和自由（雷秀雅，丁新华，田浩，2010）。心理咨询师需要学会预防和应对职业倦怠，才可能持续保持生活的激情和咨询工作的活力，才会有足够的心理能量去帮助来访者获得积极的改变。

# 第四章

# 心理咨询的一般技术

【问题导入】

·心理咨询中的非言语信息包括哪些?

·咨询师在会谈中如何运用倾听技术和影响性技术?

·心理咨询关系的特点是什么?

·心理咨询关系的助长技术有哪些?

·在心理咨询中有哪些常用的评估技术?

## 第一节　心理咨询中的非言语信息

在心理咨询的过程中,信息沟通是组成心理咨询的最基础的部分,沟通的信息主要分为两种:一是言语信息,二是非言语信息。在人与人之间的交流中,虽然我们更强调说出来的言语,但是在实际的信息交流中,有 65% 以上的信息是通过非言语渠道传达的,非言语信息起着重要的作用。在美剧 *Lie to Me* 里,Tim Roth 扮演的心理学家通过观察人的面部表情和身体动作来探测人们是否在撒谎以还原事件真相。剧中的人物通过对行为的分析来探测他人的内心,可见非言语行为包含的信息十分丰富。

在交流中,有重要意义的非言语信息和言语其实是相互关联的,根据它们之间的关联方式,我们可以看到有六种关系(S. Cormier & B. Cormier, 2000):

①重复,言语和非言语信息的表达内容相似,比如挥手说"你好!";

②矛盾,言语信息的内容和行为是相反的,我们更倾向于相信非言语信息,比如皱眉瘪嘴说"我很喜欢";

③替代,用非言语信息替代言语,比如用微笑代替友好的言语问候;

④补充,言语信息和非言语信息互相补充,比如一个人在说话紧张时,可能

会出现身体动作来补充他所要表达的内容；

⑤强调，非言语信息能够加强言语信息的影响，一般通过面部表情和身体动作来表现，比如一个人口头表示关心时会伴随眼神接触、身体触摸等行为；

⑥调整，非言语信息能够调整交谈，比如眼看别处、变换身体姿势时，可能会致使对方的述说停顿。

可见，非言语信息相比言语信息更能提供隐藏性的情绪线索。面对来访者，咨询师要仔细观察非言语信息，结合言语信息，探寻来访者非言语信息背后的含义，为咨询提供更多可靠、真实的信息。

### 一、面部表情

面部与情绪的表达紧密相关，来访者可能受限于语言表达，很难通过语言讲清自己的情绪体验，这个时候面部表情就发挥了作用，面部对于情绪的表达是极其丰富的，不同的脸部区域传达着不一样的情绪。咨询师可以通过面部表情来勘察来访者信息中所含的情绪。

面部中最容易让人观察的就是眼部，在整个会谈中，视线的接触与目光传达出的信息最容易反映来访者的情绪。眼神的躲闪、瞳孔的缩放、眨眼的频率、眉毛的形态等都反映了来访者当时的情绪状态。比如，眨眼过于频繁可能意味着来访者带有焦虑情绪，而眼神的躲闪可能意味着来访者不安、尴尬、躲避等情绪信号。除了眼部表示明显的情绪变化以外，嘴部也是情绪表达的重要部位。比如嘴巴上扬代表着喜悦、开心、快乐等，嘴巴紧闭可能代表着压力、阻抗、生气等。

在咨询过程中，咨询师还要结合整个面部表情来查看来访者的情绪状态，因为面部的不同区域可能同时表达着几种情绪，比如嘴部表达着高兴，但是眼神却透露着恐惧等。面部表情在泄露个人情绪方面发挥着重要的作用，咨询师不仅要积极倾听来访者的语言信息，也要紧密关注其面部表情的传达。

### 二、身体姿势

除了面部对情绪的表达以外，身体传达出的信息也反映着来访者的内心活动。胳膊和手也能表达一个人的情绪状态：双臂环抱，可能表现对方一种防御和自我封闭的状态；颤抖不安和握紧的拳头可能反映出焦虑和愤怒。姿势僵硬可能意味着紧张和对方的极力控制等，肩部的朝向和坐姿的摆向也会显示一个人的交流态度，腿和脚的状态也可以反映一个人的心情和状态，一个手指变化的形态、手势的更换也可以是转换谈话的信号行为。

在个体进行语言表达时，身体常常会无意识地跟随着语言而动作，或许与谈话内容矛盾，或许补充谈话内容，或许是强调谈话内容。不管什么模式，身体动作传达的信息远比语言内容更加丰富，所以这些身体动作所表现的含义，需要咨询师仔细观察、细细体会。

### 三、次语言

次语言也叫辅助语言或副语言，包括诸如音量、音调、语速、停顿和流利程度等。次语言线索与如何传递信息有关，一句话如何断句、用什么样的声调、语速变化和语言表达的流畅与否都可以表达出隐藏的情绪。如果咨询师能从声音特征中听出差异的话，那么就可以从中辨别出来访者的基本情绪。咨询师应该慎重地甄别，全程感受来访者声调、音量和语速等多种因素组合的效果。

对次语言信息的理解，需要咨询师从实践的经验中不断地总结和反思才能形成技能，是一个需要不断磨练的过程。

### 四、沉默

心理咨询的过程可能并不会一直都很通畅，由于谈话的即时性，咨询双方可能都会导致谈话的阻断或断流，出现沉默现象。这里我们只探讨由来访者引起的沉默。心理学家 Cavanagh（1982）曾将来访者沉默划分为三种形式：

①创造性沉默。来访者在咨询过程中对自己的表述和感受体验的一种沉默反应，往往是来访者自我内省引发的沉默，主要表现为来访者双目凝视空中一点，若有所思的样子。这一沉默具有成长性，是来访者内部的一种自我梳理与自我领悟过程，咨询师无须过多地干预和打断，应观察来访者其他非言语信息的表现，保持对来访者的关注，为沉默结束后的咨询收集信息。

②自发性沉默。自发性沉默往往发生在来访者不知道要说些什么的时候，也就是突然冷场。此时来访者的主要表现为目光游移不定，躲躲闪闪，甚至会问咨询师该说些什么、该做些什么。需要注意的是，自发性沉默越久，气氛也就越紧张与尴尬，在这种沉默氛围中，咨询双方都会感受到压力，所以咨询师应主动地结束这种沉默，比如可以提问"你对……还有补充吗？""对不起，刚才我们说到哪儿啦？"等方式来结束这种沉默。

③冲突性沉默。冲突性沉默可能是由来访者一些负面的情感体验引起的，比

如害怕、恐惧、愧疚等情感体验，也可能是对咨询师的不信任或者不满所引起。面对这种沉默，咨询师要结合谈话背景分辨出来访者是由于哪种原因或者哪种情绪造成的沉默，从而采取相应的对策来解决和改变这种沉默现状。比如，当咨询师发现来访者是由于愧疚而不想谈论时，咨询师可以采用鼓励抚慰的方式，如"我感到你有些说不出口，我想知道那是什么"。

### 五、其他非言语信息

除了面部表情、身体姿势、次语言和沉默因素外，空间、时间等因素也都有传递信息的作用。

空间因素关系到个人空间的概念，包括了咨询时的可用空间、座位安排和咨询师与来访者之间的距离。在人际交往过程中，每个人都有一个人际空间，所以在咨询座位的安排上，要留有余地让来访者和咨询师随着谈话的氛围而调整空间距离。咨询师的坐姿以直角侧面相向为好，并保持适当的距离。因为过近会对来访者造成压力，不易放松；过远又不利于咨询师对来访者产生某种必要的影响。咨询师需要注意来访者空间距离变化所传达的非言语信息。随着咨询的进行，来访者会通过身体前倾或后仰甚至调整身体姿势来改变与咨询师的空间距离，来访者的空间距离变化不仅意味着对咨询师态度的变化，也意味着对话题或会谈内容所做出的反应。咨询师应结合会谈阶段和话题内容来判断来访者空间距离变化带来的具体信息。

时间因素带来的非言语信息重点在于来访者对时间感的掌控。来访者的时间观念传达出了一些非言语信息，比如延迟和重新预约咨询或许代表着来访者的搪塞和回避，在咨询过程中来访者经常性的请假和拖延可能代表着对咨询的抗拒和不信任等。此外，对某个咨询话题的时间长度的掌控，表达了来访者的交流意愿和咨询师的重视程度，过长会显得拖沓，过短会显得不重视，咨询师需要结合来访者具体状态来分析时间因素所传达的信息。

一般来讲，一个人的非言语行为所表现的信息应当与言语表达的意义一致，而心理咨询中，两者很有可能出现不一致。此时咨询师需要分析为什么出现了不一致，不要为了显示自己的观察敏锐、判断准确而轻率地表露自己的看法，揭露对方的矛盾，应当思索后再就此进行判断处理。抓住来访者言语和非言语的不一致，有时就会发现心理问题的根源。

# 第二节　心理咨询中的会谈技术

　　会谈是两个或两个以上参与者之间的信息交流，在我们的生活、学习和工作中，会谈常常发生。心理咨询中的会谈有别于日常随意的信息交流，咨询会谈是心理咨询的基本形式和手段，咨询会谈需要咨询师与来访者通过言语信息和非言语信息的互动，共同合作并对彼此的认知、情感和行为产生影响，以达成咨询双方认同的目标。

　　关于会谈，我们每个人都有着丰富的经验，对咨询工作来说，每一次咨询都是一次会谈，并且都是由来访者前来寻求咨询师帮助开始的。心理咨询的专业化决定了咨询过程中会谈的复杂性，并要求能对来访者产生积极的影响，具有治愈效果。因此，咨询师应熟练掌握会谈技术。在咨询工作中，不同的咨询师有其自己独有的会谈风格，有的将之视为一种艺术，有的认为这是天赋，但不管怎么样，会谈都是包含着不少知识与技巧的一门学问，需要不断地学习，并且在实践中去摸索和锤炼（钱铭怡，1994）。

　　咨询的目的是帮助来访者，使之产生改变，会谈作为咨询的基础，无论咨询师使用什么样的技巧，都需要注意会谈技术实施的关键点——倾听的过程和影响来访者。如果咨询师不能很好地倾听，来访者想要进行的表述就不能完整地呈现，同时，咨询师也不能正确地接收到来访者的信息，导致双方进行错误的讨论，损害咨询效果（钱铭怡，1994）。而影响来访者需要掌握影响技术，影响技术可以使咨询师更加积极主动地投入到双方的咨询过程中，影响来访者做出自我改变。

## 一、倾听的技术

　　心理咨询过程中好的倾听是不可或缺的重要环节，也是所有咨询反应和决策的先决条件。倾听考验咨询师的理解能力，依赖咨询师个人的耐心以及全身心投入的态度，在这个过程中，咨询师不仅要给予一定的反馈，如"嗯""然后呢""是的"等口头上的简单回应，鼓励来访者继续讲述，同时，为了更好地切入主题，更有效率地收集来访者信息，咨询师还要借助一些技巧的引导，去摄取来访者想要传达的信息，真正明了来访者想要讲述的故事、表达的情绪以及阐明的观念。以下介绍六种常见的、能够帮助咨询师更好地进行倾听的技术。

## （一）询问

作为心理咨询中最常用的倾听技术之一，询问主要用来搜集来访者的相关信息，掌握更多有关事实的具体情况，以及确定会谈方向、促使来访者自我剖析等，从而为问题的解决提供机会。询问对建立人际交往模式有潜在的影响，初学者常会使用一系列的问答来搭建咨询的会谈过程，或者是当会谈陷入沉默或咨询师不知道该说什么时，就会用到提问作为习惯性反应。初学者要注意询问使用的频率，学会合理使用询问技巧。

使用询问技术的指导原则是：首先，提的问题不能超出来访者的关注点，有效的问题只能来自来访者所做的陈述；其次，提出问题后，要给来访者足够的时间作答；再次，一次只问一个问题；还有，尽量避免指责性、质询性的问题；最后，在咨询中尽量避免将询问作为主要或习惯性的反应模式。

询问的方式通常有两类，分别为开放式提问和封闭式提问。这两类提问方式，在具体的情景中有各自的特点和作用。

### 1. 开放式提问

常常运用"为什么""怎么""什么"等词在语句中发问，让来访者对相关问题或事件进行详细的表达和说明。这样的提问是引起对方话题的一种方式，引导来访者讲述更多的有关信息，帮咨询师获得更深层次的资料。

"这件事发生之后你有什么变化呢？""还有什么人围观？""当时是什么情况？"这类包含"什么"一词的问题也能帮助咨询师搜集更加具体的关于事件的资料。

"为什么你这样认为？""为什么你当时那样做？""当时你为什么哭了？"此类包含"为什么"的问题可能获取来访者对所问事情的阐述与具体看法，从而探询来访者对某事的个人感受状态与解释。

"你怎么看这件事情发生的原因？""你怎么知道他会做这样的决定？""当时那种情况你怎么处理的？"这类包含"怎么"的问题，往往会涉及来访者对于问题的考虑、感受，以及个人立场的情绪表达等。

对于开放性问题，由于其自由度较大，因此会带来非常多变的答案，虽然提问的目的是掌握某个具体事实，但是在实际应用中，应注意提问语气语调的运用，不要咄咄逼人。如果双方还没有建立良好的咨询关系，过多的提问会让来访者产生疑虑、厌烦甚至对立的情绪。另外，不同的开放式问句所带来的信息量是不一样的，一般情况下，由"什么""怎么"组成的询问具有较大的开放性，而"为什么"所表达的句子可能只有部分开放性，且过多的"为什么"问句也容易引起来访者的反感与抵触。所以咨询师要结合与来访者的咨询关系，灵活使用开放式问句提问。

咨询师：父母打骂对你的成长影响比较大，你心里是怎么想的呢？

来访者：（略愁苦）我怕我在子女的教养中也像我父母一样。

咨询师：担心总是有根据的，是不是生活中发生了什么事让你有这样的担心？

来访者：（开始叙述自己的生活事件和情绪状态）

### 2. 封闭式提问

在实际交流的过程中，不要过多使用封闭式提问。因为来访者总是带着问题来的，希望咨询师可以分担自己的问题，理解自己的情感和愿望，而过多封闭式提问会让人觉得谈话中处于被动地位，有可能对咨询关系产生不良影响。在心理咨询的过程中是以来访者的主要表达为主，因此要合理使用封闭式提问。

封闭式提问的采用要适当，这类提问的特点就是可以用"是"或"不是"、"有"或"没有"、"对"或"不对"等词做出回答。"你是想要解决这个问题，对吗？""当时你确实很生气，是吗？""你有想过要离开他吗？"此类提问具有缩小话题范围和澄清事实的作用，也可以帮助咨询师将来访者偏离的话题带回正题上。

咨询师：你是不是经常失眠？

来访者：是。

咨询师：你失眠的时候会想什么呢？

在使用询问技巧时，要一层一层地递进式探询来访者的问题，启发鼓励来访者积极地思考与转变（马志国，2005）。首先，咨询师要确定询问的目标内容，即是否有助于治疗。然后，依据目标以开放式询问促进求助者挖掘自己，封闭式询问则留到咨询师希望获得特别信息或缩小话题时再使用。询问的时候注意提问的契机，要处理好提问与倾听的关系，不要为了提问而提问，还要避免重复性地提问。

来访者：我觉得我最近的生活真糟糕，我不知道该怎么开始我接下来的人生，我刚和我的丈夫离婚，爸爸也刚刚去世，我的工作一团糟。

【咨询师自问】

①询问的目的是什么，是否有助于治疗？——让求助者的思想集中于她最关心的问题。

②我能否预测出求助者的答案？——不能。

③在既定的目标下，我怎样开始组织问题才能使它们最为有效呢？——"其中哪一个是？""你想讨论……吗？"

④我怎样才能知道我做到的询问是否有效呢？——观察求助者的言语和非言语反应，以及后来的对话是否已开始将注意力集中于某个让她特别关心的问题。

咨询师：你现在一定感到事情很难办。你所提到的三件事中，你最关心哪一个？

来访者：我的婚姻。我不想离婚，但是我丈夫却坚持要离。（伴随着眼睛对视，身体姿势由紧张变得渐渐放松下来）

### （二）鼓励

当来访者在进行谈话时，咨询师不是作为一个被动的倾听者，而是积极主动地参与来访者的谈话，来访者作为主要的叙述对象，持续且深入地表露自己是至关重要的，所以鼓励来访者继续说下去是心理咨询得以进行下去的重要一步。鼓励就是咨询师借助一些非言语信息和言语信息，使来访者谈论更多与自身相关的信息。这一技巧不仅关注和强化了来访者的谈话内容，还可以引导来访者朝着咨询师想要的方向继续深入，提供更多的谈论内容。咨询师可以使用一些短语或者语气词，比如"还有吗""你可以继续讲下去""嗯哼"；或者复述来访者谈话内容中的关键词句；或借助一些非语言信息，比如微笑、点头、耸肩等来鼓励来访者，使来访者能在一个轻松的氛围中继续谈论下去。在运用鼓励手段时，要注意鼓励的度，过多的鼓励不仅会显得咨询师生硬刻意，还会打断来访者的谈话思路；而过少的鼓励又会使来访者感觉咨询师对他所谈内容缺乏兴趣和关注，反而起到相反的作用。恰到好处的鼓励能使来访者在一个放松的环境中持续地叙述，咨询师也能得到更多更深层次的信息。

**例子**

来访者：唉，昨天明明跟我妈妈好好地聊着家常，结果不知怎么回事，最后我们两个吵起来了……

【咨询师自问】

①来访者告诉我了些什么？——她和妈妈吵架了。

②来访者信息中有没有需要进一步说下去的内容？如果有，那是什么？——是的，怎么吵起来的？吵架之后发生了什么？

③我如何开始进行鼓励？——"吵起来了？"

④我如何判定鼓励是否有帮助？——来访者是否详细地解释了他们是如何吵架的，以

及吵架后发生了什么。

　　咨询师：吵起来了？可以说说看吗？

### （三）澄清

　　当来访者与咨询师进行会谈时，可能会出现来访者表达不清楚的地方，咨询师需要对这些含糊、空泛、混淆的信息进行澄清。也就是说澄清是咨询师为了更清楚地理解来访者的谈话，要求来访者对模糊不清的表达内容进行详细、具体的叙述，以确认来访者谈话意义的一种会谈技术。澄清多使用疑问句进行表达，比如"你的意思是……？我理解得对吗？""你指的是……还是……"等问句可以帮助咨询师了解事情的真实性，促使来访者重构自己的问题，建立清晰的思路，达到治愈的目的。澄清的实施有四个步骤：第一，确认来访者言语和非言语信息的内容；第二，确认需要检视的含混不清的信息；第三，确定恰当的开始语，用疑问而不是陈述的语气发问；最后，通过倾听和观察来访者的反应来评估澄清的效果（郑希付，官火良，2008）。

　　在咨询开始阶段，做出任何结论前都需要确认来访者表达的言语信息，以及关注到的非语言行为，确定要检查的模棱两可的信息点，用疑问的口气配合恰当的问句进行澄清，通过进一步的倾听来评估澄清的效果。需要注意的是，并不是来访者所有模棱两可的谈话内容都需要澄清，咨询师应把握会谈内容的重点进行澄清，同时咨询师也不能过于着急使用澄清，要注意来访者是否在后续的谈话中能主动清晰地进行重述以表明内容。好的澄清效果是提问之后，来访者会对信息中模糊和含混不清的部分进一步解释和说明，如果来访者对此提问没有反应，或者继续做出混淆的省略的陈述，咨询师就需要考虑采用其他的会谈方法，以及考虑咨询关系的合理性。

　　来访者：有时我真想彻底地摆脱它。

**例子**

　　【咨询师自问】

　　①来访者告诉我了些什么？——她想要摆脱某些事情。

　　②来访者信息中有没有需要进一步核实或遗漏的内容？如果有，那是什么？——是的，"彻底摆脱"的含义是什么？

　　③我如何开始进行澄清？——"好的，你能告诉我彻底摆脱的意思吗？"

　　④我如何判定澄清是否有帮助？——来访者是否详细地解释了"彻底摆脱"的含义。

　　咨询者：你能描述"彻底摆脱"是什么意思吗？

来访者：我有太多工作要做，我总感到落在他人之后，负担很重。我想摆脱这种难过的感受。

从来访者的回答中我们可以知道澄清是有效的，不仅通过详细解释弥补了先前的遗漏信息，而且也避免了咨询师过早地得出结论，对来访者的困扰有进一步的了解。

### （四）释义

澄清主要是以来访者的角度来搜集正确客观的信息，释义则是站在咨询师的角度来反映来访者谈话的主观内容，也被叫作解述或内容反映，是指咨询师对来访者所谈信息进行初步加工，整理、综合后重述反馈给来访者。释义包括有选择地注意来访者信息中的情境、时间、任务和相关想法，选取来访者自己使用的具有代表性的、重要的词汇，运用陈述的语气重新表达出来。因此，释义并非简单地重复来访者的内容，而是选取合适的词汇表达，以便引起进一步的讨论，增加来访者对自己事实认知部分的理解。

释义实施的步骤有四个：第一，咨询师首先要做到积极倾听，回忆来访者所描述信息里内含的信息；第二，识别出内含信息中所包含的情境、行为、事物、目标等；第三，选择适当的部分或全部内容进行重新建构，使用接近来访者感官词汇的语句引出；第四，尽量避免疑问的语调，而是用陈述的语调将来访者的主要内容用自己的语言表达出来。如果咨询师的释义符合来访者所想，来访者会给予肯定的反馈。在使用释义时要把握时机，对于新手来说，不宜过早地进行释义，因为过早地释义很容易出现错误，也会阻碍来访者的自我成长（马志国，2005）。释义的作用在于提醒来访者注意自己的某些想法和行为，给予重新思考事物之间的关系和探索自己的机会，咨询师往往可以借此引导谈话向更为纵深的方向发展。

**例　子**

来访者（一名大龄研究生）：对我来说，研究生学习这段时期太艰难了，我既要带孩子、管孩子的教育，又要坚持研究生学习忙毕业，还要抽时间关心家人，我觉得生活太累了。

【咨询师自问】

①来访者对我说了什么？——在一段时间内同时做很多事情对她来说很艰难。

②信息的内容是什么？来访者讨论了什么人、物、思想或情境？——谈到了学习和家庭生活，试图同时将家庭生活与学习平衡起来。

③合适的释义句是什么？——使用"听起来像"或者"似乎"。

④我做出的释义是否有帮助？——来访者是否有肯定或否定的反应。

咨询师：听起来你好像很难平衡你的生活。

### （五）情感反应

我们已经知道，释义主要是重点关注来访者所谈的事实内容，但是来访者信息中也包含了情感方面的体验，需要在咨询过程中聚焦出来，因此，情感反应着重于对当事人感受的反馈。虽然情感反应和释义都是需要对来访者的信息重新加工，但情感反应更倾向于对来访者话语中透露出来的情绪基调的再加工。以下的例子说明了释义与情感反应之间的差异。

来访者：所有事情都很枯燥，没有新鲜刺激、让人兴奋的事情。我的所有朋友都不在身边，我希望我有钱去做一些不同的事情。

咨询师：（释义）嗯，由于朋友不在身边，又没有钱，你现在没有事情可做。（情感反应）你对现在的状况感到非常乏味。

情感反应需要咨询师自身对情感具有较好的敏感性。大部分来访者很难通过语言清晰明了地表达内心复杂的情绪体验，甚至可能只讲述事件，不直接表露主观的情感。因此需要咨询师能够通过自己丰富的感受力去捕捉、反映和表达，使来访者深切体会到被人理解的感觉。一般来访者很容易局限于使用"焦虑""紧张"一类的词来统称自己的情绪感受，但有时这种描述恰恰掩盖了其内心深处丰富的情绪，这也更加考验咨询师的个人能力。

情感反应的目的是让来访者认识到自己的情绪感受，或把这些感受和与之伴随的情境、事实联系起来，重新认识自己，接纳自己。好的情感反应也可以让来访者感受到咨询师对他的理解，从而很快地接纳咨询师，促进更深的交流（S. Cormier & B. Cormier，2000）。当然，情感反应后，咨询师也需要向来访者确认情感反应的正确性，"嗯，没错"或者"就是这种感觉"等回答意味着咨询师正确地反映了来访者的情绪。

由于情绪的抽象化，情感反映的步骤是比较难掌握的，在具体的会谈过程中，咨询师最主要的步骤就是确定交流中的情绪基调，并通过具体语言表达出来。情感反应的操作步骤有六个：第一，注意倾听，捕捉来访者信息中的情感词汇或语句；第二，要留意来访者在会谈过程中的非语言信息所传达的情绪；第三，选取恰当的反映词汇或合适的非言语行为，把获得的情感再反馈给来访者；第四，选用一个合适的语句开始情感反应，最好选择来访者使用的感官词或者替换词；第五，

例子

加入来访者情感发生时的情境内容；第六，评估情感反应是否有效。

　　来访者（中年男人）：你不能想象当我在街上看到我妻子和另一个男人走在一起时我的感受，我的眼睛都要喷火了，我恨不得冲上前去撕打他俩。（大声、激动、高声地说着，拳头紧握）

　　【咨询师自问】

　　①来访者用到了什么样的情感词汇？——没有直接的情感词汇，只有暗示性的情感短语，"眼睛要喷火了""冲上去撕打"。

　　②来访者的声调和非言语行为暗示了什么样的感受？——生气、愤怒和敌意。

　　③选择什么样的情感词汇来描述来访者的情绪？——愤怒、发怒、发火。

　　④与表达来访者情感词汇匹配的感官词语句是什么？——"想象""眼睛冒火"和"冲上去撕打"相应的语句为"你看起来像……""这似乎显示出……"等。

　　⑤来访者情感发生的情境是什么？——发现妻子和另一个男人走在一起。

　　⑥如何判断情感反应是否准确且有帮助？——注意观察和聆听，来访者是否肯定或否定有发怒的敌意情感。

　　咨询师：看起来你对妻子和一个男人走在一起的场景感到非常生气，你很愤怒。

### （六）概述

　　概述又称为归纳总结，是指咨询师在一个阶段会谈后对所谈内容的总结。概述是咨询师将来访者在一段会谈过程中所呈现的认知、情感、行为等加以提炼归纳，也是心理咨询的基本过程，有利于心理咨询的开展。概述的形式可以为主题、模式或者信息点，它的主要目的是组织来访者的谈话信息，提取中心，识别主题，引导咨询方向，调整咨询节奏，不仅可以帮助咨询师梳理结构，也可以让来访者能够尽快在会谈中理清思路，避免从散漫的陈述中迷失主题。

　　概述也可以被认为是多个释义和情感反映的集合，可以浓缩为来访者的个人信息或在各个咨询阶段中取得的进步。概述需要仔细观察和回忆来访者的言语及非言语信息，时间跨度可以是一次或者几个疗程的咨询。概述的操作步骤有五个：第一，重现来访者表述的信息，特别是这个过程中言语和非言语信息的变化；第二，识别出信息中不同的主题和情绪；第三，综合来访者信息，选择恰当的语句进行概括，注意不要增添来访者信息以外的新内容；第四，将多种主题联系起来，并使用陈述的语气用自己的语言总结复述给来访者；第五，注意来访者的语言和非语言反馈，通过评估是否正确概括，以及这种概括总结对咨询关系的影响来判断概述的效果（姚本先 等，2005）。

来访者：（咨询进行中）我希望爸妈能在一起，我有一种感觉，他们不在一起和争吵大多都是因为我。可能我是他们不能住在一起的原因。

**例子**

【咨询师自问】

①就今天的主要内容和感受，来访者说了什么？——主要内容：希望父母住一起；主要感受：伤心、难过、自责。

②来访者多次重复的是什么？——她是父母关系破裂的主要责任人。

③与来访者情感搭配的句子是什么？——"我感到"或"你觉得"。

④如何判断概述是否有帮助？——观察和倾听来访者的反应。

咨询师：开始咨询时，你觉得没有人对你父母的分开有责任，现在我感到你觉得自己有责任；谈话一开始时，你不觉得应该责备谁，现在我感觉你的内心对父母的分开充满自责。

本节介绍的倾听技术主要有六个，分别是询问、鼓励、澄清、释义、情感反应和概述，我们对每个倾听技术的定义和使用目的总结如下（见表4-1）。

表4-1　六个常见的倾听技术

| 名　称 | 定　义 | 使用目的 | |
|---|---|---|---|
| 询问 | 会谈中咨询师使用疑问的眼神、语气词、直接的询问向来访者获得和探询未知信息的一种技术。主要分为开放式提问和封闭式提问。 | 开放式提问：<br>1. 开始会谈；<br>2. 鼓励来访者语言表达或获得信息；<br>3. 对求助者特别的行为、感受和想法进行举例描述；<br>4. 激发求助者交流的愿望。 | 封闭式提问：<br>1. 缩小讨论的话题；<br>2. 获得特殊的信息；<br>3. 确认问题和主题；<br>4. 打断求助者的无意义陈述。 |
| 鼓励 | 通常借助言语和非言语信息，促使来访者能继续深入会谈。 | 1. 表明咨询师对来访者谈话内容的兴趣；<br>2. 鼓励来访者继续说下去；<br>3. 引导来访者的谈话方向。 | |
| 澄清 | 要求来访者对其提供信息再解释。 | 1. 让来访者做出更详细的叙述；<br>2. 验证咨询师理解的信息的准确性；<br>3. 弄清含糊、混淆的信息。 | |
| 释义 | 把对来访者所说内容的反应再反馈给来访者。 | 1. 帮助来访者注意自己信息的内容；<br>2. 帮助来访者从过早的情感锁定中转移到实际内容上来。 | |
| 情感反映 | 对来访者信息中情感部分的反映，是对来访者情感信息的理解。 | 1. 鼓励来访者更多地倾诉感受；<br>2. 帮助来访者专注并经受更强烈的感受；<br>3. 帮助来访者意识到支配自己的情感；<br>4. 帮助来访者识别和管理情绪。 | |
| 概述 | 咨询师用总结的话语浓缩来访者信息。 | 1. 把来访者的多个信息连接起来；<br>2. 确定一个共同的主题或模式；<br>3. 打断多余的陈述。 | |

## 二、影响性技术

在心理咨询过程中，倾听主要是从求助者的角度和参照框架出发，对其发出的信息进行反应。然而除了搜集信息外，咨询师还需要对收集到的信息内容进行反应和处理，且需要越过求助者的参照框架，从咨询师的角度出发去促进来访者做出改变。总的来说，会谈过程不仅要求咨询师在来访者的思考框架里进行配合反应，也需要在这个过程中跳出本来的思考框架影响来访者，体现咨询师的影响作用。倾听的技术能够间接地影响来访者，而影响性技术则对来访者产生更为直接的影响。影响性技术既以来访者的知觉和假设为基础，又以来访者的信息和行动为基础，其总目的在于帮助来访者看到自己需要改变，而且需要一个更为宽广和客观的参照框架来知道自己行为的改变。

进行影响性技术操作时，咨询师需要通过好的倾听和观察技术奠定基础，了解来访者。如果咨询师过早地发表自己的见解，求助者可能会否认、回避或自我防卫，甚至退出咨询。这种情况下，咨询师通常需要多聆听来访者诉求，到建立起一定深度的咨询关系时，才使用影响性技术。这里介绍五种常见的影响性技术：面质、指导、暗示、解释和自我表露，这些技术能够让咨询师更加主动积极地进入会谈过程。

### （一）面质

在心理咨询的过程中，来访者的言语或行为前后不一致的情况时有发生，咨询师此时需要指出其信息不一致，描述来访者信息矛盾混乱的地方，这就是面质。面质的目的是帮助来访者意识到自身想法、感受和行为之间存在不协调的状态，引导来访者认识自己真实的状态，为帮助其后期转变打下基础。

面质时需要注意，面质针对的是矛盾，而非来访者，在进行矛盾描述时，咨询师应引用来访者具体的例子而非模糊推论，避免对来访者造成不良的暗示。例如："你希望别人喜欢你，但是你同时又拒绝与他人交往"与"你希望别人喜欢你，而你又不断地评论自己，评论他人，让别人都对你产生回避"，前者在下定论，而后者是对来访者描述的反馈，相较之下，后者的面质效果更好一些。在对来访者进行面质时，咨询师可以使用"一方面……另一方面……"的句式把冲突的内容联系起来，指出矛盾点，切入来访者思维中混乱的地方。

在会谈过程中，温和的面质和必要时严厉的面质都会促进咨询的进行（J. 萨

默斯 - 弗拉纳根 & R. 萨默斯 - 弗拉纳根，2014）。那么在咨询过程中，什么样的情况下采用面质？第一是面对矛盾和不统一时，比如语言与动作的矛盾、理想与现实的矛盾、前后事实内容矛盾等；第二是面对来访者的缺点和优点（马志国，2005）。人无完人，每个人身上都有缺点，但是有些来访者不承认或者回避自己的缺点，这种无法正视自身缺点的人也就无法获得自我发展，这时就需要咨询师采用面质以揭示来访者的缺点，使之认清自身，化解问题症结。在面质来访者的优点时，要根据来访者自身所处的状态，并不是盲目夸赞来访者，而是要让来访者真正认识到自身的优点，从而帮助增加解决问题的信心和勇气。另外，面质时要注意正确的时机，需要良好的咨询关系做基础。如果关系基础薄弱，来访者对咨询师的信任度、交流的注意程度以及渴望达到的水平都没有上升，贸然面质，会让来访者产生焦虑，回避咨询师的提问，不仅达不到面质的目的，还会损害咨询关系。

**例子**

来访者：老师，我特别讨厌我班的一个男生，看到他，我上课根本无法集中注意力。

咨询师：你是说你很讨厌他，他影响了你的学习？

来访者：对啊，您说他为什么这么讨厌？

咨询师：能具体地讲一下吗？

来访者：他也没有招惹我，但我看着他心里就不舒服。

咨询师：那你这种感觉是从什么时候开始的？

来访者：这学期开始吧，所以他一看我，我就用眼睛瞪他。

咨询师：那你对他以前的感觉是什么样的？

来访者：（脸红）我以前很喜欢他。

咨询师：那是不是可以这样说，你讨厌他也许是你喜欢他的另一种表现形式？

来访者：（领悟地）好像是吧……（马志国，2014）

【面质自问】

①来访者表现出矛盾和不一致信息是什么？——她讨厌班上的一个男生，但这个男生没有招惹过来访者。

②这里适合用面质吗？使用面质的目的是什么？——适合，来访者需要用面质来揭示她内心的真正想法。

③合适的面质语句是什么？——使用"那是不是可以这样说……"或者"你说的是……我看到的是……"

### （二）指导

虽然心理咨询遵循来访者自愿和自助的原则，但是面对部分来访者的问题，咨询师还是需要给出直接的心理指导。指导也是心理咨询中对来访者影响最大的一种技术。对于来访者来说，指导能直接改变其行为，它能清楚直接地指示来访者要改变什么、学习什么，或者如何改变、如何学习，因此，指导具有明显的行为取向。在不同的情况下，指导可以分为一般性指导和实用治疗技术的指导。一般性指导通常是咨询师根据来访者提供的事实信息，结合咨询师自身获得的咨询经验提供对应的指导；实用治疗技术的指导是咨询师依据不同的心理流派理论而做出的指导，比如系统脱敏疗法、行为疗法、森田疗法等（张松，2011）。

咨询师在使用指导技术时，要注意以下几点：首先，咨询师应该以尊重平等的方式来指导来访者，不应该以权威的身份强迫要求来访者做出改变，以免引起来访者的反感心理而引发咨询中断。其次，要激发来访者愿意遵循咨询师指导而行动的动机，如果来访者不为咨询师的指导所动，咨询师即使给出再多指导都无济于事。再次，指导要明确、具体，要使来访者理解咨询师给出的指导，知道该怎么操作。最后，咨询师在给出指导的同时，最好附加一定的解释说明，说明这样做背后的理由和作用，使来访者清楚知道可能带来的效果，有个心理准备，提高其行动的主动性和积极性。

**例子**

来访者：我不知道是什么使我焦虑，它好像无缘无故地就发生了。我能做些什么来更好地控制这些感觉呢？

咨询师：在控制焦虑之前，通常需要先去发现到底是哪些想法或情境使你感到焦虑。我希望你可以试一试，准备一个口袋大小的记录本，在你感到焦虑时做个记录，用 0 到 100 的数字记下你所感到的焦虑程度，0 是完全不焦虑，100 是非常焦虑以致你感到自己快死了。然后，在你的焦虑评定结果旁边写下你当时的想法和你所处的情境。下次咨询时请把你的焦虑记录本带来，我们或许可以找出是什么使你焦虑。

【指导自问】

①来访者遇到的问题是什么？想得到什么帮助？——她不知道自己焦虑的原因，也不知道该如何控制焦虑感。

②来访者处于一个什么样的状态？——处于焦虑和无助状态，不知道该怎么办。

③采用哪个流派的指导方法？——认知行为的指导。

（三）暗示

暗示是咨询师通过含蓄的方式，提示或启发来访者，使其改变导致心理困扰的错误或者矛盾的认知、情感体验和异常行为，使来访者得到问题解决。暗示作为一种相对温和的建议方式，它与指导技术还是有较大的差异。暗示是通过间接的或不直接揭示的语言和非语言方式为来访者提供信息，而指导是直接提供意见或其他教导性建议，它比暗示更具方向性。

暗示存在咨询师的语言与非言语当中，咨询师根据具体情况合理采用暗示技术。在使用暗示技术时，要注意暗示不要复杂，要自然。暗示的方式本身就含蓄，如果暗示过于故意，只会使来访者难以领悟从而不能受到启发。暗示要包含积极和正向性的情感，情感可以通过语言和非言语的方式传达，比如积极的言语表达、理解鼓励的目光、肯定温和的动作姿态等，避免出现否定性的语言和非语言信息，加重来访者消极情绪的体验。

来访者：昨天有个同学弄烂了我的耳机，我真想叫人把他打一顿。

咨询师：嗯，或许你可以想一想比武力更好的解决办法。我相信你会有更好的方法的。

【暗示自问】

①来访者是一个什么样性格的人？——冲动易怒的年轻人。

②对于这个即将可能发生违纪行为的年轻人采用什么样的态度比较好？——温和而具有鼓励性的暗示可能更会产生积极的影响。

例子

（四）解释

解释是指咨询师在咨询过程中对来访者信息中存在的问题进行合理的分析和说明，从而使来访者从一个全新的角度去认识和理解自己。咨询师对来访者问题的解释，通常是依据一般的心理学原理、某一咨询或治疗理论、咨询师的个人经验等，不是想当然地凭空说明。解释可以作为影响的关键性技术，它与指导技术有一定的区别。解释主要是揭示来访者背后隐含的那些问题、困惑、迷茫等深层次内容，针对的是隐藏的信息，是来访者没有直接说出来的内容；而指导技术主要是针对来访者已经说出来的内容。

解释从咨询师的参考体系出发，可以帮助来访者跳出自身的局限来认识所处的情境，当然这种咨询师参考体系需要咨询师具有丰富的理论和个人实践经验。需要注意的是，解释应建立在良好的咨询关系基础之上，以免造成来访者的阻抗。

并且解释的内容不应当离开来访者及其当前问题，同时要在来访者的接受理解范围之内，采用适合来访者的语句与语调进行解释，注意运用循环渐进的模式，使来访者逐渐接受与自己不同视角的建议和看法。

**例子**

来访者（一名初三的男生）：我觉得我脾气很大。上次我在课堂上用手机玩游戏，被班主任老师看到了，他要收缴我的手机，还要我爸妈去领，我很冒火，就跟他当场吵起来。虽然后来我知道是自己不对，但我当时就是没忍住！

咨询师：这很奇怪，你明白上课玩手机这件事不太好，可是你还是会生老师的气？

来访者：可能是感觉平时我们关系挺好的，他那么干不厚道。

咨询师：你刚才说觉得自己脾气大，在我看来，也许并不是这个样子的。你知道自己上课玩手机是做得不对的，你生气的爆发点应该不在这里。班主任老师跟你关系好，你觉得关系好就应该互相之间多照顾，他这么干你认为不"道义"，所以你很生气。你以为是好"兄弟"的老师要收了你的手机，还要告诉家长，你觉得背后像被捅了一刀。你生气不是因为你脾气大，而是你把这件事看成一种"背叛"，可以这么说吗？

来访者：嗯，好像是的。

【解释自问】

①来访者表达的内容是什么？——他清楚自己在课堂上玩手机不好，但是被班主任老师抓住后发了很大的火，并觉得老师跟自己关系好而不应该抓他。

②这里适合用解释吗？谈话中什么地方需要解释？——适合，来访者将生气归结为自己脾气大，但是在他谈话中隐含的内容却与此相反。

③合适的解释句是什么？——使用"在我看来……"句式。

④检验解释的作用——倾听和观察来访者的语言及其情绪反应。

（五）自我表露

自我表露，又叫自我暴露、自我揭示，是指在心理咨询过程中，在有必要的情况下咨询师向来访者表露个人情绪感受和生活经验，与来访者共享。自我表露在不同的咨询场景中有不同的目的，可以用于来访者的情感支持、安慰和情感证实等（J. 萨默斯 - 弗拉纳根和 R. 萨默斯 - 弗拉纳根，2014）。自我表露在咨询过程中非常重要，咨询师在咨询关系中表露自己，有利于促进咨询关系的建立，使来访者知晓别人也曾具有一样的情绪感受，能够拉近咨询关系，并且咨询师在一定情境下的自我表露对来访者也具有一定的引导和暗示作用。

在使用自我表露时，要注意适时性，要围绕来访者的求询问题，选好暴露点。自我表露的目的是要给来访者提供帮助，所以只有能达到助人模式的咨询目标时，咨询师才能做自我表露。另外，要注意咨询师的自我表露不能过多，过多就可能会占用来访者的时间，喧宾夺主。并且咨询师自我表露要注意相关性，要尽可能围绕来访者的问题进行相关的暴露，否则容易分散来访者的注意力，所以在咨询过程中要避免毫无关系的咨询师的自我表露。

例子

咨询师：你的这种感觉让我想起我大学第一次代表小组上台去汇报作业的场景，我当时在台上非常紧张，害怕自己汇报不好，拖了小组的后腿，当时特别想换个人去汇报，可是又清楚不太现实，真的是紧张到发抖。

【自我表露自问】

①咨询师表达的内容是什么？——咨询师表露自己经历中与来访者所谈内容有关的个人情感体验。

②这里自我表露的可能目的是什么？——可能是向来访者表明他遇到的问题不仅仅是他一个人仅有的，别人也可能像他那样紧张害怕；拉近咨询关系，分担来访者的困扰；帮助来访者消除顾虑，更多地讲述自身经历。

③对这名来访者使用自我表露的时机是否恰当？——恰当，已经建立起了较好的咨询关系，并且需要消除他的紧张。

④如何知道自我表露是否有效？——观察来访者的反应。

本节介绍的影响性技术主要有五个，分别是面质、指导、暗示、解释和自我表露。我们将每个技术的定义和使用目的总结如下（见表4-2）。这里的使用目的仅带有尝试性，并不是一成不变的真理。

表 4-2　五种常见的影响性技术

| 名　称 | 定　义 | 使用目的 |
| --- | --- | --- |
| 面质 | 用语言反应来帮助来访者正视矛盾的问题。 | 1.使来访者正视自己在认知、行为、感受上的矛盾；<br>2.使来访者深入了解自我意识，促进自我的统一；<br>3.促使来访者深入厘清自己的优缺点和有益资源。 |
| 指导 | 指导来访者怎么做或怎么说，引导其认知、情感和行为的改变。 | 1.帮助来访者调整自身认知、情感、行为的方式；<br>2.有助于来访者找到生活的方向。 |
| 暗示 | 咨询师运用间接方法，诱导和启示来访者生活中发生的现象，促使其改变导致心理异常的错误认知和行为。 | 帮助来访者有意识或无意识地改变认知、情感、行为。 |
| 解释 | 对来访者各种行为中存在的问题进行合理的分析和说明。 | 1.确认来访者隐含的信息和行为之间的联系；<br>2.帮助来访者从不同的角度了解自己的问题；<br>3.帮助来访者改变认知，促进不良情绪与行为的转变。 |

续表

| 名　称 | 定　义 | 使用目的 |
|---|---|---|
| 自我表露 | 咨询师与来访者分享自我的经历和感受。 | 1. 可以增进咨询双方的亲密感；<br>2. 促进来访者的自我表露。 |

## 第三节　咨询关系助长技术

### 一、咨询关系概述

咨询关系是心理咨询过程中需要心理帮助的人（来访者）与提供心理帮助的人（咨询师）之间建立的一种特殊的助人关系，通过这种职业性的人际关系达到来访者心理改善的效果。良好的咨询关系是心理咨询活动能否顺利开展、来访者行为能否得到改变的核心因素和重要前提。

#### （一）咨询关系的特点

咨询关系实质上是一种人际关系，但它不同于普通的人际交往，它取决于咨询师的决定性作用，有助于咨询师掌控整个心理咨询的状况，实现咨询目标。咨询关系具有以下特点。

##### 1. 咨询关系的外部特点

（1）明确的目的性

咨询关系不是一种随意的人际接触关系，它是在自愿原则的基础上，在特定地点和特定的时间，咨询师和来访者为达到共同的目的，运用一定的人际交往技巧而建立起来的助人关系。所以，它具有明确的目的性，即咨询师帮助来访者解除困难。在这种人际关系中，咨询双方的职责也是非常明确的，咨询师运用专业技能改善来访者行为，帮助来访者激发个人潜能，而来访者需要建立起对咨询师的积极态度和情感准备，并在这一段人际过程中展开心理问题，获得个人成长。

（2）非强制性

咨询关系的建立是遵循自愿的原则，不能迫使任何一方强制性加入咨询关系。

在咨询的过程中，咨询师和来访者都有权中断或退出心理咨询活动，这种非强制性的特点强化了来访者的求助动机和自主感。

（3）职业性

咨询关系是一种职业关系，咨询师作为提供心理帮助的一方，决定了他们要具备人际关系方面的专业知识素养与技能，是以"专家"或"导师"的身份出现在咨询关系中，通过评估、调整咨询过程，主导心理咨询活动。职业角色的刻画将有利于来访者敞开心扉，使咨询双方都无所顾忌地投入咨询关系之中。

（4）人为性

良好的心理咨询关系是咨询双方有意识地建立并加以维持的结果。在心理咨询的每个阶段，咨询师运用咨询相关技巧把控咨询的进程，监控咨询效果，并影响来访者，促使双方在有效的咨询过程中实现咨询目标。所以这一关系具有人为调控的作用，这样才能保证咨询关系的效果和效率。

### 2. 咨询关系的内在特点

（1）信任和理解

信任和理解是人际关系中最基础的部分，也是良好咨询关系最重要、最突出的特点，其中信任主要涉及来访者对咨询师的态度，而理解则更多涉及咨询师对来访者的态度。当然，信任和理解是相辅相成、互相影响的。咨询师良好的理解可以促进来访者的被理解感，进一步加深对咨询师的信任。

（2）情感联系

良好的咨询关系一定是建立在情感的基础之上，咨询关系中包含的情感成分主要涉及来访者对咨询师的信任、咨询师对来访者的温情、双方的情感交流以及理智感。只有咨询双方建立起了情感联系，来访者才能轻松、自由地表达，咨询师才能真正地从来访者的角度去理解、帮助来访者。

（3）承诺

心理咨询能有动力进行下去的重要一点，就是咨询双方彼此都愿意对咨询关系做出承诺，愿意为达成咨询目标而互相协作、共同努力。在心理咨询过程中，只有咨询双方对目标达成一致，做出承诺，并为之共同努力，才能得到良好的咨询效果。

### 二、影响咨询关系的助长技术

咨询师在咨询过程中要有意识、自觉地运用有关原理与方法，助长和维护良好的咨询关系，这也是最能体现咨询师核心素质的地方。在有关咨询关系的论述中，受到人本主义的影响最深，其中首推罗杰斯（Carl G. Rogers）的理论，罗杰斯认为在心理咨询的过程中，真诚、积极关注和共情等是咨询关系建立的基本要素。本节在罗杰斯的理论基础上，结合其他学者提出的咨询关系要素，主要介绍六个有助于良好咨询关系建立和维持的技术，分别是真诚、积极关注、共情、尊重、即时化和化解阻抗。

#### （一）真诚

真诚是指在咨询过程中咨询师要走出专业角色面具的掩盖，真实诚恳地、开诚布公地与来访者交谈，自然真实地表达咨询师的想法，不要让来访者对咨询师的话语感到迷惑不解，咨询师也不需要扮演完美的咨询者，这样实际上也在给来访者做出榜样，促使对方减少假装、掩饰、回避和否认自己真实思想和感受的情况。真诚在此包含两种含义：一是咨询师需要真实地对待自己，二是咨询师需要真诚地对待来访者（钱铭怡，1994）。

真诚可以为心理咨询活动营造安全、自由的氛围，也为来访者提供了一个咨询交流中的好榜样，来访者通过咨询师的表现，学会真实地与咨询师交流，袒露自己的真实情绪。在表达真诚时，咨询师需要明确以下几点：

①真诚不等于问什么答什么，随心所欲地说。咨询师的真诚应该既对来访者负责，又有利于来访者成长。根据心理咨询的进程，真诚的表达会有所不同，那些阻碍咨询关系的话要慎用，表达自己的观点要以不损害咨询关系为原则，真诚地描述问题，比实话实说自己片面的判断更有助于来访者成长。比如，咨询师听过来访者的叙述后，真实感受是来访者对父母要求太多，不能说"你的这种做法的确会令父母生气"，而是要在真实的基础上，从有利于来访者成长的角度看待问题，可以改为："你可能没有从父母的角度来判断父母是否有能力满足你的要求，而且有些语言太过直接容易引起父母的误会，令他们生气，不知道我的这种感觉对不对？"但是，对于某些来访者，咨询师可能需要采用激烈的言语来刺激、"敲打"来访者，前提是这一切是在良好的咨询关系和诚意的基础上发生的。

②真诚应该事实求是。在实际的咨询过程中，咨询师面对来访者五花八门的

问题，并不都能有效解决，甚至有可能束手无策。此时，咨询师应该真诚地承认自己的不足，不要为了掩饰自己在知识经验方面的欠缺，而不懂装懂。否则，将会失去来访者的信赖，同时也会影响咨询效果，给来访者带来不良的后果。

③真诚的表达要适可而止。来访者在咨询过程中的话语，可能会让咨询师有感而发。适当的自我暴露也是表达真诚的一种方式，咨询师在这里需要把握好度，切忌喧宾夺主，占用来访者的时间，把咨询变成自己的发泄。当然，真诚也不是越多越好，过量的真诚会让人心生厌烦，咨询师要根据当事人的性格和双方关系，把握真诚的度。

④真诚可以通过非言语信息传达。咨询师的身体姿势、眼神、声调都可以作为渠道传达出咨询师是否真诚，咨询师在咨询过程中应注意，没有言语交流不等于不能表达真诚。

来访者：……今年中考我考砸了，我觉得天都要塌下来了，我不知道怎么办，我觉得我的前途一片灰暗，我真的很伤心、很绝望……

例子

咨询师：我能知道你的这种感受，当年我高考也失利了，那个时候我的想法和感受跟你现在很相似，当时我也觉得前途一片灰暗，也很伤心绝望。

来访者：我最近快烦死了，感觉很抑郁，不想跟同学交往，也不想参与班级活动，晚上睡觉也失眠，躺下之后也是胡思乱想。

练一练

咨询师（如何真诚反应）：＿＿＿＿＿＿＿＿＿＿＿＿＿＿＿＿＿＿＿

### （二）积极关注

积极关注是指咨询师无条件地接纳来访者，给予关怀、尊重、注意，不评价，有选择地强调其长处，关注和突出来访者的积极面，利用来访者自身的积极因素让其获取改变的力量。同时，来访者处于一个积极关注的氛围中，也会感到足够的安全和放松，提高咨询师和来访者的情感连结，有利于来访者的自我暴露，促进咨询效果。

在心理咨询过程中，积极关注不仅有助于建立良好的咨询关系，其本身也具有咨询的作用。尤其是对那些自我认识扭曲以及行为模式消极的来访者而言，咨询师的积极关注能够帮助他们更加客观地认识自己所处的状况，激发出正性力量，得到内在的改变。

咨询师在表达积极关注时，有以下几点需要注意：

①咨询师应高度关注来访者，这也是积极关注的前提条件。在会谈过程中，咨询师应将注意力和情感关注都放在来访者的身上，且非语言信息也要传达出对来访者的关注，留意来访者身上发生的言语和非言语变化，让来访者感受到咨询师对其的全程关注、接纳和关心。

②咨询师应积极地看待来访者，挖掘其积极的一面，并引导来访者去觉察其自身积极的一面，以此促进来访者积极转变。

③咨询师要避免极端乐观和极端消极。比如"你非常好，这些问题都会过去的"这样的话会让来访者忽视现存的问题。另一种极端情况则是"这种情况的确很难解决，怕是很困难"这种过度消极的会谈内容会让来访者愈加困于消极的情绪之中，不利于来访者内省正向的转变。咨询师在面对来访者的问题时，应立足于事实基础，以客观为视角，给予来访者恰当的鼓励和支持，增加来访者自我解决问题的信心，使来访者从现有的困境中走出来。

积极关注指咨询师帮助来访者挖掘内在潜能与资源，达到心理健康全面地发展。其基本出发点在于，咨询师相信来访者是能够改变的，承认和强调对方身上的积极面。如果咨询师本人认为来访者是顽石一块，不能改变，来访者也会接收到这种信息的暗示，那么在咨询中他就可能真的不会有改变和收获。不仅是罗杰斯的来访者中心理论提倡积极的关注，其他的理论也都表示，咨询师相信来访者是可以改变的，相信自己的工作是能够对来访者的成长有促进作用的，这是咨询师工作的支撑点。

**例子**

来访者：我最近很难受，找不到人倾诉，我觉得我快要抑郁了。

咨询师：（身体向来访者方向靠近，身体前倾）看得出来你的情绪很低落，最近发生什么事了吗？

**练一练**

来访者：……我期末考砸了，更让我想不通的是我同学平时也不怎么学习，期末也没怎么复习，结果考试成绩比我还好。我平时认真听讲，期末复习得也还可以，但是不知道为什么我的分就是没他高。我感觉自己真是笨，什么也不如别人。

咨询师（如何积极关注）：_____

（三）共情

共情有不同的叫法，也被称为同感、同感理解、同理心等，是指一个人对他人内心世界的理解和体验，要求咨询师在心理咨询中能够做到价值中立，设身处地地站在来访者的立场去感受来访者的状态，也即做到感同身受，体验和共享来访者的认知和情感。作为一种需要多技术结合的能力，做到共情并不是一件容易的事，特别是在反应时间比较短的时候，咨询师必须在认真倾听来访者的同时进行综合分析，做不到这一点的话，对方会认为你不理解他，或者不关心他的状况，从而影响咨询关系。

咨询师要做到共情须注意几点：第一，咨询师要站在来访者的视角，设身处地地去体验其认知和情感。第二，咨询师要结合自己的理论和经验，体验来访者的感受与其人格的关系，深刻理解来访者的心理和具体问题的实质。第三，咨询师通过咨询技巧，将自己共情的内容传达给来访者，影响对方并取得反馈。第四，咨询师要能够将心比心、换位感受，具有理解和分担来访者内心世界的能力，其核心是能够理解对方的心理感受，而不是进行评价。

共情对咨询师自身的要求较高，不仅需要咨询师有丰富的知识经验和情感体验，也需要咨询师具有丰富的语言表达，因为即使咨询师能感同身受，但是如果无法通过语言传达给来访者，也容易造成共情的失败。所以，咨询师应尽可能扩充知识经验，提高自身修养，通过不断学习和实践获得共情的能力。

> **例子**
>
> 来访者：我不知道我们班同学对我到底是什么态度。他们总是很热情地邀请我去上厕所、去吃饭，但是每次学习分组时，却没有一个人愿意跟我一起组队，我不知道他们对我是什么态度。每次学习分组时我都很沮丧，我觉得自己人缘一点都不好……
>
> 咨询师：你对自己的人缘产生了怀疑，你怀疑你们班同学是否真心愿意亲近你，我能感觉出此刻你这种不安全的感受。

> **练一练**
>
> 来访者：我感觉很不公平，他们城里人出身又好，老师也喜欢他们，而我，没有什么能拿得出手的，也不讨老师喜欢。
>
> 咨询师（如何共情反应）：＿＿＿＿＿＿＿＿＿＿＿＿＿＿＿＿＿＿＿

## （四）尊重

尊重就是咨询师以平等、包容的姿态接纳来访者，能容忍来访者的价值观、人格独特性等。罗杰斯非常强调尊重的意义，他认为"无条件地尊重"是使来访者产生建设性改变的关键条件之一。

尊重意味着平等、礼貌和信任。在咨询过程中，咨询师应该采取对等的姿态来对待来访者，小到喝水的方式，大到人生观、世界观，不论出现何种分歧和差异，都不进行指责和抨击，要给予来访者关注、指引和帮助。要做到尊重，我们需要明白以下几点：

①咨询师要完整地接纳来访者，接纳来访者也就是肯定来访者。承认每个来咨询的人都是独立有思想的个体，是尊重的前提条件。所以在咨询过程中，咨询师要接纳来访者不同的观点和思维，不能以权威的身份来强制要求来访者。

②咨询师需要耐心，以平等真诚的姿态来面对来访者。咨询师切忌在咨询关系中自恃身份，做出权威姿态，对来访者指手画脚，不允许来访者有不同的思路。这种以专业身份要求来访者的姿态本身就是一种不平等，实际上就是对对方的不信任和不尊重，对来访者人格的成长没有帮助。

③尊重也需要咨询师礼貌待人。在咨询过程中，咨询师要以礼待人，在任何阶段都要克制，不能说粗话脏话，面对来访者的失礼和冲突的价值观，咨询师也要做到不讥笑、不斥责、不惩罚等。但是对于那些无理取闹、恶意扰乱的来访者，咨询师也应维护自身的权益。

最后需要强调的是，尊重不等同于事事顺从来访者，咨询师可以有自己的见解。在良好的咨询关系基础上，咨询师可以在肯定来访者的前提下，适当地提出自己的见解，也有利于咨询效果。比如可以采取以下的说法："你能表达自己的观点，这非常好""可能我的看法跟你的不一样，但是我还是支持你这样想"等等。这种反应既是对来访者的尊重，也积极关注和肯定了来访者。

**例子**

来访者：……如果能找到适合的方法，我肯定会努力学习的，但是我觉得我如果努力还是得不到理想的结果，那我还不如一开始就不好好学习，放松玩算了。

咨询师：很大部分的同学都遇到过跟你一样的问题，因常常找不到合适的学习方法而困扰，但并不是每个同学都会出现你这样的状态，你想想这是为什么呢？

**练一练**

来访者：我很爱我的女朋友，但是我依然放不下前女友，我经常背着女朋友与她联系，但是我是爱我现在的女朋友的。

咨询师（如何尊重反应）：_____

（五）即时化

当来访者在与咨询师交谈的过程中，来访者很可能沉浸在对过去或者未来的描述和情感当中，而"逃避"当前的问题。即时化的第一层意思是咨询师要帮助和引导来访者注意眼下的情况，让来访者能感受当前的状态；即时化的另一层意思就是咨询师要对来访者的情况及时给予反应，咨询师对来访者的即时化反应有利于来访者完成自我认识和自我领悟。

在使用即时化技术时需要注意：即时化强调"现在时"，不要等到谈话结束时才进行回头的描述和处理。咨询师要及时对当前发生的情况进行反应，相应地，即时化的句子也可以采取现在时态，比如"你现在感觉有点不开心？"而不是"你刚才感觉有点不开心？"。咨询师在使用代词时也要尽量用"我"，比如"我现在感觉你有点放开了，是不是感觉轻松了很多？"而不是"你的表现似乎放开了，是不是感觉轻松了很多？"这也体现了咨询师对自身想法、来访者想法、咨询关系的即时化反应。一切好的咨询效果都建立在良好的咨询关系上，即时化也不例外，在使用即时化时咨询师要注意时机的选择，否则会引起来访者的压力和逃避防御心理。

**例子**

来访者：我感觉咨询了几次没什么效果，你也没有给我什么好的建议，我不知道我现在还来这里是为什么。

咨询师：我现在也觉得蛮沮丧的，因为我花了不少时间和精力在我们的咨询当中，但是对你的效果好像还是不太够。我们现在就来探讨一下这个问题吧。

**练一练**

来访者：我跟她做了十几年的朋友，想不到却因为一次争吵就断绝了十几年的关系，真让我难过，难道我们十几年的朋友情是假的吗？我们原来那么要好！

咨询师（如何即时化反应）：_____

### （六）化解阻抗

阻抗，也就是抵抗、抗拒，是指在心理咨询过程中，一切有可能阻碍咨询成功的某种力量或因素，包括咨询师和来访者的阻抗。但是一般在心理咨询过程中，阻抗往往来自来访者，是来访者对自身问题、内心冲突、核心症结的回避、抗拒和掩饰。上文谈到非语言中的沉默现象，其中的自发性沉默和冲突性沉默就是阻抗的一种表现。除了咨询过程中的沉默，阻抗还表现为多种形式，比如来访者没有原因或者每次都有原因的迟到、早退、请假等，回避某些话题，只在意如何改变自己而回避问题的症结，谈到敏感或重要话题出现频繁的逃避动作如上厕所、喝水等。阻抗在咨询过程中丰富多变，咨询师需要仔细辨别不同的阻抗反应，避免被误导而影响咨询效果。

当阻抗发生时，咨询师能否有效地化解阻抗是心理咨询得以顺利进行的关键。

在化解阻抗时，咨询师要注意以下几点：

①咨询师要能对来访者的问题进行正确的分析与把控，认识来访者什么样的行为会是阻抗的表现，正确判断和分析行为背后的原因，敏感地区分阻抗表现。咨询师也要对来访者的某些人格特征有清晰的认识，比如攻击性、易怒性、防御性等，及时发现，以真诚的态度控制会谈过程，减少阻抗的发生。

②咨询师也要正确看待阻抗的发生，要坦诚、冷静地面对阻抗。当阻抗发生在咨询的过程中，咨询师也不必把来访者的阻抗上升为个人情绪，要了解来访者的阻抗一般不是针对咨询师的，而是来访者在直面自我且要求做出改变时的一种自然抵御反应。咨询师可以直接揭示阻抗行为，向来访者提示阻抗的存在，咨询师可以委婉地指出："我发现我们每次谈到……事情时，你都显得不开心，且也不想深入谈论这个话题。"当然有时候咨询过程中的阻抗也可能是由咨询师引起的。咨询师要坦然面对，以真诚的态度来接纳来访者，真诚、平等地面对来访者，接纳来访者的顾忌与抵触，减少咨询过程中的阻力。

③咨询师要引导来访者正确面对阻抗。咨询师需要运用解释、共情、真诚等综合技能来克服阻抗。在咨询的过程中，咨询师要积极地使来访者面对阻抗，先让双方确认存在的问题，采取委婉的方式让来访者正视阻抗，随后与来访者一起寻找阻抗背后的原因。在引导来访者克服阻抗时，要让来访者处在一个放松、真诚的会谈氛围中，使来访者愿意与咨询师一起参与。

**例 子**

咨询师：你似乎很想得到老师的关注？

来访者：才没有呢，老师不关注我我才开心，我才可以放心大胆地在课堂上玩我自己的。（语气并没有很开心）

咨询师：你说你很开心，但从你的语气中我感觉你并不开心。

来访者：我不知道你指的是什么。

咨询师：我想我的话让你感到不开心了。

**练一练**

咨询师：父母突然离婚，导致了你学习成绩直线下降，且经常逃课？

来访者：（沉默）我并不认为我的学习成绩跟我父母离婚有联系。

咨询师（如何化解阻抗）：_____

# 第四节　咨询评估技术

对来访者进行评估是开展心理咨询的重要基础，也是检验心理咨询效果的重要依据。咨询评估是指咨询师综合使用观察、访谈、心理测验等一系列技术或方法，对来访者进行全面、整体和深入的分析、判定和评价。可以说咨询评估是一个资料收集的过程，在这个过程中，咨询师使用所需的评估工具和程序，对收集的信息进行加工和分析，从而得到他们想要的资料，并以此为基础来完成诊断问题、预测临床假设、制订咨询计划、判断咨询效果等操作。对于咨询师来说，评估是实践转为理论的过程，也是咨询师提高自身能力、获得专业成长的重要途径。基于心理咨询评估的专业性和操作性，咨询师应该熟练掌握咨询过程中不同阶段的评估方法与种类，以及相关的理论知识，从而提高心理咨询的有效性、针对性和实践性。

## 一、咨询评估的阶段

完整的心理咨询是由一系列互相联系又相对独立的咨询活动组成的，心理咨询的评估在整个咨询过程中时刻进行着，按照咨询的时间线可以将评估划分为四个阶段，分别是初期的评估、咨询中的评估、咨询结束时的评估和追踪评估。在不同阶段进行的评估，有不同的功能侧重，但总的来说，都是为了保证咨询的顺利进行以及治疗的效果（李祚山，于璐，2014）。

### （一）初期的评估

当咨询师接待来访者时，除了热情欢迎来访者，告诉来访者心理咨询相关的内容和原则以外，还需要对来访者进行初期的评估。初期评估是一个收集来访者基本信息的过程，在初期，咨询师要向来访者解释评估目的，告知来访者需要尽可能详尽地收集信息的理由，让来访者能放下防备，讲述自己的问题和自身的基本情况。首先咨询师要排除来访者是否患有精神疾病、严重的心理障碍和其他精神类病变，因为这些严重的心理疾病已经不是咨询师能解决的，需要转介到专科医院接受治疗。随后咨询师就需要收集来访者基本的背景资料，明确问题范围，找出首要问题，了解来访者的相关问题，并对信息加以整合，利用已有信息进行临床预测和假设。这一步也叫问题评估。

### （二）咨询中的评估

咨询中进行的评估是时刻进行的，每一次咨询前后咨询师都需要做一个比较，用来确认咨询过程是否按照咨询计划实施，对咨询方法技术的正确性以及咨询关系进行评价，确定每个阶段的咨询目标是否达成，是否取得预期的咨询效果，是否需要调整咨询方案等。

### （三）咨询结束时的评估

在咨询结束时需要对咨询的有效性进行评估，结合来访者的初诊状况，从基线资料出发，确定来访者症状是否得到改善，问题是否解决。咨询结束时的评估主要是判断整个咨询过程的效果，为结束咨询提供依据，并且可以给心理咨询实践提供研究案例，也有助于咨询师获得成长，是咨询评估中的重要部分。

### （四）追踪评估

追踪评估是在心理咨询结束后一段时间里，对咨询维持效果的评估，主要是为了考察咨询效果的持久性和稳定性，追踪了解来访者在咨询后的变化，是否能够使用咨询过程中获得的经验适应生活与工作。

## 二、咨询评估的技术

心理咨询作为一个长期的会谈过程，咨询效果受很多方面的影响，且评价标准也较难统一，所以对于咨询效果的评估来说不是一件容易的事情。心理咨询评估的技术和方法是灵活多变的，也不是哪一种技术或方法就能独立准确地测评咨询效果。所以在评估过程中，咨询师可以根据条件灵活采用多种技术来获得综合性的评估资料，尽可能保证咨询效果评估的可靠性和有效性。

### （一）观察技术

观察技术是指咨询师运用自己的感官，对来访者的行为、话语进行直接感知，形成有关的事实材料。相对于来访者的自述，观察可以让咨询师收集到第一手资料。特别是对于低龄的儿童来讲，他们多数还不能用语言清晰完整地表明问题所在，观察往往更适合于评估资料的收集。但是咨询师也要注意，观察中容易出现观察者偏差，所以为了避免主观随意性带来的局限，咨询师应结合其他的评估技术进行综合性的问题评估。

### （二）访谈技术

访谈技术分为结构访谈和非结构访谈。咨询师使用访谈技术进行评估时可以根据想要收集的信息类型来决定访谈方式。既可以有针对性地提出问题，规范谈话内容，以便统计分析，也可以粗拟一个访谈框架，根据实际情况灵活引导话题，拓宽访谈内容。

访谈的内容可以根据情况涉及来访者的各个方面，包括来访者身份的信息，与现在问题有关的往事，以往的健康医疗史、咨询史和社会成长史，家庭、婚姻、性历史等。对于儿童群体来说，访谈技术可以帮助咨询师快速地了解他们的基本情况，咨询师通过对其照顾者的访谈，可以收集到与儿童的问题有关的家庭、学校生活以及个体心理等多方面的资料，但是也要注意访谈对象在描述现象时可能受到主观情感的影响。

（三）心理测验技术

心理测验技术是基于一定的操作程序，使用具有一定信效度的测验工具，对来访者的人格、心理健康、智力、能力和行为等做出客观和标准化的评定，目前主要有人格测验、智力测验、心理健康测验等。人格测验可以用于评估来访者的人格特点或类型，主要有量表测验和投射测验两种方式，常用的人格测验评估量表有明尼苏达多项人格测验（MMPI）、卡特尔16种人格因素测验（16PF）和艾森克人格问卷（EPQ）等；而常用的投射测验有罗夏墨迹测验、画人测验和房-树-人测验等。智力测验可以用于评估来访者的一般智力发展水平，常用的智力评估量表有比奈-西蒙智力测验、韦克斯勒智力测验和瑞文标准推理测验等。心理健康测验则可以用于评估来访者的心理健康状况，常用的心理健康评估量表有症状自评量表（SCL-90）、长处和困难问卷（SDQ）、Achenbach儿童行为量表（CBCL）等。心理测验可以为咨询师客观判断心理问题的性质、特点和程度提供可靠的专业参考，是心理咨询中普遍使用的评估技术。

值得注意的是，咨询师运用心理测验进行评估时，一定要根据来访者的情况选择适当的测验工具，科学地使用和解释分数。同时要注意不要滥用心理测验，测验的结果只是数字，是为了帮助诊断和分析心理问题的，并不能做一个定性的结论，解释分数时必须结合其他相关资料综合考虑，重在告诉来访者测验结果的意义。要慎重考虑测验结果给来访者可能造成的影响，以积极和发展的眼光来看待测验结果，同时也要遵守保密原则，尤其是对于处在发展期的儿童更要谨慎地使用测验结果。

（四）其他评估技术

上述的评估技术大多是站在来访者的角度进行评估的，为了获得更全面的评估资料，咨询师和非咨询人员的自我评估也是一种有效的评估技术。

咨询师本人的评估，不仅仅局限于咨询结束的时候，在整个咨询过程中，咨询师的评估都随时进行着，所以相比来访者和非咨询人员的自我评估，咨询师能更全面地、具体地掌握来访者的基本信息，也更清楚来访者的变化，咨询师的评估更具有客观性和专业性。此外，让与来访者较为亲密的人参与评估，也是有效的评估途径。这类群体包括来访者的家人、朋友、同学、照顾者等，虽然他们不是专业人员，且也没有参与到咨询过程中，但他们是最能直观感受来访者在生活场景中变化的中立者，是评估咨询效果迁移的重要参与人员。特别是对于儿童来说，照顾者的评估具有重要的参考价值。在对非咨询人员进行自我评估时，一般可以采取发送电子邮件、面谈、电话等方式进行评估，所有的方式中，面谈的方式是最能直接感知来访者在生活中的适应状态的，除了直接面谈和线上的方式外，对非咨询人员的评估还可以采取召开座谈会的方式（马志国，2005），将来访者最近生活或社会场景接触最多的人召集起来，请这些经常与来访者接触的人谈谈来访者最近的表现与变化。

需要注意的是，自我评估往往带有较强的主观性，有的来访者会出现假性的症状好转，或者照顾者报告情况好转是为了能够早点结束咨询。因此，咨询师在分析和使用自我评估的结果时，应当结合实际情况，将不同渠道的资料进行相互印证，甄别出其中的不实信息，尽可能准确地评估咨询效果。

第五章

# 心理咨询的主要流派及其方法

## 【问题导入】

· 心理咨询主要有哪几个理论流派？

· 精神分析咨询流派的理论观点和具体方法是什么？

· 行为主义咨询流派的理论观点和常用方法有哪些？

· 人本主义咨询流派有哪些主要的理论观点和方法？

· 认知主义咨询流派的理论观点和主要方法是什么？

## 第一节　精神分析的咨询理论与方法

### 一、精神分析的理论基础

1887 年，奥地利精神病医师和心理学家弗洛伊德（Sigmund Freud）发现梦常常包含着某种精神障碍病因的线索，他认为梦中的事件不是毫无意义的，它们一定是由个人无意识中的某些东西引起的。1895 年，弗洛伊德将自己与布洛伊尔（Joseph Breuer）共同研究癔病的成果写成《癔病的研究》一书，为精神分析学说的创立奠定了理论基础。荣格（Carl G. Jung）是瑞士著名的心理学家和分析心理学的创始者，推广并发展了精神分析学说。荣格把心灵当作心理学的研究对象，认为心灵是一个先在性的概念，与精神和灵魂相等，主张把人格分为意识、个人无意识和集体无意识。与弗洛伊德相比，荣格更强调人有崇高的抱负，反对弗洛伊德的自然主义倾向。阿德勒（Alfred Adler）是奥地利精神病学家、个体心理学的创始人、人本主义心理学先驱，也是现代自我心理学之父。阿德勒的学说以"自卑感"与"创造性自我"为中心，并强调"社会意识"，主要概念有创造性自我、生活风格、假想的目的论、追求优越、自卑感、补偿和社会兴趣。他是弗洛伊德的学生之一，虽继承了弗洛伊德的精神分析理念，但其基本观点与之大相径庭，也是精神分析学派内部第一个反对弗洛伊德的心理学体系的心理学家。

## （一）精神层次理论

该理论主要阐述人的精神活动，包括欲望、冲动、思维、幻想、判断、决定、情感等，会在不同的意识层次里发生和进行。弗洛伊德首次提出人存在潜意识的观点，将人的整个心理活动分为三个部分：意识（conscious）是个体能够直接感知到的那部分心理活动，正常成人的思维和行为都属于意识范畴。潜意识（unconscious）又称无意识，指不能被意识到的较深的心理部分，代表着人类更深层、更隐秘、更原始、更根本的心理能量。前意识（preconscious）又称下意识，是调节意识和无意识的中介机制。前意识是一种此时此刻虽然意识不到，但可以被回忆起来的、能被召唤到清醒意识中的潜意识（沈德灿，2005）。因此，它既联系着意识，又联系着潜意识，使潜意识向意识的转化成为可能（见图5-1）。

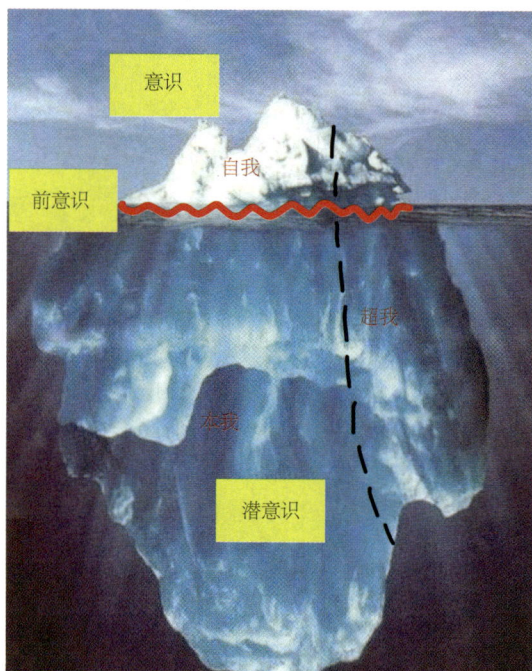

图 5-1　弗洛伊德的冰山理论图

弗洛伊德认为潜意识往往包含大量人的本能欲望以及与社会道德不相符的冲动，所以当潜意识的内容想要进入意识中去时，会受到压制，此时前意识就发挥了压抑和稽查的作用。弗洛伊德在《精神分析中无意识的注释》中说："无意识是一种正常的、不可避免的阶段，每一种心理活动一开始都是无意识的，它或者保持一如既往的状态或者发展成为意识，这取决于它是否遇到抵抗，即压抑和稽查。"弗洛伊德认为，潜意识具有非理性的特点，驱使人追求满足；前意识则扮演"稽查者"的角色，避免潜意识随便闯入意识的领地，会把那些不符合道德、法律和社会规范的本能冲动压制在潜意识；而意识是心理的表层，压抑着心理深层的本能冲动和欲望。意识与潜意识之间共处的状态，即是压抑主导还是结成联盟，往往反映了一个人的心理健康状况。

### （二）人格结构理论

#### 1. 本我、自我和超我

弗洛伊德把人的整个精神状态视为一个系统，即人格。他认为人格结构由本我、自我、超我三部分组成。

（1）本我（Id），即原我，是与生俱来的，也是人格结构的基础，包含生存所需的基本欲望、冲动和生命力，如饥、渴、性和攻击等。本我是一切心理能量之源，遵循"快乐原则"行事，不理会社会道德、外在的行为规范，它唯一的要求是获得快乐、避免痛苦，会不计后果地立即满足任何本能的需要。

（2）自我（Ego），处于本我和超我之间，代表理性和机智，具有防卫和中介职能。弗洛伊德认为自我是人格的执行者，它遵循"现实原则"行事，一方面充当仲裁者，监督本我的动静，给予适当满足，另一方面还要受制于超我的指导和约束。自我努力在本我和超我的需要之间寻找平衡，控制本我的盲目冲动，必要时通过自我防御机制来保护自己的心理免受损害。

（3）超我（Superego），是从自我发展起来的一部分，包括自我理想和良心，在人格结构中起着审判的作用，遵循的是"道德原则"。超我是个体在成长过程中通过内化道德规范、社会及文化环境的价值观念而形成的，其机能主要是监督、批判及管束自己的行为。超我的特点是追求完美，所以它与本我一样是非现实的，大部分也是无意识的，超我要求自我按社会可接受的方式去满足本我。

弗洛伊德认为本我、自我和超我构成了人的完整的人格，人格的这三种成分之间不是静止的，而是不断交互作用的（毛颖梅，2007）。人的一切心理活动都可以从它们之间的联系中得到合理的解释，自我是永久存在的，而超我和本我又几乎是永久对立的，为了协调本我和超我之间的矛盾，自我需要进行调节（见图5-2）。若个人因承受的来自本我、超我和外界的压力过大而产

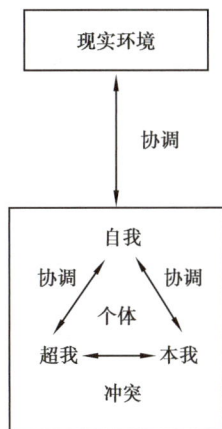

图5-2　自我对现实环境、本我、超我的协调

生焦虑时，自我就会启动防御机制，一旦心理防御机制过分运用反而会损害它的有效功能，导致心理失衡。心理能量在人格结构中的本我、自我和超我之间分布均衡，人才能获得心理的健康发展，而一旦这种平衡关系被打破，人就可能出现心理和行为问题。因此，精神分析心理咨询的重要目的就是要协调心理能量在本我、自我和超我之间的分配，帮助来访者重建其人格结构。

### 2. 自我的防御机制

在人格发展过程中，自我要同时处理本我、超我和外界现实之间的矛盾冲突，这时，人就会感到焦虑。这些矛盾聚集于自我，自我必须不断协调、解决矛盾冲突才能降低焦虑。这就迫使自我逐渐发展出一些技巧、方法，更准确地说是一些习惯性的反应方式，它们能在自我活动中起作用，使超我和本我都得到满足。这些技巧、方法就被称为自我的心理防御机制，它们具有某些共同点，都是无意识的，都对实际情况进行一定的否定、歪曲和虚构，并且都具有与现实脱离的特点（杜高明，2008）。

自我的心理防御机制主要有以下几种。

（1）压抑：压抑是最基本的防御机制，是指把那些超我所不能接受或具有威胁性、痛苦的经验及冲动，禁锢在无意识之中，不使其出现在意识之中。如一个学习不好的儿童可能就是压抑了他在上学之前所经历的一些痛苦的失败记忆。

（2）投射：是将一些不被超我所接受的愿望与动机归于他人，断定别人而不是自己有这种动机和愿望。投射会造成个体对客观现实的判断错误，而且这种错误很难通过现实检验予以纠正。

（3）否认：是一种比较原始而简单的防御机制，即有意识或无意识地将不愉快的事件"否定"，当作它根本没有发生，来获取心理上暂时的安慰。如不愿意承认亲人去世的事实，对面临的危险视而不见等。

（4）转移：是用一种精神宣泄代替另一种精神宣泄，指原先对某些对象的情感、欲望或态度，因某种原因无法向其对象直接表现，而把它转移到一个较安全、较为大家所接受的对象身上，以减轻自己心理上的焦虑。如："打狗看主人""爱屋及乌""不看僧面看佛面""一朝被蛇咬，十年怕井绳"等，都是转移的例子。

（5）合理化：当个体的某个行为或观念已经发生，而真实动机又不能为意识所承认时，个体用有利于自己的理由来为自己辩解，将面临的窘境加以文饰，以隐瞒自己的真实动机。如"吃不到葡萄说葡萄酸""破财消灾"等。

（6）退行：指从人格发展的较高阶段倒退回早期阶段，是当个体遇到某一刺激情景，无法用现年龄阶段适合的行为应对时，转而以幼稚的行为方式来求得他人的支持和安慰。如一些成年人在内心里焦虑时会出现咬手指的行为，或小学新生入学会出现尿床现象。

（7）反向形成：指个体内心有一种欲望或观念要求表现，但表现出来可能会引起不良后果，因此表达出相反的欲望或观念，借此来达到抑制原来欲望的目的。如有时心里喜欢一个人表面上却异常冷淡。

（8）升华：是指将一些本能的行动如饥饿、有性欲或攻击的内驱力转化成以自己或社会所接纳的方式表现出来。例如：有打人冲动的人，用拳击或摔跤等运动的方式来满足。升华是一种具有建设性的心理防御机制，在升华作用下，自我可以把危险的无意识冲动转化为社会认可的行为，而无须消耗能量来控制这些冲动。

（三）人格发展阶段理论

弗洛伊德认为，个体的发展就是性心理的发展，这一发展从儿童期就开始了。人的一切行为都是以性力（libido，力比多）为动力，儿童期的性欲在人格发展中扮演了重要角色，儿童的性欲要求与父母的养育方式之间的相互作用是人格发展的决定因素。性心理的发展，从婴儿期到青春期依次通过五个阶段，每一阶段的性心理都有可能影响个体的人格特征。从出生到1岁为口唇期，此期间口部刺激是性欲满足的主要来源，如婴儿专注于嘴里的东西。1~3岁为肛门期，这一阶段性的兴趣集中到肛门区域，由排便而体验到性的快乐。3~6岁为性器期，这个阶段的性欲满足转移到性器官本身，此期男孩会经历"恋母情结"（Oedipus Complex，俄底普斯情结），对于女孩，则经历"恋父情结"（Electra Complex，厄勒克特拉情结）。6~12岁为潜伏期，在这一时期儿童的兴趣转向外部世界，满足来自学习、娱乐、运动等，是一个相对平静的心理性欲发展停滞阶段。12~18岁为生殖期，这是发展的最后阶段，发生在青春期，个体的兴趣转向异性，性需求从两性关系中获得满足，出现恋情的互动模式，成为较现实的和社会化的成人（杜高明，2008；毛颖梅，2007）。以上五个阶段如果发展不顺利，在某个阶段产生问题，就可能导致心理的停滞不前或者心理异常，并且产生问题的阶段越早，造成的身心障碍也会越严重。

## 二、精神分析的心理咨询方法

精神分析的心理咨询方法的原则在于，通过咨询师的分析解释，帮助来访者了解自己内心的症结所在，包括无意识中的欲望、动机等，使其在对自己症状来源了解的基础上，改善自己的行为模式，从而消除精神症状，促进人格的成熟与发展。精神分析心理咨询与康复的基本目标是使来访者的潜意识意识化，使潜意识冲突表面化，从而帮助来访者重新认识或重建人格，克服其潜意识冲突。精神分析的心理咨询与康复所使用的具体方法有以下几种。

### （一）自由联想

自由联想方法（free association）是弗洛伊德创立的，并称为"到达无意识的康庄大道"，其具体做法是让来访者在一个比较安静与光线适当的房间内，躺在沙发床上随意进行联想，心理咨询师则坐在来访者身后，倾听他的讲话。事前让来访者打消一切顾虑，想到什么就讲什么，咨询师要保证对谈话内容保密。咨询师鼓励来访者按原始的想法讲出来，不要怕难为情或有意加以修改。自由联想法的疗程较长，一般要进行几十次，持续时间约几个月或半年以上（每周1至2次）。自由联想法的最终目的是发掘来访者压抑在潜意识内的致病情结或矛盾冲突，把它们带到意识域，使来访者对此有所领悟，并重新建立现实性的健康心理。

### （二）释梦

弗洛伊德认为，梦是"通向潜意识的捷径"，他在给来访者治疗时发现许多人都会谈起自己的梦，且梦的内容与被压抑的无意识有着某种联系，他认为梦的作用是尝试满足童年愿望或表达未被认可的性欲。当人在睡眠时，自我控制会减弱，潜意识的欲望乘机向外表露，但由于个体仍处于自我防御状态，这些欲望经过变形进入意识成为梦象。梦有显性梦境和隐性梦境之分，释梦就是通过显性梦境解释隐性梦境。

### （三）移情和反移情分析

在进行心理分析的咨询过程中，来访者会让过去的情感和冲突从潜意识深处浮现出来，出现情感上的回归。当来访者重新体验这些情感时，会出现依恋咨询师的倾向，把咨询师当作自己过去经历中的某些重要人物，这种现象被称为移情（transference）（马建青，王东莉，2006）。移情是来访者的潜意识与外界沟通的方式之一，也是来访者对过去生活中的重要他人（如父母）的情感在咨询师身上的投射。通过移情帮助来访者增进自我认知是精神分析心理咨询和康复的主要工作（林家兴，王丽文，2000）。咨询师通过对移情作用的分析可以帮助来访者区分幻想与事实、过去与现在，使其了解过去经验对当前心理和行为的影响，从而疏导那些使来访者行为固着、情感停滞的内在冲突。而反移情（counter transference）是指咨询师自己对来访者产生的一种潜意识的反应倾向。反移情有广义和狭义之分，狭义的反移情是咨询师把早年对父母的感觉、想法和情绪投射到来访者身上，广义的反移情是咨询师因来访者而引起了想法与感觉。不论哪一种反移情，都有可能给心理咨询和康复带来一定的消极影响，咨询师要保持客观、警惕并处理好反移情。

### （四）阻抗分析

阻抗是指来访者有意识或无意识地回避某些话题，从而使咨询的重心偏移，以否定咨询师的分析，抵制咨询师的解释。阻抗表现为多种形式，如迟到、失约、持续性的移情、原地踏步、在某些问题上保持沉默或答非所问等。有意识的阻抗可能是来访者害怕咨询师对自己产生坏印象、担心说错话，或对咨询师还不够信任，这种情况经咨询师说服即可消除。无意识的阻抗是一种对焦虑的防御，来访者自己并不能意识到，也不会承认，这种情况的解决需要来访者主动去面对。阻抗分析可以帮助来访者深刻理解产生阻抗的原因，使其愿意与咨询师一起来处理阻抗问题，增加他们消除阻抗的可能性。

### （五）解释分析

解释是精神分析中最常用的技术，目的是向来访者指出他的无意识欲望、动机和态度，消除阻抗和移情的干扰，帮助来访者把表面上看来似乎没有意义的心理事件与可以理解的事件联系起来，使其能够理解过去和现在发生在他身上的事情的意义，以获得对自己的领悟。解释包括很多内容，如对梦的解释，对阻抗、移情的解释，还包括对自我防御机制、日常生活的解释等。解释建立在对来访者的仔细倾听和对其言行的敏锐观察的基础上，对那些使来访者感到困惑的问题，需要通过反复试验、论证和细致的分析来解决，直到彻底弄清为止。

### 三、精神分析咨询流派的简要评价

弗洛伊德所创立的精神分析理论自问世以来就引起很大的争议，评价褒贬不一。由于他的理论多是对临床的案例进行观察和分析提出的，不能进行实验研究，因此不少学者一直从实证的角度对精神分析理论持有怀疑态度。

但从积极的方面来看，精神分析理论在心理疾病的咨询和治疗实践中作出的贡献是不能抹杀的。精神分析是第一个对人类的无意识心理做出系统探讨的咨询流派，将人类心灵深处被压抑的隐秘世界展现在人们面前，加深了人们对人性的了解，进一步认识到心理活动的复杂性和多维性。并且精神分析最早提出了完整的关于人格结构和人格发展的心理学理论，使其成为第一个重要的人格心理学理论，标志着西方人格心理学的开始。同时，精神分析是第一个正规的咨询和治疗体系，它的出现使心理咨询和治疗跨入一个新的历史时期，对后来出现的各种疗法产生了巨大的影响。

在承认精神分析咨询理论的重大贡献的同时，也要看到其不足之处。第一，过于强调生物决定论，把人看成生物性欲求的奴隶，过分强调性本能的作用，将性驱力看成心理发展的基本动力以及心理障碍的基本原因，忽视了个体发展与环境之间复杂的相互作用，过于片面化。第二，过分地强调潜意识的地位和作用，认为潜意识中的非理性本能冲动是心理和行为的最终决定力量，否认了意识在心理活动中的主导作用。第三，精神分析咨询理论主要依靠主观演绎，理论与事例之间的关系难以证实或证伪，缺乏实证。并且它将从精神病人和神经症患者身上得来的规律性结果，推广运用到所有人身上，存在以偏概全的错误。

如果从心理咨询和心理治疗的发展来看，精神分析的咨询理论和方法具有开创性的历史贡献，很多心理咨询和心理治疗的流派是在继承、扬弃或反对精神分析的过程中产生和发展起来的。它存在的缺陷和提出的问题，促使人们去进一步研究、批判和纠正精神分析理论中的错误，从而推动了心理咨询和心理治疗的发展。

## 第二节　行为主义的咨询理论与方法

### 一、行为主义的理论基础

行为主义理论的创始人是美国心理学家华生（J. B. Watson），他反对心理学研究意识、心理这些主观的东西，主张心理学只研究人的行为。他认为人类的行为都是后天习得的，无论是正常的行为还是病态的行为都是经过学习而获得的，也可以通过学习而改变、增加或消除。他认为只要掌握了刺激—反应之间的关系，就可以根据刺激（反应）推知反应（刺激）行为，达到预测并控制动物和人的行为的目的。美国心理学家斯金纳（B. F. Skinner）是新行为主义的创始人，在巴甫洛夫（I. P. Pavlov）的经典条件反射基础上提出了操作性条件反射，强调环境条件和行为之间的关系。他认为，对于心理问题的诊断，无非是对特定行为改变的分类。人的一切行为，除了直接由生理因素决定的能力外，都是透过学习和训练获得的，要使一个行为得以保持，需要进行不断的强化。美国心理学家班杜拉（A. Bandura）也是新行为主义的主要代表人物之一，他提出社会学习理论和行为矫正技术，强调以人作为基本研究对象，在自然的社会情境中而不是在实验室里研究人的行为，重视行为、环境和人三者的交互决定作用。他还提出"自我效能"的概念，并把行为强化的方式扩展为直接强化、替代性强化和自我强化三种，进一步发展和完善了传统的强化理论。

（一）行为主义理论的发展

早期行为主义时期，由华生在巴甫洛夫条件反射学说的基础上创立了行为主义心理学。他根据巴甫洛夫的经典性条件反射原理，进行了恐惧情绪形成的实验。他在一位名叫阿尔伯特的11个月大的婴儿伸手去摸小白鼠时，立刻在孩子身后敲击一根铁棒发出巨响，引起婴儿的恐惧反应，反复数次后，在小白鼠与巨响间建立了条件反射。于是，当小白鼠出现时，阿尔伯特就恐惧、哭闹不安。儿童的这种恐惧反应还发生了泛化，只要一接近其他白色有毛的动物或类似刺激物时，都会表现出恐惧。据此华生认为，无论人的什么行为都是后天学习的结果。个体习得的任何行为，也都可以通过学习而加以消除，这就为行为的矫正奠定了基础（陶惠芬，李坚评，雷五明，2006）。

从1930年起，以斯金纳为代表兴起了新行为主义理论。斯金纳在巴甫洛夫经典条件反射的基础上提出了操作性条件反射，他自制了一个"斯金纳箱"，在箱内安装一个特殊装置，压一次杠杆就会出现食物。他将一只饥饿的老鼠放入箱内，让它在里面自由活动，偶然一次压杠杆就得到食物，此后老鼠压杠杆的频率越来越多，即学会了通过压杠杆来得到食物，斯金纳将其命名为操作性条件反射或工具性条件作用。在操作性条件反射的形成过程中，食物即是强化物，运用强化物来增加某种反应（即行为）频率的过程叫作强化。通过操作性条件反射，斯金纳认为人的大多数行为习惯都是后天习得的，包括不良行为和心理疾病的症状。

后期的行为主义者如班杜拉认为，在行为形成过程中，强化并不是必须的，人们的许多行为不必通过强化，只要通过观察和模仿就能获得。班杜拉是社会学习理论的创始人，社会学习理论是解释人在社会环境中学习的行为主义理论。班杜拉认为，人的社会行为是靠观察学习获得的，他特别强调榜样的示范作用，认为行为的习得和发展不一定都通过尝试错误或进行反复强化。和建立条件反射一样，榜样学习也是人类的一种社会学习的基本方式。社会学习理论并不排斥条件作用理论，它在解释观察学习的条件时，仍然承认强化的作用，但强化仅仅是观察学习的促进条件而不是必要条件，换句话说，有强化会促进模仿学习，没有强化学习也能发生。

（二）行为主义理论的主要概念

1. 强化

行为主义理论非常强调强化的作用，最早提出"强化"这一概念的是俄国生理学家巴甫洛夫。随着行为主义理论的发展，不同的研究者对强化有不同的理解。在经典性条件作用下，强化是伴随条件刺激的呈现给予无条件刺激，是形成条件反射的基本条件，例如，在华生的恐惧情绪形成实验中当小白鼠（条件刺激）出现的同时，给予巨响噪声（无条件刺激）。

在斯金纳的操作性条件作用中，强化是核心概念。他认为强化是一种操作，作用在于改变同类反应在将来发生的概率；而强化物则是一些刺激物，它们的呈现或撤销能够增加反应发生的概率。强化有正、负之分，正强化是用某一刺激来肯定某种符合目标的行为，以实现该行为出现概率的增加；而负强化则是通过取消某种不愉快的条件来实现行为的增加。但不论是正强化还是负强化，都能增加以后反应发生的概率（马欣川，2003）。

班杜拉的社会学习理论突破了传统行为主义理论的强化概念，他认为强化的发生，受到信息加工理论的影响，即过去的行为使得人们产生了预期，希望将来在类似的情景中能够得到相似的结果。强化过程是个体利用直接经验和观察到的经验结果，以认知期望为中介，自我激发的过程。他认为存在三种形式的强化，第一种是直接强化，是观察者行为本身直接受到的强化。第二种是替代性强化，是观察者因看到示范者受强化而受到的强化。替代性强化还有一个功能，就是唤起情绪反应。例如当电视广告上某明星因穿某种衣服而风度迷人时，如果你感受或体验到因明星受到注意而产生的愉快感，这对于你就是一种替代性强化。第三种是自我强化，即个体以自己创设的结果标准为基础来调控自己的行为，这依赖于社会传递的结果。社会向个体传递某一行为标准，当个体的行为表现符合甚至超过这一标准时，就对自己的行为进行自我奖励。

### 2. 泛化

经典性条件作用中，泛化是指当个体对一个条件刺激形成条件反应后，其他与该条件刺激相类似的刺激也能诱发其条件反应。泛化条件反应的强度取决于新刺激与原刺激的相似程度，相似度越高，越容易发生泛化。俗话说的"一朝被蛇咬，十年怕井绳"，就是泛化的表现。

### 3. 分化

分化是与泛化相对的过程，指通过选择性强化和消退，使个体学会对条件刺激和相类似的刺激做出不同反应的一种条件作用过程。分化意味着有机体逐渐能够分辨刺激物之间的性质差异。泛化和分化是互补的过程，泛化是对事物相似性的反应，而分化是对事物差异性的反应。

### 4. 惩罚

惩罚是和强化相反的概念，当个体做出某种反应以后，呈现一个厌恶刺激或不愉快刺激，以消除或抑制此类反应的过程。与强化一样，惩罚也分为正惩罚和负惩罚。正惩罚是指当个体做出一个行为后，出现惩罚物，之后个体会减少做出该行为的频率；负惩罚则是指当个体做出特定行为后，他所期望的东西不出现，这也会减少个体做出该行为的频率。

### 5. 消退

已经形成的条件反射由于不再受到强化，反应强度趋于减弱乃至该反应不再出现，称为条件反射的消退。这种消退不是全面、永久的遗忘，如果对已经消退的条件反射重新进行训练，所需要训练的次数要比原来建立条件反射的次数更少，这一现象说明条件反射作用存在永久性的后效。

在操作性条件作用中，无论是正强化的奖励还是负强化的逃避与回避，其作用都在于增加某种反应在将来发生的概率，以达到行为塑造的目的，但消退则不是。消退是一种无强化的过程，其作用在于降低某种反应在将来发生的概率，以达到消除某种行为的目标。因此，消退是减少不良行为、消除坏习惯的有效方法。

### 6. 抗条件作用

对一个已经形成的条件反应，一方面撤除其原来的强化物，例如在小白鼠出现后不伴以强噪声，另一方面同时设法使一个不能与原来的条件反应共存的反应与原来的条件刺激建立联系，例如让小阿尔伯特吃他喜欢的食物（一种放松的积极反应），结果原来的条件反应会比单纯的消退训练更迅速地被消除。这样一种操作程序称为"抗条件作用"，它是几种重要的行为治疗技术如厌恶疗法、系统脱敏训练的理论基础（江光荣，2005）。

## 二、行为主义的心理咨询方法

行为治疗与行为矫正是行为主义理论在心理卫生和临床心理学领域中的实际应用，它以行为主义的学习理论为基础，通过强化或惩罚的模式对行为进行操纵，从而缓解个体的心理障碍或行为障碍。经过几十年的实践发展，到目前已经形成了各种不同的行为主义心理咨询与康复的方法和技术。

### （一）放松训练

放松训练是行为治疗中最基本最常用的方法之一，又称松弛疗法，它是一种通过训练有意识地调节自身的心理生理活动、降低唤醒水平、改善机体紊乱功能的心理治疗方法。放松训练有助于松弛人体肌肉、减少身体紧张，进而消除焦虑和精神压力。一般认为，不论使用哪一种放松训练都需要具备四种条件：安静的环境；舒适的姿势；心情平静，肌肉放松；精神内守（一般通过重复默念一种声音、一个词或一个短句来实现）。放松训练既可以单独使用以克服一般的紧张和焦虑，也可以与其他行为治疗技术如系统脱敏等结合使用，以治疗有焦虑症状的心理障碍。

临床常用的放松训练方法包括以下几种。

### 1. 渐进式肌肉放松法

渐进式肌肉放松法是一种肌肉深度放松技术，是指一种逐渐的、有序的、使肌肉先紧张后松弛的训练方法。该方法强调放松要循序渐进，通过放松一组一组的肌肉群，达到全身心放松的目的。当事人要选择一个安静整洁、陈设简单、光线柔和的场所，周围没有噪声和干扰，可以用轻松、舒缓的音乐做背景，舒适地躺着或坐着，轻轻地闭上眼睛。放松训练可以从某一部分肌肉的训练开始，先使肌肉收缩，体验紧张，然后再放松。因为只有知道了紧张的感觉，才能更容易体验出什么是放松的感觉，从而学会如何保持这种感觉。当这一部分肌肉能完全放松后，再训练另一部分肌肉的放松，如此从头到脚有顺序地逐步展开，渐进而行，直到全身的放松。

### 2. 想象放松法

想象放松法主要是通过唤起宁静、轻松、舒适情景的想象和体验，来控制唤醒水平，引发注意集中的状态，增强内心的愉悦感，进而减少紧张和焦虑。例如，想象自己正在树林里散步，小溪流水，鸟语花香，空气清新。想象放松比一般的放松程序更容易，在进行想象放松前，要求接受训练者用舒服的姿势坐着或躺着，闭上眼睛，尽可能地放松身体，然后开始由训练者给以言语指导，而接受训练者自己进行积极的情景想象。当然，训练者需要事先了解接受训练者在什么情景中最感舒适、轻松。

### 3. 深呼吸放松法

深呼吸放松法是指采用稳定的、缓慢的深吸气和深呼气方法，以达到放松目的。放松时可采用坐位或卧位，注意力高度集中，排除一切杂念，全身肌肉放松。吸气时腹部鼓起，双手慢慢握拳，微屈手腕，最大吸气后稍屏息一段时间，再缓慢呼气，注意腹部回收，两手放松，全身处于肌肉松弛状态，如此重复呼吸。平时每天练习 1~2 次，每次 10~15 分钟，每分钟呼吸频率在 10~15 次，注意呼吸频率因人而异。深呼吸放松法需要事先定期加以自我练习，在实践中确定最佳呼吸频率，练习成熟后再实际应用。

### （二）系统脱敏法

系统脱敏法是由交互抑制发展起来的一种心理治疗方法，所以又称交互抑制法。这种方法主要是诱导来访者缓慢地暴露出导致焦虑的情境，并通过心理的放松状态来对抗这种焦虑情绪，从而达到消除焦虑的目的。

采用系统脱敏法进行治疗应包括三个步骤：①进行放松训练。帮助来访者学会一种与焦虑反应相对抗的肌肉放松技术，并可熟练掌握。②建立恐怖或焦虑的等级层次。找出所有使来访者感到恐怖或焦虑的事件，并用 0~100 的分值表示出对每一件事感到恐怖或焦虑的主观程度，0 表示心情平静，25 表示轻度，50 为中度，75 为高度，100 为极度，并将来访者报告出的恐怖或焦虑事件按等级程度由小到大的顺序排列。③实施系统脱敏。这是治疗最关键的地方，进行焦虑反应与肌肉放松技术的综合训练。仍然从最低级开始至最高级，逐级进行放松、脱敏训练，直到不引起强烈的情绪反应为止。还需为来访者布置家庭作业，要求来访者可每周在治疗指导后对同级自行强化训练，每周 2 次，每次 30 分钟为宜。

（三）满灌技术

满灌技术又称暴露疗法、冲击疗法，它是让来访者直接置于会引致最严重的恐怖或焦虑状态的情境中，坚持到紧张感觉消失的一种快速脱敏法。一般采用想象的方式，鼓励来访者想象最使他恐惧的场面，或者心理咨询师在旁边反复地、不厌其烦地讲述他最感害怕的情境中的细节，或用录像、幻灯放映最使来访者恐惧的情景，以加深其焦虑程度。满灌技术一般实施 2~4 次，一天一次或间日一次，少数来访者只需治疗一次即可痊愈（张亚林，1993）。

（四）厌恶疗法

厌恶疗法是一种较常用的行为治疗技术，其做法是将欲戒除的目标行为（或症状）与某种不愉快的或惩罚性的刺激反复多次结合起来，通过厌恶性条件作用，达到使来访者最终因感到厌恶而戒除或减少目标行为的目的。厌恶疗法是一种有效但要慎用的技术，一般不主张用于学校儿童这类人群，需要在专门机构由熟练的专家使用。

（五）代币法

代币法是指使用来访者感兴趣或有价值的代币，通过某种奖励系统，在来访者做出预期的良好行为表现时，马上给予相应的代币作为奖励，这些代币可在规定的时间和地点按特定的兑换规则，换取某种物品、活动、服务或优惠待遇，从而使来访者所表现的良好行为得以强化和巩固，同时使其不良行为逐渐消退。代币起着表征的作用，只是一个符号，在学校里一般是以小红花、五角星等为代表，也可以是记分卡、点数和粘贴纸等，可以根据情况灵活运用（张松，2011）。

三、行为主义咨询流派的简要评价

行为主义的出现对心理学的发展产生了巨大而深远的影响。它突破了传统的心理治疗方法，建立在行为主义学习理论的基础上，强调通过改变外部条件来改变人的行为。很明显，行为主义心理咨询流派的出现改变了精神分析疗法一枝独秀的格局，并在心理治疗领域占据了很长时间的优势地位。

第一，它的出现改变了传统心理学的研究对象和研究方法，行为主义学派坚持使用客观的研究方法研究动物和人的行为，抛弃了传统心理学使用的内省的主观方法，强调客观地观察和结果的可验证性，对现代心理学的发展产生了深远的影响。第二，行为主义理论的产生推动了动物心理学和学习心理学的发展，行为主义学派通过对动物心理的研究，取得了不少重要成果。在这些成果的基础上，进一步研究学习心理学，为学习心理学的发展奠定了基础。与此同时，行为主义也推动了应用心理学的发展，它更注重预测和控制人的行为，重视环境对人的影响，将心理学更广泛地应用于实际生活，解决人的实际问题，提出了行为矫正的理论和方法。第三，它不仅为心理治疗研究提供了一个新的角度，同时也标志着人类在探索自我的道路上前进了一大步，拓宽了心理治疗的领域，为人们探寻人类异常行为、神经症和其他一些精神疾病的形成原因开辟了一条崭新的道路。行为主义心理咨询的方法和技巧都较为系统化，自身具备治疗周期短、适用范围广、收效较快的优点。

在肯定行为主义理论积极作用的同时，它也存在着一定的局限和不足。第一，从理论角度来看，行为主义奉行极端的环境决定论和机械论，特别是早期的行为主义者只强调"刺激—反应"，认为只要给出一定的环境刺激，就可以塑造人的相应的行为，过度强调环境决定论的观点。第二，行为主义学派的实验大多是在动物身上进行的，把对动物行为的研究成果直接推广到人的身上，解释人的行为和心理，忽视了人和动物之间的本质区别。另外，行为主义忽视了实验室环境和现实环境之间的差别，将实验结果直接运用于现实，其适用性值得怀疑。第三，由于行为主义的心理咨询和治疗不重视症状的遗传背景、生化改变、历史文化原因等因素，过分强调行为，强调控制，否认意识，忽视认知因素，只是针对当前的症状给予治疗。因此，有批评意见认为行为疗法是"治标不治本"。第四，对行为疗法指责最多的是对其是否符合人类道德的质疑。人本主义心理学家对行为疗法进行了严厉批评和指责，他们认为行为主义对人的行为进行操纵和控制，损害了人的基本权利，并且像冲击疗法、厌恶疗法、惩罚等行为治疗方法是不人道的，是"没有灵魂的心理治疗法"。

## 第三节　人本主义的咨询理论与方法

### 一、人本主义的理论基础

人本主义心理学兴起于 20 世纪 50 年代的美国，主张以人为本和以整体人为研究对象，重视人的本性、动机、潜能、价值以及尊严，研究健康人格和自我实现。其主要创始者美国社会心理学家马斯洛（A. H. Maslow）认为，人类的行为不仅仅是简单的单一刺激引起的单一反应，而是由构成完整人格的全部感情、态度和愿望决定的。他认为人类生存和发展的内在动力是动机，而需要是动机产生的基础和源泉，需要的强度决定了动机的强度。1943 年，他在一篇题为《人类动机理论》的文章中，首次提出了需要层次理论。

人本主义心理学的另一位主要代表人物是美国心理学家罗杰斯，他把人本主义心理学理论广泛地应用于医疗、教育、管理、商业等诸多社会生活领域，创立了人本主义心理治疗体系，被视为是继精神分析理论、行为主义理论之后心理咨询理论的"第三种势力"。他强调要把每一个人都看成一个完整的人，而不仅仅是一个患者或治疗者，在心理治疗时要以来访者为中心。由于罗杰斯在心理治疗中强调个人的作用，所以人们又将他的治疗思想和方法称为"个人中心疗法"。

#### （一）需要层次理论与自我实现理论

马斯洛指出，人类的需要包括两大类：一是基本需要，二是成长需要。基本需要是个体不可缺少的普遍的生理和社会需求，由低到高依次是生理需要、安全需要、归属与爱需要、尊重需要；而成长需要是个体自身的健康成长和自我实现趋向所激励的需要。当达到自我实现时，人就会产生成就感。同时，马斯洛指出，只有当低一层次的需要得到满足以后，高一层次的需要才会作为动机产生，如果低层次的需要得不到满足，则难以产生高层次的需要。

在需要层次中，成长需要是高层次的心理需要，其最高层次为自我实现需要，是指个体实现个人的理想和抱负以及充分发挥个人潜能的需要。马斯洛认为，自我实现就是一个人力求变成他能变成的样子，即"成为你自己"。自我实现有两层含义：一层含义是完美人性的实现，包括友爱、合作、求知、审美、创造等特性的实现；另一层含义是个人潜能的实现，包括个人自身的天资、潜能的利用和发展。自我实现的标准，一是将自己先天的禀赋、潜能最大限度地发挥出来，二是极少出现不健康、心理疾病和能力缺陷。

### （二）人格理论

#### 1. 人性观

罗杰斯的人格理论建立在其人性观上。他认为人基本上是生活在他个人的主观世界中的，即使他在科学领域、数学领域或其他类似领域中，具有最客观的机能，这也是他主观目的和主观选择的结果（钱铭怡，1989）。每个人都有对现实的独特认识，来访者作为独立个体，也有自己的主观目的和主观选择。因此，以人为中心的治疗或来访者为中心的治疗强调人的主观性的特点，认为应该为他们保留自己主观世界存在的余地。并且他相信人本质上是好的，相信人有向好的、强的、完善的方向发展的强大潜力，也相信人能够自我依赖和自主自立，主张心理咨询和治疗应该为恢复和提高人的价值、尊严作贡献。

#### 2. 实现倾向

实现倾向（actualization tendency）是罗杰斯人格理论的基本假设，即有机体具有一种天生的自我实现的动机，它表现为一个人力图最大限度地实现自己各种潜能的趋向。1951年，他在其代表作《来访者中心疗法》中指出，有机体有一种基本的趋向和努力，就是力求实现、保持和发展经验着的有机体。1959年他在其著作中宣称，这种基本的实现趋向是这个理论体系中提出的唯一的动机。在1963年他又指出，在人类有机体中有一个中心能源，它是整个有机体而不是某一部分的机能，是对有机体的完成、实现、维持和增强的一种趋向。可以说，人生来就有一种追求成长的建设性倾向，这种实现倾向是自我形成与发展的基本动机和核心动力（车文博，2003）。

#### 3. 自我概念

自我概念是指个体对自己及其与相关环境的关系的主观知觉和认识，不同于个体的体验和真实的自我。自我概念是罗杰斯人格自我理论中的一个核心概念和基石，它的理论前提是认为人有一种与生俱来的实现的倾向。这种实现的倾向不仅要在生理、心理上维持自己，而且要不断增长和发展自己。

自我概念不同于一个人真实存在的自我，自我概念并不总是与个体自己的体验或机体的真实自我相同。当自我与自我概念的实现倾向一致时，人就达到了一种理想状态，即达到了自我实现。当自我得到的经验、体验与自我概念冲突时，自我概念因受到威胁而产生了恐惧，会通过防御机制否认和歪曲本身的经验、体验。而当经验、体验与自我的不一致有可能被意识到、知觉到时，焦虑就产生了。一旦防御机制失控，个体就会产生心理失调。例如，一个人生长的条件良好，受到父母毫无保留的爱护和尊重，就会发展成一种坚强和积极的自我概念。如果父母的爱总是带有附加条件的，限制儿童只能做这个、不能做那个，不然就不能得到父母的爱等，即评价的标准总是由别人来规定，就会产生价值条件，体现着父母和社会的价值观，儿童就会形成一种软弱与破裂的自我概念。这种在内心世界中充满价值条件的自我，常常同一个人与生俱来的生理上和心理上都要体验到的自尊和受尊重倾向发生矛盾冲突，导致失望、否认和歪曲，从而引起人格的逐渐瓦解，以致出现心理问题（陶惠芬，李坚评，雷五明，2006）。以人为中心的心理咨询和治疗理论认为，所有心理障碍的根源都在于自我概念与经验之间的不一致或失调，他们相信个体所具有的现实潜在能力，相信积极的成长力量，相信人有自我调整、自我引导、自我控制的能力，能够帮助来访者认识到自身价值，发现真正的自我。

## 二、人本主义的心理咨询方法

### （一）咨询师的态度与咨询关系

罗杰斯基于人本主义理论创立的来访者中心疗法认为，人具有自我实现和成长的能力，有很大的潜能可以解决自己的问题，不需要咨询师过多干预。因此，咨询师的态度和咨询关系的质量非常重要，咨询方法和技术并不用太特殊。如果非要说方法的话，就是咨询师把自己当作一种手段，通过自己的真诚、关心、尊重来营造一种良好的关系氛围，让来访者能够自由地探索内心感受。

罗杰斯在《治疗性人格改变的充分与必要条件》一文中列举了六项心理咨询与治疗的条件：①两个人有心理上的接触；②头一位，我们称其为来访者的，处在一种不和谐状态，脆弱或焦虑不安；③后一位，我们称其为咨询师的，在此关系中是一致的或整合的；④咨询师体验到对来访者的无条件积极关注；⑤咨询师体验到对来访者的内在参考系的共情理解；⑥咨询师对来访者的共情理解和无条件积极关注至少在一定程度上成功地传达给了来访者。如果这六项条件存在，并且持续一段时间，那么人格的建设性改变就会随之出现。综合而言，咨询师真诚一致、无条件积极关注、共情理解、尊重、接纳、投入地倾听等态度，是咨询关系发展的助长条件，这些条件决定着心理咨询和治疗的效果。

（二）交朋友小组疗法

交朋友小组疗法，又称会心团体疗法，是罗杰斯极力倡导的一种心理咨询和心理治疗方法。该方法以团体动力学（group dynamics）和以人为中心疗法为主要的理论根据，是利用团体力量来解决心理问题和改变不良行为的一种途径。它通过创造良好的人际环境，帮助团体成员最大限度地利用个人潜能和团体互动作用，其主要目的在于解决心理问题、克服心理障碍、矫正劣迹行为、促进人际关系的改善、提高工作能力与效率，最终达到自我实现。

交朋友小组一般在一个房间里举行聚会，一般为 8~18 人，对象为年龄在15~75 岁的人群，多数参加者在 20~50 岁，每次聚会大约持续 2 小时。房间里有地毯，但无家具，所有参加者席地而坐或坐在垫子上。活动坚持自愿参与性原则，每个人可自愿参加团体，亦可随时退出；团体中交流自由，没有多少严格限制；成员要抱着诚实、坦率和开放的态度，不掩饰真实情感的表达；整个交朋友小组活动不由促动者指导，而由成员们自己抉择，自己负责（车文博，2003）。

三、人本主义咨询流派的简要评价

人本主义心理学派的诞生，被认为是西方心理学史上的一次重大变革。罗杰斯被公认为贡献最大、影响最广的心理学家之一。他构建了人本主义心理学的基本理论，创立了来访者中心疗法，开辟了咨询心理学的新领域。

人本主义心理咨询流派的贡献主要包括：第一，改变了传统的咨询关系。它先从实践中发现咨询关系对促成来访者的改变至关重要，然后又从理论上阐明咨询关系为什么会导致这些积极的改变，后又总结提炼出如何建立良好的咨询关系的一些要素，影响了治疗范式，为心理咨询与治疗实践奠定了基础。第二，突出强调了人的本性和价值。它在治疗中反对用外部的力量来解释和改变人的行为，强调对个人潜力的发掘，强调咨询师要相信来访者的自我指导能力，并怀着这样的信念去对待来访者和咨询过程，推动来访者发生改变。第三，开创了一种新的心理咨询和治疗途径。人本主义咨询流派强调咨询师的作用，重视利用咨询师的人格和态度，而非技巧去帮助来访者。并且它没有严格的步骤和方法技术的限制，咨询方式灵活，无须长期而严格的专业训练，容易被来访者接受，咨询效果也就比较明显。

人本主义学派对心理学和心理咨询、心理治疗的发展作出了巨大的贡献，然而也存在着一些局限。第一，它过分地强调了"自我"的作用，忽视了社会因素的影响，同时透露出强烈的重情轻理的气息，将个人的情绪感受放在首位，缺乏理性的力量。对个人价值的选择和评价，单从情绪感受出发，缺乏逻辑性和合理性。第二，在人本主义心理咨询的观点下，咨询师的作用显得较为单一和被动，更多的仅作为倾听者，满足于倾听和反映来访者的感受，排斥使用带有指导性的咨询技术，对某些来访者（如内省能力和内省习惯不好的来访者）可能疗效甚微，有时甚至会加重其心理问题。第三，人本主义的心理咨询和治疗目标缺乏可量化性，多数取决于个人的主观判断。这种咨询方法在适用范围上也具有较大的局限性，其疗效主要体现在有正常的认知能力或文化水平相对较高的来访者身上，以及问题多为轻微的或不严重的心理问题，特别适合于发展性心理问题的辅导。

## 第四节　认知主义的咨询理论与方法

### 一、认知主义的理论基础

20世纪50年代，美国科学家西蒙（H. A. Simon）和计算机科学家纽厄尔（A. Newell）合作首先提出用计算机信息模拟加工人的心理过程，开创了人工智能的研究，也开辟了从信息加工观点研究人的心理的新取向，推动了认知科学和人工智能的发展。1967年美国心理学家奈瑟尔（U. Neisser）所著《认知心理学》一书，系统总结了认知心理学发展第一阶段的研究成果，标志着认知心理学已成为一个独立的流派。认知心理学从广义来讲，研究人类的认识过程，如注意、知觉、表象、记忆、创造性、问题解决、言语和思维等；从狭义来看相当于信息加工心理学，即采用信息加工观点研究认知过程。认知心理学是在对行为主义"刺激—反应"理论的批判基础上发展起来的，认为外部刺激并不能直接引起个体情绪和行为反应，在刺激与反应之间存在着一个复杂的认知过程。与行为主义不同，认知心理学认为个体的情绪和行为是由认知过程决定或调节的。通过认知过程，个体可以对过去的事情做出评价，对当前的事情加以解释，或对未来可能发生的事情做出预期。在这个过程中，就产生了各种情绪和行为。因此，认知是决定情绪和行为的基本因素。

认知心理学的观点也影响到了心理咨询和心理治疗领域。美国临床心理学家艾利斯（A. Ellis）在最初时期认为精神分析是心理疗法中最为精深的理论，但是最终他因来访者的治疗缓慢而逐渐感到失望。后来他慢慢发现，当他改变来访者对自身及其问题的思考方式，来访者似乎会进步得更快。于是，他在1955年发展出了理性情绪疗法（Rational Emotive Therapy，RET），1993年为了强调认知、情绪、行为的关联性，他将这一疗法的名称改为理性情绪行为疗法（Rational Emotive Behavior Therapy，REBT），但实际上该疗法还是更加突出理性的作用。认知疗法是美国心理学家贝克（A. T. Beck）在20世纪60年代创立的一种有结构、短程、认知取向的心理治疗方法，贝克认知疗法的独到之处在于注重从逻辑的角度看待当事人的非理性信念的根源，以及鼓励当事人自己收集与评估支持或反对其观点或假设的证据以瓦解其信念的基础。贝克开创性的研究证实了认知疗法对抑郁症所具有的良好治疗效果，并且他还成功地将认知疗法应用到了抑郁症、广泛性焦虑症、恐慌障碍、自杀、酗酒、药物滥用、进食障碍、婚姻及夫妻关系问题、精神障碍以及人格障碍的治疗中。

（一）人性观

认知学派强调人具有生物性的、先天的心理倾向，这种心理倾向在人的心理活动中扮演着重要角色。艾利斯的人性观带有浓厚的人本主义色彩，他认为人天生就有一种异常强大的倾向，要求并坚持他们生活中的一切都得尽善尽美。他认为，人生来具有用理性信念对抗非理性信念的潜能，人的困扰和心理问题是因为人自己给自己制造了不合理的信念，这种非理性信念进一步制约了人的情绪和行为，造成心理失调。

（二）ABC 理论

ABC 理论是理性情绪疗法的基本理论基础，ABC 是三个英文单词的首字母，其中 A 指诱发事件（activating events），B 指遇到诱发事件后产生的信念、认知、评价与看法（beliefs），C 指个体因为 A 和 B 而出现的认知、情绪和行为的结果（consequences）。一般人总会将自己的不良情绪归结于环境事件，但 ABC 理论认为，情绪不是由某个诱发事件 A 直接引起的，人们总是先带着大量的已有的信念、价值观、偏好来经历 A，所以 B 直接引起了 C。ABC 理论的独到之处在于强调 B 的作用，认为 A 只是引起 C 的间接原因（陶惠芬，李坚评，雷五明，2006；科里，2004）。理性情绪疗法主要关注的是理性的信念和非理性的信念，前者导致自助性的积极行为，而后者则会引起自我挫折和反社会的行为。由于一些非理性的信念和价值观是引起不良情绪的直接原因，来访者就要认清这些非理性信念，并通过 D（disputing）进行治疗，即用一个理性信念来对抗非理性信念。如果治疗成功，就会产生 E（effects），形成一种新的有效的态度或新的情绪和行为。

（三）非理性信念

艾利斯把人的信念分为理性信念和非理性信念，非理性信念导致了个体的情绪和行为失调。艾利斯通过自己的临床经验，总结出 11 条非理性信念：

第一，每个人绝对要获得生活中每一位重要他人的喜爱和赞扬；

第二，个人的价值取决于他是否全能，是否在各个方面都有所成就；

第三，世界上有些人非常邪恶，应该严厉地谴责、惩罚他们；

第四，如果事情没有按照自己的想法发展，那将是可怕和悲惨的；

第五，面对现实中的困难和责任是一件不容易的事情，倒不如逃避它们；

第六，人的不愉快是由外界因素引起的，所以人是无法控制自己的痛苦与困惑的；

第七，对于危险和可怕的事，要给予特别关注，并随时警惕它可能会再次发生；

第八，一个人的过往经历决定了他如今的行为，这是永远无法改变的；

第九，一个人必须依赖他人，需要有一个比自己更强有力的人来让自己依附；

第十，一个人应该关心他人的问题，并为他人的事而悲伤难过；

第十一，人生中的每个问题都有精确的答案，如果找不到这个答案，就会非常痛苦。

对于这些人们所持有的非理性信念，韦斯勒（R. A. Wessler）等人总结出三个特征：

1. 绝对化要求

绝对化要求是非理性信念中最常见的一种，是指从自己的意愿出发，认为某事必定会发生或必定不会发生，一般常伴随"必须"和"应该"这样的词语。这种"必须"和"应该"又表现为三个方面：一是"我必须""我应该"，如"我必须使每个人都喜欢我""我绝对不能输""我应该成为班长"等；二是"你（他）必须""你

（他）应该"，如"你必须对我好""你应该成为最优秀的人"等；三是"事情必须""事情应该"，如"学校环境必须符合我的要求""已经计划好的事情是无法改变的"等。

### 2. 过分概括化

过分概括化是指用某一具体事件、言行来判断自己或他人的整体价值，武断地得出关于个人能力或价值的普遍性结论，并应用于其他情境之中。这是一种偏激的、以偏概全的片面思维方式。个体对自己的过分概括化的评价常常会使人们产生自卑、自责的心理，容易引起抑郁与焦虑情绪。而对他人的过分概括化常常会使人们对他人产生不合理的评价，认为他人很坏，一无是处，一味地责备他人，由此产生敌意和愤怒的情绪。

### 3. 糟糕至极

糟糕至极是指如果某件不好的事情发生，必定会产生非常可怕、非常糟糕的结果，将事情想象为"大难临头"，从而消极地预测未来而不考虑其他可能结果。这种灾难化的思维方式常常会给自己消极暗示，导致个体陷入极端不良的情绪，将一件事的不良后果扩大到最大化，引起恶性循环。糟糕至极的想法往往与绝对化要求相联系出现，当绝对化要求中的"必须"或"应该"发生的事情没有发生时，人们就会觉得无法接受这种结果，就会产生一些极端想法，认为事情糟糕至极（毛颖梅，2007；王玲，刘学兰，1998）。

### （四）贝克的情绪障碍认知理论

贝克基于对抑郁症的临床观察和前人对情绪的认知研究，提出了情绪障碍认知理论，并进一步发展成一套认知治疗技术。贝克认为心理问题不一定是由神秘的、不可抗拒的力量所引发，它可能是从平常的事件中产生于错误的学习或信息导致的错误推论。贝克强调，一个人的思维方式决定了他的感受和行为反应，认知的歪曲与错误会导致情绪的紊乱和行为的适应不良，改变不良情绪和行为的关键就在于纠正浅层次的负性自动思维以及决定负性自动思维的深层次信念，即消极的认知图式。他指出，适应不良的行为与情绪，都源于适应不良的认知，每个人的情绪和行为在很大程度上是由自身认识世界和处事的方式决定的。认知、情绪和行为相互联系、相互影响，引起人们情绪和行为问题的原因不是发生的事件本身，而是人们对事件的解释。不良认知和负性情绪、异常行为之间彼此互相加强，形成恶性循环，是情感和行为问题出现的原因。例如，一个人一直"认为"自己表现得不够好，连自己的父母也不喜欢他，因此，做什么事都没有信心，很自卑，心情很不好。对此人进行心理咨询和治疗的策略，便是帮助他重新构建认知结构，重新评价自己，重建对自己的信心，更改认为自己"不好"的认知。认知治疗的目标不仅仅是行为、情绪这些外在表现，而且要分析思维活动和应付现实的策略，找出错误的认知加以纠正。只有识别和矫正情绪障碍者存在的歪曲的认知，他们的心理问题才有可能得到改善。

## 二、认知主义的心理咨询方法

认知心理咨询与治疗是根据人的认知过程影响其情绪和行为的理论假设，通过改变来访者的不良认知，以矫正适应不良行为的心理咨询与治疗方法。所谓不良认知，是指歪曲的不合理的、消极的信念或思想，它们往往会导致情绪障碍和非适应行为，咨询和治疗的目的就在于矫正这些不合理的认知，从而使来访者的情感和行为得到相应的改变，也就是通过改变来访者对己、对人或对事的看法与态度来改变所呈现的心理问题。

### （一）理性情绪疗法

理性情绪疗法认为人们的情绪障碍是由于他们的非理性信念所造成的，因此，咨询和治疗的关键就是帮助来访者以合理的思维方式代替不合理的思维方式，最大限度地减少非理性信念给他们带来的负面影响，帮助他们消除现有的情绪障碍。理性情绪疗法最常用的技术，主要有不合理信念辩论技术、合理情绪想象技术和认知家庭作业法。

#### 1. 不合理信念辩论技术

这是理性情绪疗法最常用的一种技术，辩论的核心是帮助来访者对其不合理的信念提出挑战与质疑，动摇不合理的信念，并教会来访者如何与自己的不合理信念进行辩论。

在运用不合理信念辩论技术时，首先要找到来访者的不合理信念，这样才能有的放矢。在寻找时，可以使用 ABC 模式，从某一事件入手，找出诱发事件 A；可以询问来访者对该事件的看法和反应从而找出 C；根据这些不适当的反应和情绪，找出潜在的信念；分析来访者所有的潜在信念，找出哪些是合理的，哪些是不合理的，将不合理的信念 B 全部列出。

当来访者认识到这些不合理的信念时，就通过辩论，以积极提问的方式，使来访者对自己的问题产生思考。一般来说，提问的方式有两种：质疑式和夸张式。

①质疑式：指咨询师直接对来访者的不合理信念发问，这是最常用的方法。例如："你有什么证据证明你的这个观点？""请你来证明一下你的观点。"

②夸张式：指咨询师针对来访者的不合理信念，故意夸大，将问题放大了给来访者，让他们认识到自己坚持的信念的不合理之处。

问题的提出要根据具体情况而变，一般来访者不会轻易改变自己的信念，所以需要抓住来访者信念中不合常理的部分，反复辩论，直到来访者认识到自己信念的错误，变得词穷而无法辩论。

### 2. 合理情绪想象技术

这也是理性情绪疗法常用的方法之一，由咨询师帮助来访者进行想象。步骤如下：

①帮助来访者想象让他产生过不合理情绪反应的情境，体验在这种情境中的强烈的情绪反应。

②帮助来访者改变这种不合理的情绪反应，将消极情绪转为适度的情绪。

③停止想象，让来访者讲述他是怎么想才让原来的想法产生了变化的。这时咨询师要帮助他进一步强化合理信念，纠正不合理信念，也可以补充一些其他相关的合理信念。

### 3. 认知家庭作业法

理性情绪疗法是先改变来访者的不合理信念，进而改善来访者的情绪和行为。由于试图改变一个人的信念非常困难，在咨询和治疗中需要来访者的积极配合，因此，需要经常给来访者布置家庭作业，希望在咨询以外的时间里来访者也能与自己的不合理信念进行辩论。常布置的家庭作业有合理情绪自助表，这是艾利斯制作的一种表格，它将认知重建的内容模式化，可由来访者自己填写，方法简单，易于操作。

### （二）贝克的认知疗法

贝克发展出的认知疗法与理性情绪疗法有许多相似之处，它们都是洞察治疗法，强调认知和改变负面的思考与不适当的信念，都是主动的、指导性的、有结构的治疗方法。贝克认知疗法的主要目标是协助来访者克服认知的盲点，识别和矫正那些自我欺骗的、不正确的判断，并改变他们认知中对现实的不合理的思考方式，用比较正确而正常的思想去取代负面思想。因此，来访者需要经常地进行认知练习。认知疗法常用的咨询技术主要有以下几种（季建林，徐俊，1989）。

### 1. 识别自动化思想

自动化思想是介于外部事件与个体对事件的不良情绪反应之间的想法，它是自动产生的，习惯化的，不经逻辑推理突现于脑内，并且内容消极，常与不良情绪相联系，而当事人却信以为真，不知道它正是情绪痛苦的原因。在咨询和治疗时，咨询师可以采取提问、指导的方法，帮助来访者通过想象或角色扮演来发掘和识别自动化思想，尤其是一些愤怒的、悲观的、焦虑的思想。

在识别自动化思想时有两种常用方法，一种是咨询师直接询问来访者在事件产生时脑中所产生的想法，一旦来访者能识别出那些诱发情绪产生的外部条件和情景，咨询师就可以要求来访者用想象的方法来描述这些情景，在想象过程中诱发和识别出有关的自动化思想。另外一种是使用角色扮演的方法来识别自动化思想，即让来访者扮演自己或某一情境中需要的角色，咨询师扮演相对应的角色，当来访者完全进入自己的角色时，往往就能诱发识别出自动化思想。

### 2. 识别错误认知

来访者在认知过程中很容易发生概念性或抽象性的错误，常见的认知错误或歪曲有：任意推论、选择性断章取义、过分概括化、夸大与贬低、极端化思考、过度自我化、乱贴标签、灾难化等。为了识别错误认知，咨询师应该听取并记录来访者讲述的自动化思想和对应的情境及问题，并要求来访者归纳出其中的规律与共性。

### 3. 真实性检验

检验并诘难错误信念，是认知咨询和治疗的核心。在咨询时，咨询师要鼓励来访者把这种信念当作假说看待，设计方法调查、检验这种假设。结果来访者会发现，绝大多数时间里，他的这种消极认知和信念是不符合实际的。

### 4. 去注意

大多数抑郁和焦虑的来访者都会认为他们是人们注意的中心，自己的一言一行都受到他人的关注与"评头论足"。因此，他们会认为自己是脆弱、无力的。在咨询中，咨询师要求来访者舍弃之前的行事方式，忽略周围人的注意。结果他们会发现，其实很少有人会注意他们的言行。

### 5. 监察苦闷或焦虑水平

许多慢性或急性焦虑的来访者会认为他们的焦虑会一直不变地持续下去，但实际上焦虑的发生是波动的，所以要鼓励来访者对焦虑的水平进行自我检测，促使来访者认识焦虑波动的特点，增强抵抗焦虑的信心，这也是认知疗法的常用技术。

### 三、认知主义咨询流派的简要评价

认知主义学派起步虽晚，但很快就获得长足的进步和发展。首先，它使心理咨询从过去只强调情绪或行为发展到强调认知，改变了精神分析学派和行为主义学派对峙的状态，为二者之间的沟通融合创造了条件，对后期心理咨询的整合起到一定的推动作用。其次，大量的临床实践也已经证实，大多数心理问题的产生都包含认知因素的影响。因此，改变认知有助于个体内部深层次的改变，疗效也更加持久。第三，认知主义学派关注对人的外部行为起控制作用的内在信念和认知，在心理咨询和心理治疗领域是一个具有时代意义的转折。它既重视不良行为的矫正，同时也关注来访者认知的改变；既重视认知对来访者身心的影响，也重视意识中的事件。它是目前心理咨询与康复中应用最广泛的一种方法，比较容易被普通心理咨询师所掌握。

当然，认知主义的心理咨询也存在一定的局限。第一，过于强调正面思考的力量，注重理性思维和理性操作，需要大量的精神能量，而不少来访者由于心理疾病的影响，难以集中于复杂的、连续的精神活动，常感到咨询过程太难，尤其是对于领悟力较差、思维发展水平有限的来访者，其咨询效果可能不佳。第二，只将认知作为主要的干预目标，与认知活动有密切联系的情绪、人格等因素在咨询中未受到重视，手段过于简化，对解决复杂问题未必有效。第三，只针对减轻症状，忽略潜意识因素，并不重视探寻潜意识里的冲突，忽视来访者的过去经历的重要性，质疑要求来访者再度体验创伤事件的价值，而只是关注来访者的现在，协助他们去检查目前的认知是如何影响其感受与行为的，并未探索造成困扰的问题根源或深层次原因。

以上我们介绍了精神分析、行为主义、人本主义和认知主义四种主要的心理咨询流派及其常用的咨询方法或技术，除此之外，在心理咨询和治疗领域还有不少的心理学家创立了各自不同的咨询理论和方法，其中比较有影响力的如德裔美国心理学家皮尔斯（F. Perls）创立的格式塔心理咨询方法，美国心理学家伯恩（E. Berne）创立的交互作用分析疗法，日本精神病医生森田正马创立的森田疗法等。

格式塔心理咨询也叫完形疗法，是一种存在主义和现象学的咨询和治疗方法，源于格式塔学派。它强调以现实为中心的意识和直接经验，更重视过程而不是内容，关注的并非症状和分析，而是总体的存在和整合，强调来访者获得此时此地所体验到的觉知。因此该方法是体验式的，需要来访者掌握与咨询师交往时自己的思维、情感和行为状况。格式塔心理咨询更注重来访者的非语言行为，更重视"做"而不是"说"。因为实际行动会使来访者察觉到他们的情感、思想和行动，能够让他们体验到自己在过程中的改变。它能将过去的事件带入现在，再处理过去的问题，帮助来访者发现问题、解决问题，协助他们协调自己和周围的环境，是一种积极的心理治疗方法。其主要的咨询与治疗技术有：对话练习、空椅子技术、完形梦境治疗等。

交互作用分析疗法也叫沟通分析疗法，其目标是使来访者更好地理解人与人之间是如何交往的，改善沟通方式，促进自我成长与发展。它把不同人格看作不同心理发展阶段的反应，用简单易懂的方法说明了人的心理现象，强调在人与人的现实关系中说明和改善人的行为，通过让来访者尽情诉说内心的痛苦，发泄情感，教育改善来访者的人生态度，帮助来访者发展健康的人际关系。交互作用分析疗法的重点在于沟通，即两个人之间的互动，沟通是一个人使用某种自我状态与另一个人的某种自我状态交换信息的过程，帮助来访者分析其与他人的沟通，有利于他们意识到自己的问题，做出新的选择，并形成新的沟通模式。其主要的咨询与治疗技术有：沟通分析、生活脚本分析、去污染、澄清等。

森田疗法的理论基础是精神交互作用论，即对某种感觉集中注意则感觉会敏锐，感觉敏锐又把注意更加固定化在那里，这种感觉和注意相结合而出现交互作用，并彼此促进，就会逐渐放大其感觉。疑病倾向和疑病素质是构成神经症的基础，因为有疑病倾向的人求生欲望强烈，常把注意力集中在自身健康方面，容易把正常的生理反应误认为是病态，通过精神交互作用，形成恶性循环，从而导致神经症的心身症状。森田疗法是一种相对综合的心理治疗方法，带有明显的自然主义趋向，以"顺其自然"和"为所当为"的治疗原理，帮助来访者学会不去控制不可控的事情，把烦恼当作一种自然的情绪来顺其自然地接纳它，不当作异物去拼命地想排除它或逃避它，要把自己从反复想消除症状的泥潭中解放出来。森田疗法不提倡追溯过去，而是要重视当前的现实生活，是通过现实生活去获得体验性认识，以行动去做应该做的事，顺应情绪的自然变化，努力按照目标去行动，重新调整生活。

　　最后，我们想说，在心理咨询实践中，任何一种理论流派的方法都有其自身的独特性和适用性，但同时也存在一定的不足或局限，目前任何一种单一的咨询方法都不太可能令人满意地独立解决特殊儿童的心理问题。所以在进行心理咨询与康复时，我们需要根据特殊儿童的自身情况、心理问题的表现和每种咨询理论的特点，采用不同的咨询技术和手段，并结合多种咨询方法，不断走向技术整合。在咨询过程中，如果能够把各个理论流派的技术整合起来加以运用，就会取得更好的咨询与康复效果。

# 第六章

# 儿童心理咨询与康复的特殊方法

## 【问题导入】

- 游戏具有哪些特征？何谓游戏康复？
- 在儿童游戏康复过程中，咨询师应注意哪些问题？
- 叙事心理咨询的基本理念是什么？
- 叙事心理咨询的常用技术有哪些？
- 家庭心理咨询的基本过程是什么？
- 家庭心理咨询有哪些常见模式？

儿童期是个体获得快速发展的关键时期，这一时期的发展为其今后健康的学习、工作与生活奠定基础，保持儿童心理状态的健康、稳定是他们未来幸福生活的保障。而儿童期也是人生中较为脆弱、容易受到外界影响的一个阶段，是在内外矛盾冲突中不断进步的时期。此时儿童的大脑发育、认知能力和语言发展等尚未成熟，因此，在为其提供心理咨询与康复服务时需要采用一些适合他们生理和心理特点的方法与技术。目前，在儿童心理咨询中，常使用沙盘游戏、绘画、音乐、舞动、戏剧、角色扮演、玩偶等多种形式，或者将其与故事相配合来解决儿童的心理和行为问题。这些咨询方法以非口语的沟通技巧来释放被言语压抑的情感体验，重在对情绪的真实表现，不需要很强的认知领悟能力和言语表达能力，因此有利于激发儿童的参与动机，使其更加自由地表达自己的感受，重新接纳和整合外界刺激，学会自我调节，以更适应的方式应对现实生活，从而达到心理康复的目的。

在儿童心理咨询与康复的诸多方法中，游戏康复、叙事心理咨询和家庭心理咨询对于儿童具有特别的适切性和有效性。游戏是儿童的天性，也是童年期的主要活动，在游戏中儿童不仅能获得愉悦，也可以模拟社会生活，缓解内心的冲突矛盾，提高自信心、责任感、适应力等，因此游戏是最适合儿童的一种心理咨询与康复的方式。儿童极易受到外界环境的影响而产生对自我或对生活事件的不良认知，其自我调节的能力又难以帮助他们摆脱这些负面影响，这时就需要心理咨询师通过专业的方法帮助他们走出认知误区，而叙事心理咨询的理念与技术较易被儿童接受和理解。儿童心理咨询与康复与针对成人的心理咨询最明显的区别之一在于，面向儿童的咨询通常要考虑让家庭成员参与其中（傅宏，2007），家人的教育方式和相处模式会在孩子身上烙下深深的印记，帮助家庭形成良好氛围对儿童的心理健康起到至关重要的作用，因而家庭心理咨询对儿童心理问题的解决具有可持续性意义。基于此，本章重点介绍游戏康复、叙事心理咨询和家庭心理咨询。

## 第一节　儿童的游戏康复

### 一、儿童游戏概述

#### （一）游戏及其特征

游戏是抽象和动态的，是幼儿内心世界的折射，是通往儿童意识和无意识的大门。儿童往往是在游戏中成长和学习的，从婴儿期的"拨浪鼓"，到幼儿期的"过家家""搭积木""老鹰抓小鸡"，再到青少年时期各种竞争和比赛，以及成年的休闲娱乐，游戏不仅以各种各样的表现形式贯穿人的一生，同时还可以作为心理康复的一种手段（周念丽，2011a）。

儿童之所以喜欢游戏，是受到内部动机的驱动，在游戏中他们可以尽情地表现自我，宣泄情绪。早期的游戏研究者们从行为和动机因素入手概括了游戏的几个特征，分别是内在动机、自由选择、积极情绪、虚构性和过程导向（约翰森，克里斯蒂，华德，2013）。

#### 1. 内在动机

游戏是儿童的天性所需，儿童通过游戏沟通并探索世界，它是儿童最自然的成长活动，是自身的需要促使他们进行游戏活动，并不是因为外在驱力（如满足生理需求）或目标（获取对儿童来说有价值的东西）的驱使。

#### 2. 自由选择

对儿童来说，如果游戏活动是自己选择的，那么该活动就可以称为游戏；如果是由他人布置或控制的，那么在他们看来这就成了一项工作。但随着儿童的成长，自由选择这一因素的重要性也会逐渐降低。有研究者发现，在五年级的小学生看来，愉悦感是区别游戏和工作的关键因素，可是对于幼儿园的幼儿来说，自由选择才是最重要的。

### 3. 积极情绪

游戏是儿童的语言，是儿童自我表达的媒介，在游戏中儿童发泄精力，获得愉悦感。游戏本身就是快乐的象征，儿童乐于置身其中，即使某些在成人看来简单、乏味的游戏，儿童依然能从中体会到快乐，这就是游戏所能带来的积极情绪。

### 4. 虚构性

在游戏王国里，儿童可以忽略物体、动作和周围状况的一般意义，代之以全新的、仅与游戏相关的含义。儿童处在一种"好似"的立场看待周围世界，如此便摆脱了此时此地的限制，能够大胆尝试各种新的可能性。

### 5. 过程导向

儿童在做游戏时主要关注的是游戏本身而不是游戏目标，也就是说游戏过程本身重于游戏结果。无须承受实现目标的压力，儿童就可以不断创新、探索并且尝试，选择他们喜欢的方式进行游戏，因而比起以结果为导向的行为，游戏显得更加灵活。

### （二）游戏的类型

儿童的游戏世界是丰富多彩的，研究者们采用了不同的参照标准对游戏进行分类，其中较为典型的分别是以认知、社会性发展和功能性为标准的三种分类方式。

### 1. 游戏的认知分类

不同类别的游戏对儿童的认知发展水平要求是不同的。所以，与儿童认知发展的三个阶段（感觉运动阶段、前运算阶段和具体运算阶段）相对应，皮亚杰（1982）把游戏分为三类：练习游戏、象征性游戏和规则游戏。练习游戏适合0~2岁的儿童，主要表现特征是他们能够徒手游戏或者重复操作物体；象征性游戏适合2~7岁的儿童，这一时期，儿童游戏主要是模仿和想象，以一个物体替代另一个物体；规则游戏适合7~11岁的儿童，这时儿童在游戏中的冲突性行为减少，社会性和教育性行为增加。

游戏促进了儿童的认知发展，包括知觉、思维、记忆力、语言和想象力等不同方面的能力。儿童在游戏的过程中观察并且体会事物的变化，寻找这些变化与自身行为间的关系，积累经验，进行理解。因此，认知能力的发展离不开儿童游戏活动。

### 2. 游戏的社会性发展分类

心理学家帕顿（Mildred B. Parten）根据儿童社会性发展的状况，将游戏分为以下五种类型：一是"旁观游戏"，同伴在游戏时儿童在旁边观看，行为上不介入同伴的游戏，只是偶尔与其交谈；二是"单独游戏"，儿童只是单独自己玩游戏，不与其他人聊天；三是"平行游戏"，儿童与同伴同时进行游戏，各玩各的，不进行互动，也不打扰对方；四是"联合游戏"，与同伴一起玩游戏，在游戏过程中没有任何明确的分工与合作，根据自己的意愿进行游戏；五是"合作游戏"，大家围绕一个共同的主题，以分工明确、有组织、协调的方式进行游戏（朱智贤，2009）。

### 3. 游戏的功能性分类

心理学家史密兰斯基（Sara Simlansky）根据游戏过程中心理优势成分的不同，把游戏分为四种类型：第一种是机能性游戏，通过儿童的手、足、耳、口的运动，着重促进儿童身体机能的发展，如跳舞、唱歌、讲故事等；第二种是体验性游戏，以儿童的想象能力和操作能力为前提，让他们在虚拟的世界中体会现实生活中不能完成的事情；第三种是艺术性游戏，通过游戏使儿童艺术能力得到发展，如演木偶剧、看动画等；第四种是创造性游戏，同时发挥儿童的动手和动脑能力，如剪纸、搭积木等（布勒特，2007）。

## 二、儿童游戏康复及其准备

游戏康复是心理康复方法的一种，是以心理咨询理论为基础，以游戏为媒介，咨询师通过创设一个自然、自由和宽松的游戏环境，与需要帮助其解决行为障碍和心理困扰的儿童建立信任关系，对这些在自然、和谐的游戏环境中真实地表现自己内心世界的儿童进行观察、测量、分析并实施矫治或疏导的康复技术（周念丽，2011a）。

### （一）游戏康复室的建构

#### 1. 康复室的选址和规模

游戏康复室是咨询师对来访者进行游戏康复的场所，游戏康复室的选址、布置和氛围对康复效果起着至关重要的作用。

由于游戏康复活动的特殊性，因此康复室的选址需要考虑多方面的因素，包括光线、通风、噪声状况、周围环境、是否方便特殊儿童通行等。游戏康复室的大小在 110~140 平方米是最合适的，这样的大小既可以给儿童提供充足的活动空间，又不会让咨询师错过儿童在游戏活动中的细小动作，同时还可以满足团体游戏康复的需要（兰德雷斯，2013）。

### 2. 游戏康复室的布局

游戏康复室的一般布局主要指室内玩具柜、地垫、沙盘、水槽、桌椅等物品及其位置的摆放，有条件的还可以在室内单独设立卫生间。室内墙壁的颜色最好以中性纯色为主，各个部分具体布置可参照图 6-1。

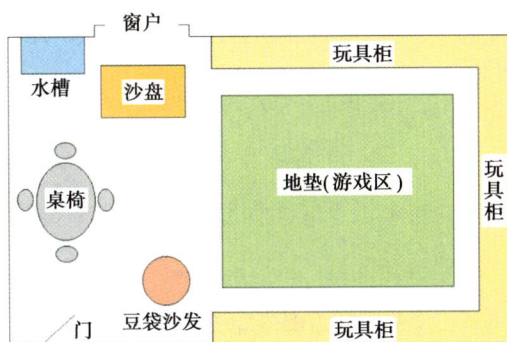

图 6-1　游戏康复室的布局

玩具柜主要用来放置各种各样的玩具等游戏康复材料；由地垫构成的游戏区主要为儿童提供了开阔的地面玩耍空间；沙盘、桌椅和豆袋沙发让儿童游戏时能够有更多的选择，可以进行不同类型的游戏；水槽既可以满足儿童玩水的需求也可以作为儿童游戏后的清洁区。

需要注意的是，玩具柜不能太高，要能保证个子矮的儿童也能在不需要别人帮助的情况下拿到自己想要的玩具。同时这些柜子最好通过相互连接固定或是固定于墙上，防止因倾倒而砸伤儿童。同一种类型的玩具应尽量放在一起，以方便儿童寻找，这样可以避免儿童因为找不到某种玩具而不能完整表达心理活动的情况出现。水槽所在的地面应使用防水材料。此外，玩具柜、桌椅、沙盘以及水槽的棱角处一定要做一些处理，不能太过尖锐，可以包裹一些海绵等材料以免儿童不小心撞上去。

### 3. 游戏康复室玩具的选择

游戏是儿童的语言，玩具是儿童的词汇。玩具是儿童用来表达情感、发展关系和探索自我的媒介。咨询师在选购玩具和游戏材料时需要考虑以下几个问题：它对于实现康复目标有多大贡献；它是否符合游戏康复的基本理论。用于游戏康复的玩具要能够做到以下几点：帮助咨询师与儿童建立积极的关系；帮助儿童表达内心情感；帮助儿童探索现实生活；帮助儿童发展正向的自我概念；帮助儿童提升自我控制；帮助儿童理解条件限制。

通常游戏康复所使用的玩具包括：现实生活类玩具、发泄释放类玩具、能力发展类玩具、规则竞赛类玩具、角色扮演类玩具以及创造性表达类玩具等，不同类型的玩具有不同功用。

（1）现实生活类玩具，此类玩具包括①人物类玩具：婴儿、儿童、老者、玩偶家族、各种社会角色的手偶等；②动物类玩具：狮子、老虎、大象、熊猫等野生动物，小狗、小猫、猪、羊等家畜类动物，爬行类动物和鸟类等；③交通运输类玩具：公交车、校车、卡车、小汽车、救护车、消防车、警车、火车、飞机、轮船等；④生活起居类玩具：锅、碗、瓢、盆等厨房用具，扫把、簸箕、抹布、拖把等清洁用具，家具模型、迷你衣物等；⑤建筑类玩具：民居、庭院、公寓楼、城堡等房屋模型，加油站、公园、厕所等公共设施；⑥食物类玩具和植物类玩具等。

（2）发泄释放类玩具，此类玩具包括变形毛豆、发泄球等挤压性发泄玩具，以及不倒翁、充气打击袋、玩具枪、玩具刀具、橡皮泥、玩具锤子等。

（3）能力发展类玩具，此类玩具有拼图、孔明锁、鲁班球、九连环、诸葛锁、魔方、多米诺骨牌等。

（4）规则竞赛类玩具，此类玩具包括①球类：篮球、足球、排球、乒乓球、羽毛球等；②棋类：四子棋、五子棋、飞行棋、跳棋、象棋、军棋等。

（5）角色扮演类玩具，此类玩具有①各种帽子、丝巾、假发、手袋等装饰物，警察、消防员、医生等角色的衣服；②各类动画人物：米老鼠、白雪公主、熊大、熊二、灰太狼、喜羊羊、奥特曼、超人等；③恐怖面具、动物类面具等。

（6）创造性表达类玩具，此类玩具包括积木、沙盘、黏土、颜料、蜡笔、水彩笔、彩色铅笔、画纸、剪刀、沙锤、手铃、拨浪鼓等。

需要注意的是，游戏康复室的玩具在每次康复之后都要分类摆放整齐，放归原位，破损、缺失的玩具要及时更换补充。

（二）游戏康复从业者的理念

我国的游戏康复处于起步阶段，从事游戏康复的人员大多为经过游戏康复培训或者具备国家人力资源和社会保障部所颁发的二级或者三级心理咨询师证的业内人士，暂时还没有国家层面建立的游戏康复师或咨询师的认证机构。目前，具备心理咨询师证且受过系统的游戏康复培训是开展游戏康复的重要条件。对游戏康复从业者来说，在游戏康复中应遵循以儿童为中心的原则，秉持如下理念去与孩子们相处（兰德雷斯，2013）：

①儿童不是成年人的缩小版，咨询师不能用对待成年人的方式去对待儿童；

②儿童是独特并且值得尊重的人，他们同样可以体会到强烈的痛苦与欢乐，咨询师应当珍视每个儿童的独特性并尊重他们的人格；

③儿童是能适应环境的，儿童本身具有极强的克服困难和适应环境的能力，咨询师应当对孩子的成长抱有耐心；

④相信儿童具有积极的自我引导的能力，能运用充满创造力的方法去认识这个世界；

⑤游戏是儿童天生的语言，当与能让他们感到舒服的人在一起时，他们就会用游戏来表达自我；

⑥儿童有保持沉默的权利，当儿童选择不说话时，咨询师应予以尊重，只有在儿童觉得需要的时候他们才会主动表达或给予回应，咨询师不能替儿童决定何时去玩、怎样去玩。

### 三、儿童游戏康复的实施

（一）儿童游戏康复中的设定限制

在游戏康复中设定限制非常重要，不仅可以为儿童提供安全感，提升儿童的自我控制力和责任感，还可以有效地保护游戏康复室，提升儿童的社会适应能力。设定限制的目的是促使儿童选择一种更加合理的方式来表达自我。

游戏康复中需要设定限制的行为包括对儿童本身和咨询师可能造成伤害的行为；损坏康复室物品的行为；儿童带走游戏室物品的行为；不被社会价值观和道德规范所接受的行为等。

设定限制的时机也很重要，太早的话会让儿童在接下来的游戏活动中处于焦虑、拘谨的状态，不利于游戏康复的进行；如果在儿童不当行为发生之后设定限制的话可能会被儿童当成一种惩罚或是咨询师生气的表现，而不会把设定限制理解为促进游戏康复进行的必要方式。最好的时机是在被限制的问题出现时，例如儿童拿着玩具枪对着咨询师将要开枪射击时，这时咨询师需要设定限制。

### （二）儿童游戏康复中可能出现的问题

#### 1. 儿童沉默不语

儿童的沉默不语可能是一种缺乏安全感的表现，也可能是与儿童间的关系没有建立好。咨询师要无条件接受儿童的沉默，不能强迫儿童开口说话，这个时候需要做的就是消除儿童的戒备心理和不安全感，带儿童熟悉康复室和给儿童展示玩具都是一种不错的选择，等儿童进入游戏后，咨询师再寻找与儿童交流的机会。

另外，在游戏康复中除语言外，儿童的动作和玩具的选择也能传递出一些信息，咨询师要注意观察、留意儿童的细小动作和自言自语，在适当的时候给以回应，也可以适当地对儿童的行为进行语言追随，自然会打破沉默的僵局。

#### 2. 儿童带着玩具、食物、宠物等进入康复室

有的儿童会在第一次游戏康复的时候带上他们喜欢的玩具，这可能是由于他们面对新环境出现的焦躁不安。因此，如果儿童很渴望带玩具进入康复室，咨询师应该给予理解和接受，但机械玩具、电子玩具、玻璃玩具等可能分散儿童注意力的玩具，不建议让儿童带入游戏室。

另外，食物、宠物等是必须要禁止进入游戏康复室的，因为这些东西会影响孩子在游戏康复中的参与性和注意力，进而影响最终的康复效果。除此之外，书籍、漫画等也可能影响儿童的注意力，阻碍交流和表达，也应被禁止进入游戏康复室。

#### 3. 儿童过分依赖

很多儿童习惯凡事都求助于成人，让成人替他们做决定，这样不仅会助长儿童的依赖性，还会影响到儿童责任感的建立。在游戏康复中，咨询师没有必要去做为孩子穿衣服、挑选玩具或打开盖子这类儿童自己完全有能力做的事情。游戏康复的一个目标就是帮助儿童形成责任感、学会自立，树立正确的价值观，以便

更好地成长。

### 4. 儿童拿走康复室的玩具

虽然我们都不希望出现儿童把游戏康复室玩具拿走这样的事情，但是由于儿童价值观念的不完善或自制力的缺乏，难免会有上述情况发生。事情发生之后，咨询师作出反应的时候需要充分考虑到儿童的感受以及行为动机。

需要明确的是，属于游戏康复室的任何东西，无论其价值大小都是康复用品，都不能被带出康复室。而且这也是保证游戏康复得以顺利进行所必须遵循的前提，帮助儿童理解和遵守规则也是游戏康复所要达成的目标之一。

咨询师可以考虑的应对措施是向儿童陈述这一点，并且给予儿童一定的缓冲时间，或者让儿童的父母参与进来共同解决这个问题。

### 5. 儿童拒绝离开游戏康复室

无论如何游戏康复时间都是不能延长的，否则儿童下次还有可能要求延长时间。一旦咨询师的权威被打破，那么儿童可能就不会再遵循那些必要的限制，康复效果就会大打折扣。为了防止到游戏结束时儿童还不愿离开康复室的情况发生，咨询师可以在游戏结束前五分钟左右给予提醒。

遇到儿童拒绝离开游戏康复室的情况，咨询师应该坚持原则，告知儿童游戏康复结束，需要离开游戏康复室，并且约定没有特殊情况的话，下次同样的时间他依然可以来。

## 四、游戏康复在特殊儿童心理康复中的运用

与发育正常的儿童一样，游戏能满足特殊儿童在情感、心理、社会、认知和生理等各方面的需要（周念丽，2011a）。将游戏融入康复过程，会使家长和儿童更易接受。脑科学研究者 Murphy（1972）提出，儿童游戏的早期经验在决定大脑回路和儿童智力的广度及质量上起重要作用。在康复训练中贯穿游戏也可以使康复活动更有趣味，增加儿童康复训练的兴趣和主动性（俞珍，2011）。最早将游戏理念引入特殊儿童康复的是意大利著名儿童教育家蒙台梭利（Maria Montessori），她专门为智力落后儿童设计了训练感觉活动、小肌肉以及生活自理能力的玩具和游戏，帮助他们练习操作，引发他们的学习兴趣（李芳，2004）。与她处在同一时代的另一位比利时著名教育家德可乐利（Ovide Decroly）主张充分利用玩具和游戏训练特殊儿童，使他们能更好地适应社会生活。

他以游戏来引发儿童的兴趣，将自由的游戏看成特殊儿童最适宜的教学方式，经常采用露天游戏、园艺活动和饲养小动物等方式帮助特殊儿童提高身体活动及社会适应能力（吴式颖，1997）。

此后，越来越多的研究者将游戏与特殊儿童的康复结合起来，游戏便逐渐成为特殊儿童心理康复的一种重要形式，用于解决特殊儿童的心理问题，促进其心理功能的恢复。在临床康复实践中，与常规药物康复相比，沙盘游戏能够有效地对自闭症谱系障碍儿童进行心理康复，使他们在社会交往、多动指数、身心障碍、品行问题等指标上均优于康复前和使用药物康复（林冬梅，2019）。在智力障碍儿童心理康复和行为矫正中游戏也能起到积极的作用，游戏不仅能帮助咨询师判断智力障碍儿童的心理问题，满足他们的安全需要，使其对他人产生亲近感和信任感，而且还能调节智力障碍儿童认知与情感之间的矛盾，宣泄郁积的不良情感，使其获得快乐并体验成功（王顺妹，2003）。还有研究者发现，游戏康复有助于注意缺陷多动障碍（ADHD）儿童减少负性情绪体验、改善社交技能、增强自我意识，有效地促进了 ADHD 儿童生活质量的提高（刘敏娜，王敏，黄哲，等，2010）。并且，不同的游戏康复方式对不同障碍类型的儿童具有不同的适应性，研究显示有组织和无组织的游戏、想象游戏、戏剧游戏和以儿童为中心的游戏康复方法，均可作为一种帮助智力障碍儿童改善社会交往、情感宣泄和心理疏导的有效手段（Astramovich，Lyons，& Hamilton，2015）。相比需要心理资源较多的游戏（如沙盘游戏、角色扮演游戏），投掷类游戏对自闭症儿童的心理行为干预有较好的效果（朱丽芳，2019）。

根据对相关文献资料的整理分析以及临床实践经验的总结，我们概括了两点对特殊儿童进行游戏康复的建议：

### 1. 根据儿童障碍类型选择适合的游戏方式

在对特殊儿童进行游戏康复前，咨询师应根据儿童的障碍类型，评估儿童的能力水平，选择最适合的游戏康复方式，使儿童能够积极参与其中，最大限度地保证康复效果。例如，对于肢体障碍儿童来说，身体上的残障导致他们活动范围受限，因此更适合采取肢体动作较少而使用语言和表情等非肢体动作较多的游戏；由于听力障碍儿童听不清或听不到周围环境的声音，因此更适合采取使用手势或视觉刺激较多的游戏。

## 2. 对咨询师的挑战

特殊儿童的身心缺陷和功能障碍，必然会给游戏康复的实施带来困难，也给咨询师提出巨大挑战，需要咨询师具备更强的游戏活动设计、组织和引导的能力。首先，咨询师要能够应对游戏康复过程中可能出现的各种突发状况，例如，当游戏康复中儿童出现尖叫或破坏行为时，咨询师能够及时帮助儿童稳定情绪，顺利完成康复过程。其次，咨询师要能够悦纳不同障碍类型的特殊儿童，在看到他们障碍的同时也要看到他们具有进步的潜能，既要积极关注，又不能关注过度，充分发挥咨询关系对特殊儿童心理发展的康复功能。最后，在游戏康复的实施过程中，咨询师最好可以配备 1~2 名康复助手，必要时能够协助咨询师进入游戏活动的现场，共同完成对特殊儿童的游戏康复。

# 第二节　叙事心理咨询

## 一、叙事心理咨询的概述

### （一）叙事心理咨询的定义

叙事咨询作为心理咨询的一种方法，近年来被越来越多咨询师和心理健康教育工作者使用。叙事心理咨询是由怀特（Michael White）和爱普斯顿（David Epston）于 20 世纪 80 年代创立的，它并不是一种新的心理咨询形式，而是一种与传统咨询方法有很大差别的心理咨询观以及在此观念下进行的咨询活动。叙事心理咨询是通过解构性谈话或活动帮助来访者重新理解生活中的事件（李明，2016）。主流文化潜移默化地影响着我们的行动规范和认知评价，缩小了人们的心理空间，使人们的思维固化，导致部分个体难以适应变化。当个体无法将自身的行为与主流文化的评价取向保持协调时，心理问题就出现了（刘雅丽，2013）。叙事心理咨询是咨询师通过倾听来访者的故事，运用适当的问话技巧，帮助来访者找出故事叙述过程中被遗漏的片段，并使问题外化，引导来访者以积极的态度重构故事，唤起其发生改变的内在力量的过程（胡愈琪，2008）。

### （二）叙事心理咨询的基本理念

叙事心理咨询有着对生活、对来访者及其经历的独特解释，即其基本理念，使用这一方法的咨询师要始终围绕这些理念展开咨询工作。

### 1. 叙事隐喻

隐喻就是用表示某物的一个词借喻他物。叙事心理咨询以"叙事"为隐喻，把人们的生活经验当成故事，以有意义的方式体验人们的生活故事，以此帮助他们重新认识、整理、编写故事（刘雅丽，2013）。叙事隐喻认为前来咨询的来访儿童大多有着关于自我和世界的问题叙事，但由于工作记忆容量的限制，这些问题叙事并非包括其人生的全部经历，有一些看似不重要的内容被有意或无意地"忘记"。咨询师要从被忽略的重要经历出发，帮助来访儿童积极叙事。

### 2. 语言建构了现实

语言是用来表示客观现实的符号，通过对语言的分析可以发现其所代表的那个真实的世界（翟双，2008）。所以人们都认为自己讲出来的内容就是生活的真实写照。但事实上，人们在叙述的时候往往是有选择性的，事实一经个体的语言表达出来必然带有一定的情绪和倾向性。叙事心理咨询认为语言具有澄清、扭曲和过度简化的特性，在注解的过程中扮演着间接而举足轻重的角色（佩恩，2012）。因此叙事心理咨询非常重视语言的作用，并根据语言的特点发展出一些技术，其中最有特色的是"问题外化技术"。

### 3. 问题和人是分开的

叙事心理咨询认为人和问题是分开的，人在本质上并不是有问题或有病的，它只是来访者生命里的一位"不速之客"，咨询师的工作不是赶走问题，而在于解除问题的主导地位，减少问题给来访儿童带来的负面影响并以积极的经验为切入点，打破旧有经验的限制，重新编写使内心达到和谐一致的新故事。

### 4. 个人主权

个人主权是指人有信心、有能力主导自己的生活，解决应付生活中的困境。来访儿童常常认为自己对自己的问题已经无能为力了，其实，当真的处于某种问题情境时，也能有某种应对方式，这种方式暗含了来访儿童对人生的偏好理解或追求，因此也是展开替代故事的入口。

例如，一个曾遭受虐待的儿童通过转移注意力来减少虐待场景突然闯入脑海中所带来的痛苦，咨询师询问他为什么采取这一方式来帮助自己，他对自己的生活有什么样的想法，来访儿童回答他希望减少创伤的影响，过快乐的生活。对这一回答的详细讨论，将成为替代故事的入口。

## 二、叙事心理咨询的过程

通常情况下叙事心理咨询可以分为三个阶段：外化问题、重新编写故事和强化新故事（魏义梅，2012）。

### （一）外化问题阶段

在此阶段，咨询师主要有三个任务：一是与来访儿童一起对问题达成彼此认同的定义；二是将问题拟人化，并由此与来访儿童一起探讨问题产生的原因及其带来的影响；三是进一步探讨问题如何干扰、支配或阻挠儿童及其家庭。问题外化使人和问题的关系区分开来，使来访儿童更加自我肯定，重新定位与他人的关系，形成自我认同感。

### （二）重新编写故事阶段

这一阶段的主要目的是帮助来访儿童找出生命中的独特结果或例外，改变他们负向的认知方式，改写其对自我生活经历的理解与叙事方式，将儿童的过去、现在和未来串写成一个完整、连续的新故事，以增强自我认同感。具体来说有以下两个任务：

#### 1.探寻独特结果或例外

独特结果或例外指任何一个与占主导地位的故事不相符的事件，它们可以是计划、行动、陈述、品质、愿望、梦想、想法、信念、能力或决心。它是新故事的起始点，是儿童看到叙事的不同视角从而进行转变的关键。

#### 2.重构替代性故事

独特的结果或例外只是打开通往新故事的大门。在此基础上，咨询师要与来访儿童一起解构那些限制了儿童生活的原故事，重建并用更多的例外事件丰富一个新故事。

### （三）强化新故事阶段

这一阶段主要协助来访儿童寻求社会支持，通常通过界定仪式来强化新故事：一是找出已有的证据来支撑新观点，表明儿童有足够的能力应对问题的发生；二是引导儿童想象拥有上述能力之后，未来会过何种生活；三是组织听众听取儿童宣告对问题的新认识和对自己的新认同。一般来说，可以在咨询过程中凝聚家庭力量，这样能起到增加生活监督力度等作用（魏义梅，2012）。

以上三个阶段是叙事心理咨询的一个基本过程。在实际咨询工作中，发展、丰富新故事需要根据具体情况随时调整，并不一定要完全按照以上步骤进行。

### 三、叙事心理咨询的常用技术

#### （一）问题外化

问题外化是叙事心理咨询中最具特色的技术，它以"人不是问题，问题本身才是问题，人与问题的关系也是问题"的理念为前提，使用技巧性的问话把问题变成与当事人分开的实体，这样一来，原本被认为是人内在不易改变的"问题"就会变得容易改变（翟双，2008）。

为了促使人与问题的分离，咨询师会使用一些被称为"相关影响力"的问话，主要有两种方式：

第一，采用拟人化的方式引导来访儿童找出问题对他们及其生活的影响，例如有研究者在为口吃儿童进行叙事心理咨询的过程中这样提问："口吃第一次走进你的生活是什么时候？""它的出现让周围人对你产生了什么印象？"通过这样的问话，咨询师帮助儿童把问题拉到了自身之外，同时唤起了他对关于口吃的主流叙事的反抗意识（Dilollo，Neimeyer，& Manning，2002）。

第二，直接询问题对自己的影响以及自己如何影响问题，如"当问题出现时，你会做什么？""你做什么的时候问题会出现？"这些问话基本上可以厘清人与问题的关系。

外化问题时，咨询师要注意避免问题外化后，来访儿童逃脱应负的责任，并且要将问题具体化，如"我很自卑"要具体化为"昨天被同学说成笨蛋"，问题的具体化有利于寻找例外情况。怀特把外化对话分为四个步骤：第一步，协调出独特而接近经验的问题定义；第二步，探索问题的影响；第三步，评估问题的影响；第四步，为评估辩护（佩恩，2012）。这四个步骤并非以机械而线性的方式进行，而是可以在步骤之间往返穿梭。

#### （二）寻找独特结果

独特结果，也可以说是例外事件，是那些与问题经验不同的感受或事件。虽然问题对于来访儿童来说难以克服，但生活中总有一些情形让他们看到自己的能量。例如，一个社交焦虑的儿童谈到他曾上台竞选过班干部。怀特认为可以从过去、现在、将来三个时间层面寻找"独特的结果"（翟双，2008）。"过去独特的结果"指的是问题一直存在的那段时间里出现的"独特的结果"；"现在独特的结果"是在咨询过程中出现的结果，对此要给出立即性的反馈或提问，使来访儿童意识到独特结果的出现（怀特，爱普斯顿，2013）；在"将来"的层面寻找"独特的结果"主要是引导来访儿童想象没有受到问题干扰的未来生活，在对未来的描绘中是否出现了对当下问题的不同理解，这些便是"将来独特的结果"。让来访儿童对过去发生过却没有进入意义系统的"独特结果"产生关注，进而说明这些经历的产生可以让未来不一样。下面是一段案例的节选（怀特，爱普斯顿，2013）：

哈里森夫妇为了 8 岁的儿子阿隆来寻求咨询。阿隆习惯发脾气，很让人头痛，且会在半夜里梦游。每个人都认为他越大越难以控制。他还有别的问题，包括饮食习惯不好、不合群、在学校不守秩序等。他上的是特殊教育班，在很长的一段时间里有学习问题，很小的时候就经医师诊断为多动症。

在厘清家人对问题生活的影响的时候，咨询师发现最近且最具戏剧性的独特结果是阿隆发脾气时，哈里森太太走开而不加入。这一行为具有独特结果的意义。咨询师和哈里森太太探讨：她和问题的关系对阿隆具有什么意义？她拒绝接受问题的影响是助长还是削弱了问题？她还能做什么来和问题建立这种新关系？现在她在这一层新关系中是有影响力的伙伴吗？经过了几次会谈，她转变了自己和问题的关系，也获得了家人的跟进。于是问题产生的环境发生了积极的变化，阿隆的行为自此开始有了改善，学习能力大幅提高。

（三）重构故事

重构故事就是与来访儿童一起利用更多的"独特结果"重新构建一个新故事，这个新故事具有较少压迫性、较多正面性，更尊重自己的内心，为发展和丰富新人生铺路。重构故事可以在行动蓝图和意义蓝图（或身份认同蓝图）这两个层面上建构。行动蓝图是探索独特结果的事件细节，包括涉及什么人，具体做了什么，如何做等；而意义蓝图是探索独特结果的意义层面，这件事对来访儿童有什么意义，反映出他对人生有什么目的、目标、重要价值观、希望、梦想等（赵兆，2013）。重构故事就是将行动蓝图和意义蓝图在时间上进行联结，从而将这些具有特殊意义的类似经历串连起来，展现出一个新故事。李明和杨广学（2005）把建构新故事的过程做了一个很形象的比喻，就像原始社会的钻木取火，先费很大的力气钻出一点点火星，然后让这一点点火星变大。

### （四）重组"人生的会员"

每个人都拥有自己的"人生俱乐部"，而这个俱乐部的会员就是与我们有联结的人物，我们的身份认同也就是在同这些人的互动中建构出来的。通常在问题产生时，出现更多的声音是谴责，而那些持不同意见的微弱声音常常被忽略。重组会员就是让持微弱声音的人们更多出现在人生俱乐部，加强他们的影响。重组会员时要注意：①该人物对儿童生活的贡献；②该人物对儿童身份认同的贡献；③儿童对该人物的贡献（赵兆，2013）。

例如，一个习惯封闭自己的来访儿童，在发现他主动与同学交流这一独特结果后，咨询师会询问："在你认识的所有人中，如果他们知道了你主动交流这件事，有谁不会感到惊讶？有谁会认为你是有能力做到这点的？"回答是他的外婆。咨询师接着询问："你外婆认为你的什么特点或能力让你做到了这点？"这样提问可以让儿童从外婆的视角产生新的身份认同。从这些重要人物的不同视角中重新审视，常常冲击来访儿童原来的身份认同，他们可能会意识到自己拥有某些重要特点或能力，只是被自己忽略掉了。随后咨询师再询问儿童对外婆生活的作用以及这些作用对外婆的意义，让来访儿童意识到自己对重要他人有所贡献，以此改变其负面的身份认同。

### （五）界定仪式

界定仪式，也叫定义式仪式，就是邀请局外见证人参与的仪式，局外见证人可以是儿童的重要他人，也可以是有类似问题的同龄人或其他叙事咨询师。仪式分为三个环节：首先，局外见证人作为旁听者，倾听咨询师访谈来访儿童重要的人生故事。在此过程中，局外见证人需要去记录其中谈到的哪些内容最能引起他的共鸣，要记录原话。然后，来访儿童处于旁听的角色，倾听局外见证人重述故事。局外见证人要表达出哪些内容最吸引他的注意，重述儿童当时的原话，并且要描绘出当他听到这些内容时，他心里浮现出的关于来访者的意象，这又引起了自己什么样的共鸣，以及会给自己的生活带来什么影响或改变。最后，局外见证人处于旁听的角色，咨询师对见证人进行访谈，并且要询问来访儿童的感受。通过界定仪式，儿童的人生故事得到了认可，并同其他人的人生故事联结起来。这种认可和联结可以帮助儿童在现实生活中进一步延续重要的人生故事（赵兆，2013）。

（六）咨询信件

写信是心理咨询中的一种方法，在叙事咨询中这种通过文本或信件往来的沟通方式则成为一种重要技巧。与其他流派的咨询方法不同的是，叙事心理咨询中，咨询师不会为了与来访儿童保持距离而避免个人通信往来，反而将写信视为咨询的重要部分。在一些国外的相关研究中，咨询师往往会在每次咨询结束后给儿童写一封信，便于他们回顾或保存，也会给儿童父母、老师写信告知咨询情况或收集更多信息。信件往来是一种有效的叙事辅助手段，通过信件，儿童能感受到咨询师的真诚与鼓舞，使咨询内容渗透他们的内心。随着科技的进步，当前还发展出一种新的叙事心理咨询模式——"e疗"（therap-e-mail），是指通过电子邮件进行的叙事心理咨询（李明，2016）。

### 四、叙事心理咨询在特殊儿童心理康复中的运用

叙事心理咨询师通过语言互动（包括口语、肢体语言、书面语等）帮助来访儿童认识、外化问题或困境，寻找积极的切入点描绘新故事，削弱因问题导致的消极自我认知，提升自信心。在这一过程中，来访儿童不仅对问题，也对自我有了更清晰的认识和理解，并且能够从不同视角解决问题，适合那些对世界与自我认识不清晰、想要改变却不知从何入手的儿童和青少年。不过，由于这一方法需要来访儿童描述故事或命名，因此，更适合认知较好的特殊儿童，如听力障碍、视力障碍、学习障碍、超常儿童，以及认知发展较好的自闭症谱系障碍儿童等群体。

当前，国外已有研究证明叙事心理咨询对自闭症谱系障碍、情绪行为障碍和学习障碍等儿童的干预效果较好。有研究者采用叙事的方法为一名13岁的亚斯伯格综合征儿童进行心理咨询，这名儿童无法适应学校生活，曾辱骂、推搡老师。咨询师通过引导他描述问题、命名问题、用日记寻找问题出现的原因等将问题与人分离，最终问题行为得到解决（Cashin，2008）。该研究者还与其他三位研究者一起，对10名10~16岁的自闭症儿童进行了10周的叙事心理咨询，结果表明这些孩子的情绪症状得到了显著缓解，问题行为、同伴关系、亲社会行为和绝望性的改善虽不具备统计学意义上的显著，但在得分上有所进步（Cashin et al.，2013）。关于学习障碍儿童的干预也有案例可以证明其效果，国外有研究者用叙事心理咨询帮助一名八年级学生解决学习障碍的问题，五次咨询内容分别为：①倾听故事，找出问题并命名；②外化问题，将人与问题分开；③寻找独特结果，

引导儿童找到自己的闪光点并布置作业，让儿童写出自己的优点清单；④分享优点清单，改变儿童以往对自己学习障碍的认知，重新叙事；⑤邀请父母参与见证成长。咨询结束后，个案能够告诉父母他不再为学习障碍而紧张，并且愿意为学习努力（Lambie & Milsom，2010）。

在国内，学者赵兆（2013）研究了叙事心理咨询在儿童情绪障碍中的应用，他以30例情绪障碍儿童及其父母为研究对象，用叙事咨询的方法进行干预，结果是这些儿童的情绪问题得到缓解，其家庭在亲密度、矛盾性、知识性、娱乐性和组织性等因子上也有显著改善。叙事的方法目前也被个别一线教师运用于实践，钱奉励（2018）就尝试用叙事心理咨询帮助班内一位学生重新认识自己，改变被"孤立"的现状。可以看出，目前特殊教育领域对叙事心理咨询的使用较少，多以情绪行为障碍、学习障碍和亚斯伯格综合征儿童为对象，并且重视家人的参与及家庭作用的发挥。此外，国内也有研究者运用叙事心理咨询的方法对留守儿童、灾后儿童等群体进行心理干预和康复的。在此，提出两条在为特殊儿童进行叙事心理咨询时的注意要点：

### 1. 寻找转折的关键点

叙事心理咨询不是简单的"讲故事""听故事"，而是在儿童的叙述中找到问题出现的症结所在，引导儿童重新认识这件事以及它所带来的后果，把"事"和"人"分开思考，切忌流于单纯的"说"和"教"。这就要求咨询师对事件背后可能存在的原因有一定的敏感度，并且保持客观的态度进行分析。咨询师可以从某个具体的行为或事情入手，如请儿童讲一讲事情的来龙去脉和自己的理解；再根据其具体情况选择使用哪些技巧，如是带着儿童重构故事还是发现另一种可能的结果。咨询师在使用这些技巧时，可以结合一些认知主义咨询流派里的技术，如合理情绪疗法等。

### 2. 将叙事心理咨询与游戏、艺术等方法相结合，引入丰富的表达媒材

沙盘、游戏、绘画、戏剧等都带有表达性质，在叙事心理咨询中加入这些方法和媒材有以下三个方面的意义：第一，协助特殊儿童表达。有些特殊儿童可能存在沟通上的障碍，如自闭症儿童、听力障碍儿童等，结合表达性游戏和媒材能够帮助特殊儿童更准确地完成讲述；第二，借助具象的材料，儿童更容易把抽象的情绪、情感或复杂的事情经过完整表达，更有利于教师或咨询师理解并抓住其中的关键点；第三，媒材的使用能够吸引儿童的注意力，使儿童感到放松、安全，

有些不便于通过语言讲述的事情也可以通过表演、绘画等方式表现。

# 第三节　家庭心理咨询

### 一、家庭心理咨询的概述

家庭心理咨询出现于 20 世纪 50 年代，成熟于 70 年代，至今已形成诸多分支，各有侧重，但基本观点相同，即家庭某一成员出现的问题，往往不是孤立的，而是成员间相互作用的结果。因此，对个体心理障碍的干预有必要放在家庭系统中进行，帮助个体与生活环境达到协调，促进其心理问题的解决，并维持良好的心理状态（温泉润，1996）。

家庭心理咨询是心理咨询的一种形式，它以系统的观点看待问题，将关注的焦点从问题本身转移至家庭的心理功能（包括家庭结构、组织、沟通、情感、角色、成员间关系及家庭认同等），是一种当家庭功能受损或家庭中的成员出现心理问题，难以由家人自行改善或纠正时，由专业的心理咨询师提供的用来改进家庭功能从而带动来访者心理产生变化的方法（李新利 等，2014；魏义梅，2012）。

#### （一）家庭心理咨询的特征

家庭心理咨询挑战了个体咨询"以个体为整个心理范畴的中心"的基本信念，将所存在的问题或症状从个体转向了家庭，通过家庭系统的改变来解决问题。其特点主要体现在以下三个方面（魏义梅，2012）：

##### 1. 以家庭整体为对象

家庭心理咨询关注的是家庭整体，从其结构、成员的角色与关系、沟通情况等方面去考察症状问题产生的原因，并通过调整家庭结构和家庭成员间的关系来完善家庭功能，最终实现问题解决的目标。在家庭心理咨询中，以家庭为对象，并不是说必须全体家人均参与咨询过程，有时只需要直接相关的家庭成员参与即可。咨询师也可以根据咨询需要随时调整参与的人员，甚至可以扩展到家庭以外的人员，如教师、朋友等。

##### 2. 以系统思维分析问题

从系统论出发，人是环境的产物，要受所处环境的影响，个体表现出来的问题不仅仅是个体的问题，还与其所处的环境息息相关。因此，家庭心理咨询更强调家庭结构和功能的作用，把个体问题看作家庭成员互动关系的结果。家庭心理咨询虽然也考察个人的心理运作机制，但更关注个人心理问题背后的人际关系图景，思考家庭中的人际关系是如何影响个人症状问题的。

### 3. 从家庭发展阶段寻找原因

家庭有着一定的生命周期，作为一个整体，家庭的功能和结构在不同阶段会发生不同的变化。面对这些变动，家庭需要作出相应的调整才能继续顺利发展，否则就会因此耽搁或停滞不前，并将问题带进下一阶段的家庭发展中。如初为父母的小夫妻，会调整其夫妻关系，使新的家庭关系能满足抚养孩子的需要，否则将产生一系列矛盾冲突。

### （二）家庭心理咨询的常见模式

#### 1. 系统式家庭心理咨询

系统式咨询是经典的家庭心理咨询模式，它将家庭看作一个系统，在家庭这个整体的系统中解决个体心理问题。其基本理念认为，来访儿童出现的问题不是与生俱来的，而是家庭模式与规则存在某些问题的反映，例如成员间不合理情绪的影响、相互间关系的失衡等。系统式的方法要求咨询师找到家庭中出现问题的系统，通过会谈、布置作业等技术改善不合理的家庭关系，从而解决目标问题。

#### 2. 结构式家庭心理咨询

这一模式的理论基础是认为家庭内存在一定的组织结构，既包含较为稳定的互动模式和规则，又保持着成员个体化。结构、子系统和界限是其中的三个重要概念。结构是指成员间的互动模式、规则和权威的分配；子系统是由于代际、性别等不同，由家庭成员进一步分化、组合产生的群集，如"父母""子女""母女"等；界限是家庭内部个体或子系统的边界，由接触频率、性质等决定（郑满利，2003）。良好的家庭状态是界限清晰但灵活。结构式家庭心理咨询从家庭结构的改变入手，通过形成健康的角色关系及权利完善的家庭功能来解决个体的问题或困难。

#### 3. 焦点解决家庭心理咨询

焦点解决的基本理念在于用正向的、朝向未来和目标来解决问题的积极观点，以促使改变的发生，而非局限于寻找问题发生的原因（魏义梅，2012）。通常儿童产生问题行为或负面心理状态的原因是复杂的，是多种因素共同作用的结果。

在焦点解决家庭心理咨询中，原因不再是重点，重点是当下如何解决问题，这也是该模式时效较短的原因。具体来说，焦点解决模式是正向的，一方面是以积极的视角看问题，挖掘问题背后的正向功能；另一方面是促进家庭成员间的对话，寻找例外情况（即转变的可能性），创造改变的内部动力。

### 4. 萨提亚家庭心理咨询

萨提亚家庭心理咨询模式的基础是"以人为本"，它是一种积极取向的咨询模式，将心理咨询视作一个成长取向的学习历程（于春红，郑洁欢，2011）。其目标不是消除问题症状，而是提升家庭成员的自尊感，改善沟通方式，让家庭成员彼此平等、信任、开放，形成和谐的家庭氛围，从而使儿童的心理状态达到和谐。这一模式的开创者萨提亚（Virginia Satir）提出家庭图、影响圈来协助人们了解自己在家庭中的人际关系以及不同的应对姿态。

### 5. 叙事家庭心理咨询

这里的叙事家庭心理咨询是叙事咨询和家庭咨询的结合，该模式重视"生活故事"，期望通过讲述、解构、重塑来赋予其新的意义和生命力，从而使来访儿童及其家庭相信自己拥有改变的力量。在以家庭为对象的叙事家庭心理咨询中，咨询师要做的就是倾听问题发生背后的家庭故事，帮助成员们找到事件的转折点、关键人物和新的可能性，探寻其中有意义的经验，带领成员们丰富新的家庭故事。

## 二、家庭心理咨询的基本过程

### （一）咨询前的准备阶段

准备阶段是为咨询的实施打下基础，决定了后续工作如何开展。在这一阶段，首先要处理好的是与咨询发起者及其家庭的初次接触，除基本的心理咨询接待时需要做的信息收集、评估、确定计划及费用、隐私等问题外，还要注意以下问题。第一，以家庭为单位开展对话，尽可能不遗漏任何一个人。咨询师不仅要倾听家长对孩子问题或困扰的描述，还要倾听来自儿童的想法以及家庭中的互动模式、氛围等，避免收集到的信息具有某个成员的主观性。第二，了解家庭成员关于问题的解释及曾做过的努力，这不仅可以帮助咨询师发现有效或无效的方法，也可以通过对这部分内容的沟通厘清该家庭的问题解决模式、家庭关系与地位，为咨询师找到咨询的关键点与切入点提供依据。第三，与家庭成员达成共识，确认参与咨询的成员。不同于以个体为对象的咨询形式，家庭心理咨询认为心理问题的解决通常涉及整个家庭，因此，咨询师需要与家庭成员共同确定谁将参与咨询，可参考以下几个问题选择参与人员：谁愿意并且为何愿意参加咨询；谁被问题影响得最深；谁与问题产生的原因关联更密切；该成员是否会对咨询有帮助或有阻碍。

### （二）咨询实施阶段

#### 1. 早期阶段

（1）界定主要冲突

通常主动预约、自愿接受咨询的家庭，会主动倾诉家庭中存在的问题或冲突。例如，一个孩子存在强迫症状，咨询师询问家庭成员当前最希望咨询师在哪些方面提供帮助，孩子及其家庭就开始描述症状，如每天上床睡觉时必须将鞋摆放整齐，鞋尖朝外，重复检查二三十遍才能入睡，让人非常痛苦。为了有效地界定家庭当前的主要冲突，咨询师需要慎重思考，明确最主要的冲突的症结所在。

（2）分析家庭互动模式及其中问题

家庭的互动模式与问题的产生有密切联系，咨询师可以通过提问来直接分析，如询问家庭成员，他们在问题的形成或处理中扮演什么角色？他们是如何反应的？例如，来访儿童母亲说："我们家有问题的是明明，他就知道玩，一点儿也不听话。"咨询师可以问"当明明不听话时，你是怎么处理的"或"你是何时关注到明明这个问题的"等。

咨询师在分析家庭互动模式时，是要将家庭互动中的无效行为呈现给家庭，而不是告诉家庭成员如何做。同时，要注意倾听家庭成员的感受和观点。

（3）安排家庭作业

咨询师给家庭成员布置家庭作业，用来检验家庭成员是否积极执行改变措施。同时，也可让家庭成员清楚自己在问题中的角色，培养新的互动关系。例如，让爱争执的父子轮流将自己的想法与感受讲给对方听，另一方只可以倾听不可以说话，在听的时候要关注对方的言行并在对方讲完后给予适当的反馈，并把这一过程记录下来。

#### 2. 中期阶段

在早期阶段的基础上，中期阶段将咨询重点放在家庭成员心理与行为的改变上，让家庭成员在相互反应的过程中，练习新的行为与适应模式，建立合适的相处方式。咨询师应鼓励家庭成员增加互动，学会如何自我表达，如何相互理解；

鼓励家庭成员超越批评和指责，直接谈论自身的所思所想及他们的期望，并能认识到他们自己在无效交往模式中的责任，从而协助来访家庭改善彼此之间的关系。

另外，在此阶段，家庭成员面对改变总是有一种矛盾的心态，让他们放弃那些长期以来被认为是"生活常态"时难免会产生阻抗。因此，咨询师要适时、适当地处理这种转变中的矛盾，适当地调整家庭系统的平衡变化与发展，以避免"跷跷板"现象，即家庭中的一些成员向好的方向发展时，而另一些成员却向更坏的方向发展。

### 3. 结束阶段

结束咨询时，家庭咨询师需要做好以下三项基本工作：

（1）评估家庭心理咨询的目标收获

这一步是对整个家庭心理咨询的结果进行总结性评价。咨询师可以通过提问的方式，让家庭成员清楚阐述他们获得的改变以及他们认为是什么促进了改变；或者请家庭成员从专家的视角审视家庭在解决问题的过程中取得的成功，增强他们独立面对问题和解决问题的信心。

（2）探究分离焦虑

在即将结束咨询之际，来访家庭会产生分离焦虑的情绪。他们感到即将失去一位可以依赖的朋友或导师，并将在没有咨询师支持的情况下独自面对未来的生活，因而可能出现或强或弱的焦虑反应。这时，咨询师需要与家庭做一些讨论，让家庭明白这样的感觉并不会影响家庭继续成长与改变的能力，他们自己已经有能力去独立解决问题了。

（3）讨论结束后的注意事项

与家庭讨论，在结束家庭心理咨询后应注意哪些事情，例如，"如何面对家庭未来可能出现的短期的复发？""如何运用在咨询中学到的家庭咨询的理念、方法与技术去处理家庭将来会遇到的新问题？""需要往哪个方向继续努力，以求得家庭的改变及家庭成员的继续成长与成熟？"等，以促进家庭成员产生独立应对问题的信心。同时要注意的是后续追踪工作的开展，可以通过电话或邮件回访、预约咨询等形式了解咨询家庭的咨询维持效果。

## 三、家庭心理咨询的常用技术

### （一）家庭系统排列

家庭中每个成员都有自己的一个序位，可以称之为"爱的序位"。当每位家庭成员都能遵循这些规则与次序时，家庭成员就能够和谐相处。但如果有人打破了这个次序，那么整个家庭关系会遭到破坏。若要修复家庭良好的生命状态，可运用家庭系统排列的方法，找出家庭中隐藏的失衡的动力，通过移动家庭成员回归到正确的序位，让爱得以恢复流动。家庭系统排列是一套程序，将系统中人的关系状况，用人或纸张、小物件等呈现出来，找出使系统不平衡的根源，尝试做出解决（任丽平，2012）。

### （二）家庭心理剧

心理剧是一种可以使来访儿童宣泄情绪，从而达到咨询效果的戏剧。通过扮演某一角色，儿童可以体会角色的情感与思想，从而改变自己以前的行为习惯。在心理剧中，儿童可以扮演自己家中的一位成员、一个陌生人或者咨询专家，剧情一般是与来访儿童的实际情况相似的内容。有的儿童与家人的关系处理不好，经常有冲突，并对家庭成员持有偏见，根据这种情况，让他们一家人一起表演心理剧，设计一些情节，让他们把自己的问题表现出来，随之给以指导，敌对情绪往往会通过表演缓和下来（任丽平，2012）。

### （三）提问技术

#### 1.直线性提问

直线性提问具有调查性、推理性，在会谈初期可以用来收集来访者及其家庭的基本信息。通过有逻辑地提问能够引导来访者和家庭成员发现问题所在，阐释、厘清问题发生的原因。直线性提问的问题通常是定义式的问题，主要功能是问题解释。例如，要了解孩子为什么不喜欢上学，父母和孩子自己会给相应的答案，也许一样，也许不一样，这是了解问题本身发生的原因和家庭沟通情况的时机。

#### 2.循环性提问

循环性提问的侧重点在家庭内部的互动过程，其前提假设是任何事物都与其他事物存在联系。使用这种提问可以请一位家庭成员表达对其他家庭成员行为的观察，或者对另外家庭成员之间关系的看法。例如，咨询师问孩子："你父母相处得如何？"从家人之间相同或不同的回答中，可以发现家庭成员各自的交流模式以及家人之间交流及表达的差异，这种差异的呈现本身即可达到启发家庭成员重新审视及思考的作用，进而对以后的生活形成新的思维模式，改变旧的生活模式（任丽平，2012）。

### 3. 假设性提问

咨询师通过假设给家庭"照镜子"，即提出看问题的多重角度，促进家庭行为模式的改变和家庭成员的进步，或者让当事人将问题行为与家庭里的人际关系联系起来。假设性提问有两种：一是反馈式提问，是对与现实相反的情况所做的假设提问，如"假如从现在开始，孩子不再去打游戏了，父母打骂会少一些吗"；二是前馈式提问，面向未来可能发生的情况进行提问，如询问孩子"假如你今后都不去上学了会怎么样"（任丽平，2012）。

### 4. 差异性提问

差异性提问是指设立两种有差异的对比情况进行提问（李红娟，罗锦秀，2010）。问题的产生有一定的条件，这种提问使问题情境化，让咨询师知道在何种情境下，来访儿童的症状会表现出来，从而判断问题产生的原因，也促进其家人反省自己在来访儿童症状发生中应负的责任。例如，一名智力障碍儿童的父母在访谈时提出了许多令他们苦恼的孩子的问题行为，这时可以问他们："如果排序，哪个问题是你们想率先解决的？"或者"如果让你们重述一遍，哪些问题是你们一定要讲的？"

### （四）积极赋义

积极赋义的技术可以说是"与问题的和解"，它强调引导儿童及其家庭成员重新认识、描述问题，从积极的方面解释问题，打破消极态度带来的恶性循环，激发其内在潜力，将注意力转移至如何开展更好的生活。"塞翁失马"的典故形象地阐释了这一点。此外，从积极的角度给予来访儿童足够的心理支持，以挖掘其自身的潜力，达到自愈的效果。

### （五）布置家庭作业

家庭作业是咨询师留给家庭的、需要在家庭情景中完成的具有咨询干预性的任务。下面介绍三种常用的家庭作业类型（魏义梅，2012）。

### 1. 单双日作业

单双日作业要求来访儿童或与其问题产生有直接关联的家庭成员完成，通常是以周为单位，在每周的一、三、五和二、四、六做出相反的行为，周日则随心选择要怎样做，通过对比不同行为带来的不同结果使其意识到转变的必要性。例如，某位母亲对孩子教养方式过于严格，导致孩子敏感、自卑，咨询师就可以尝试请母亲完成单双日作业，即星期一、三、五继续原有的教养方式，星期二、四、六则尽量给予孩子自己的空间，减少对孩子的要求，周日可以根据自己的想法选择继续严格教育还是采用相对宽松的教育方式，用心体察两种方式的不同结果。在这一过程中，咨询师应安排其他家庭成员观察、记录其中的变化。

### 2. 善意惩罚

善意惩罚是以不具伤害、有趣或是有积极意向的方式进行惩罚，如做家务、弹脑门、射水枪等，直接对不合意行为或关系进行干预。比如，对孩子觉得母亲唠叨、母亲觉得孩子不听话的情况，可以给出双方重复次数的限额，母亲提醒孩子超过五遍，孩子可以给母亲善意惩罚；当母亲提醒孩子三遍，孩子仍然不行动，母亲就可以给孩子善意惩罚。这样既可以让被惩罚者有做出改变的动力，也可以促进沟通，使成员间更加亲密。

### 3. 记秘密红账

很多时候，由于高要求，家长们倾向于关注、放大孩子的缺点，而忽视了优点和进步，这在一定程度上导致孩子的自卑心理。特别当家中发生矛盾时，"翻旧账"是阻碍沟通、伤害情感的一大行为。记秘密红账则与"翻旧账"相反，咨询师要求家庭成员秘密记录来访儿童的优点，或是双方互相记录，只能在会谈时由咨询师当众公布。这一方法能够将家庭成员的关注点从不良症状转移至良好行为，促进他们努力发现观察对象的优点，增进情感和理解度。秘密红账要有数量上的要求，比如必须记满 15 条才能进行下次会谈。

## 四、家庭心理咨询在特殊儿童心理康复中的运用

家庭作为一个系统，各成员间的互动行为必定会对其他人产生巨大且持续的影响。无论是从经济、时间、精力上，还是从社会支持程度上来看，养育特殊儿童的家庭面对着比普通儿童家庭更多的困难，这些压力可能导致抚育特殊儿童的主要家庭成员产生焦虑、抑郁等消极心理状态，或是使家庭成员间矛盾增加，致使家庭内部关系出现裂痕。儿童的生理和心理正处于生长发育中，尤其是特殊儿童，在家庭中处于弱势地位，其情绪和行为极易受到重要他人的影响。失调的家庭环境与功能会反过来作用于特殊儿童，不仅有可能阻碍他们的康复进度，更会

给他们的心理带来负面影响。因此，改善家庭环境与运作机制对特殊儿童而言有着积极意义。

目前，已有越来越多的专业人士通过家庭心理咨询对特殊儿童进行干预。例如，杨昆等人（1999）对 18 岁以下患有神经症、抽动障碍、品行障碍等心理问题的青少年儿童进行了系统式家庭干预，并以家庭动力学中的系统逻辑、个性化、关系控制、疾病观念、关系现实和访谈气氛 6 个维度作为效果评估指标，发现干预对象的社会功能得到明显改善，证实系统式家庭心理咨询对 18 岁以下儿童青少年的心理问题有较好的适应性，特别是对 12 岁左右的儿童。陈熹（2016）选择萨提亚模式对自闭症儿童进行家庭心理咨询，同时将游戏的方法融入干预方案，从建立关系到混乱阶段，最后走向整合，其中使用了布置家庭作业、进行家庭雕塑等技巧作为配合，结果显示个案自理能力有所增强，适应不良行为减少，家庭成员间的理解度有所提高，家庭系统环境得到了改善。路平（2009）也使用家庭心理咨询对自闭症儿童及其家庭进行干预，随机抽取 5 名正在接受康复训练的自闭症儿童加入家庭心理咨询，结果与对照组相比，额外接受了家庭干预的儿童在感觉能力、交往能力等方面改善显著。此外，梅竹（2013）运用结构式家庭治疗理论和技巧，通过重组家庭的角色、任务和界限，改善注意缺陷多动障碍（ADHD）儿童的家庭内部环境，产生了积极效果。目前家庭心理咨询在特殊教育领域内的运用有一定成果，主要集中于自闭症和注意缺陷多动障碍儿童，也有些研究以情绪行为障碍儿童及其家庭为对象，常用的模式有结构式、系统式和萨提亚家庭心理咨询，但整体仍呈现出数量少、对象单一的特点。

根据对相关文献的理论分析和在实践工作中的咨询经验，在此提出两点对特殊儿童及其家庭进行家庭心理咨询时的建议：

### 1. 避免将焦点放在特殊儿童身上而忽略整个家庭环境

特殊儿童在身心发展上的障碍使得教养者承担着更多的压力与责任，家庭对特殊儿童的影响比一般儿童更加深远。但家庭成员们的关注点和精力往往会置于特殊儿童本身的障碍或问题上，在咨询中也易将谈话引至孩子的不良情绪和行为。这时采用家庭心理咨询的咨询师要注意避免受其影响而对孩子产生过多负面看法，应保持客观中立的态度，着眼点放在家庭、家庭关系以及成员们的心理状态上，而非特殊儿童的障碍问题。

### 2.以家庭心理咨询方法为主，综合使用不同流派的咨询技巧

家庭心理咨询有其独特的咨询技法，这些技法经过不少专业咨询的运用被证明行之有效，为我们提供了更多选择，但不应成为实施过程中的限制。因为特殊儿童自身存在某些生理和心理发展的缺陷，比如自闭症儿童注意力不集中、智力障碍儿童认知能力较差等，有些咨询方法对他们来说无法完成。因此，在具体操作中可以在家庭咨询基本理念的指导下，灵活选择、设计适合由特殊儿童的家庭共同完成的活动。例如，赵润平（2013）的研究将短期家庭心理咨询与自闭症儿童的教育训练相结合对一个自闭症儿童进行干预，在家庭主要的生活环境中进行观察、指导，如家中、社区的超市、公园等地，运用家庭生命周期、强化、塑造等多种咨询技巧，结果显示，儿童母亲的教养方式更加合理，儿童的自理能力得到提升，课堂问题行为也得到了改善。

# 第七章

# 视听觉障碍儿童的心理咨询

## 【问题导入】

· 视觉障碍儿童和听觉障碍儿童各有什么特点？

· 视听觉障碍儿童容易出现什么心理问题？

· 视听觉障碍儿童出现心理问题的原因是什么？

· 视听觉障碍儿童的心理咨询方法主要有哪些？

## 第一节　视听觉障碍的概述

### 一、视觉障碍的概述

#### 1. 视觉障碍的定义与分类

眼睛是心灵的窗户，人类接受的外界信息有 80% 来自视觉，因此对于视觉障碍者来说，没有了这一至关重要的信息来源渠道，必然会给他们的生理、心理、生活以及工作造成困难。视觉障碍又称视觉缺陷、视力残疾、视力损伤、盲等，根据 2011 年 5 月我国正式实施的首部《残疾人残疾分类和分级》国家标准（GB/T 26341—2010）中的定义，视力残疾是指由于各种原因导致双眼视力低下并且不能矫正或双眼视野缩小，以致影响其日常生活和社会参与。视力残疾包括盲和低视力，按照视力和视野状态进行分级，其中盲为视力残疾一级和二级，低视力为视力残疾三级和四级。具体标准见表 7-1。

表 7-1　视觉障碍分级表

| 类　别 | 级　别 | 程　度 | 视力或视野 |
|---|---|---|---|
| 盲 | 一级<br>二级 | 极重度<br>重度 | 无光感 ~ < 0.02；或视野半径 < 5°<br>0.02 ~ < 0.05；或视野半径 < 10° |

续表

| 类　别 | 级　别 | 程　度 | 视力或视野 |
|---|---|---|---|
| 低视力 | 三级<br>四级 | 中度<br>轻度 | 0.05 ~ < 0.1<br>0.1 ~ < 0.3 |

　　由表 7-1 可知，一级盲是指最佳矫正视力小于 0.02 或者视野半径小于 5°的人群，二级盲是指最佳矫正视力大于等于 0.02、小于 0.05 或者视野半径小于 10°的人群，三级低视力是指最佳矫正视力大于等于 0.05、小于 0.1 的人群，四级低视力是指最佳矫正视力大于等于 0.1、小于 0.3 的人群。其中，盲或低视力均指双眼，如果双眼视力不同，则以视力较好的眼睛为准；如果仅一只眼睛为盲或低视力，而另一只眼睛的视力达到或高于 0.3，则不属于视觉障碍。同时，如果视野半径小于 10°，则不论其视力如何均属于盲。

　　**2. 视觉障碍的流行率与成因**

　　根据 2006 年第二次全国残疾人抽样调查主要数据公报，截至 2006 年 4 月 1 日，推算全国各类残疾人的总数为 8296 万人，占全国总人口的比例为 6.34%，其中视力残疾 1233 万人，占 14.86%，低于肢体残疾（29.07%）、听力残疾（24.16%）和多重残疾（16.30%）的出现率，位列第四（第二次全国残疾人抽样调查领导小组，2006）。在 2018 年《中国残疾人事业统计年鉴》中，全国残疾人人口基础库主要数据显示，截至 2017 年 12 月 31 日，我国已办理残疾人证的残疾人有近 3404 万人，其中视力残疾者有 397 万人，占 11.66%，其出现率仅次于肢体残疾，在七大残疾类别中位于第二。以上数据显示，我国视觉障碍人群的流行率还是比较高的，如何做到视觉障碍的早发现、早诊断、早干预，如何尽早对视觉障碍儿童进行教育和心理辅导，是家庭、学校、社会急需解决的事情。

　　视觉障碍的成因是多方面的，可能发生在个体的胚芽期、胚胎期、胎儿期或者出生后的几个月，甚至在其生命历程中的任何时期。总的来说，视觉障碍的成因可以分为两大类：一是先天性原因，如家族遗传、近亲婚配、孕期原因以及其他不明原因；二是后天性致病和外伤造成，如眼球萎缩、角膜病、视神经萎缩等眼疾，以及心因性疾病、眼外伤和环境因素等（邓猛，2011）。而在诸多致盲原因中，先天性和遗传性眼病占 82.35%，后天性眼病占 17.65%，先天性白内障和重度屈光不正为致盲的主要眼病，但尽管如此，52.94% 的盲童可利用残余视力（孙春玲等，2011）。

## 二、听觉障碍的概述

### （一）听觉障碍的定义与分类

听觉障碍又称听力残疾，根据我国《残疾人残疾分类和分级》国家标准
（GB/T 26341—2010）中的界定，听力残疾是指由于各种原因导致双耳不
同程度的永久性听力障碍，听不到或听不清楚周围环境声及言语声，以致影响其
日常生活和社会参与。这是人们常说的"聋"。听力损失的原因会使他们不能说
话或说出清晰的语言，从而无法与人进行正常的语言交流，导致言语障碍，也就
是人们常说的"哑"。故听觉障碍者也被人们称为"聋哑人"。在我国《残疾人
残疾分类和分级》国家标准中，以较好耳 500 Hz、1000 Hz、2000 Hz、4000
Hz 四个频率点计算纯音气导听力损失分贝数的平均值作为平均听力损失，据此将
听力残疾划分为四级。其中一级是指较好耳平均听力损失 ≥ 91 dB HL，二级是
指较好耳平均听力损失在 81~90 dB HL，三级是指较好耳平均听力损失在 61~80
dB HL，四级是指较好耳平均听力损失在 41~60 dB HL。根据孙喜斌和刘志敏
（2015）对第二次残疾人抽样调查的解读可知，听力损失的程度不同，具体的表
现也会不一样，详见表 7-2。

表 7-2　听力残疾评定标准

| 听力残疾级别 | 较好耳平均听力损失（dB HL） | 程　　度 | 具体表现 |
|---|---|---|---|
| 一级 | ≥ 91 | 极重度 | 听觉系统的结构和功能极重度损伤，在无助听设备帮助下，不能依靠听觉进行言语交流，理解和交流等活动极度受限，参与社会生活方面存在极度障碍（几乎听不到任何声音）。 |
| 二级 | 81 ~ 90 | 重度 | 听觉系统的结构和功能重度损伤，在无助听设备帮助下，理解和交流等活动重度受限，参与社会生活方面存在严重障碍（只能对很大的声音有感觉，如放鞭炮）。 |
| 三级 | 61 ~ 80 | 中度 | 听觉系统的结构和功能中重度损伤，在无助听设备帮助下，理解和交流等活动中度受限，参与社会生活方面存在中度障碍（只能听到较大的声音，但可懂度很差）。 |
| 四级 | 41 ~ 60 | 轻度 | 听觉系统的结构和功能中度损伤，在无助听设备帮助下，理解和交流等活动轻度受限，参与社会生活方面存在轻度障碍（能听到言语声，有一定的语言能力，但辨音不清）。 |

### （二）听觉障碍的流行率与成因

根据 2005 年世界卫生组织的听力障碍流行病学资料和全球评估数据，全球 2.78 亿人（占世界人口的 4.6%）有中度或重度听力障碍，3.64 亿人有轻度听力障碍，共有 6.42 亿人有不同程度的听力障碍（古，2009）。我国 2006 年第二次全国残疾人抽样调查数据显示，截至 2006 年 4 月 1 日，全国各类残疾人的总数为 8296 万人，其中听力残疾 2 004 万人，占 24.16%，听力残疾的发生率仅次于肢体残疾的 29.07%，位居第二（第二次全国残疾人抽样调查领导小组，2006）。2018 年《中国残疾人事业统计年鉴》中有关全国残疾人人口基础库的主要数据表明，截至 2017 年 12 月 31 日，我国有近 3404 万残疾人已经办理残疾人证，其中听力残疾者有 271 万人，占 7.96%，其出现率在七类残疾中仅高于言语残疾和多重残疾。我们仍然需要为听觉障碍儿童提供早期听力筛查、早期听觉言语康复训练、个别化教育、心理辅导以及各种支持服务，为其更好地融入主流社会创造有利的条件。

儿童听力损失的原因主要有先天和后天两个因素，其中先天因素包括遗传、孕期病毒感染、早产和低体重、新生儿窒息、高胆红素血症、全身性疾病等，后天因素包括传染性疾病、中耳炎、自身免疫缺陷性疾病、药物中毒、创伤或意外伤害、噪声和爆震等。根据张晓东等人（2010）对听力残疾致残原因的分析可知，0~6 岁组听力残疾的主要致残因素为不明原因（34.70%）、遗传（19.40%）、母亲孕期病毒感染（6.72%），除不明原因外，遗传是第一位的致残原因；7~14 岁组听力残疾的主要致残因素为不明原因（28.69%）、遗传（18.38%）、中耳炎（17.18%）。由此可知，致使儿童听力残疾的重要因素除了不明原因外，遗传占很大一部分，当然，后天的疾病也是致聋的主要原因。

## 三、视听觉障碍儿童的特点

### （一）视觉障碍儿童的特点

#### 1. 以视觉缺失为主要感官障碍

人们通过视觉感知物体的颜色、形状、大小、高矮、长短、质地、明暗、远近等属性，视觉是个体获取信息的重要渠道。由于先天或者后天的原因导致眼部病变，视觉障碍儿童丧失了视觉这一与外界沟通的主要通道。视觉障碍儿童是否拥有视觉经验十分关键，这与儿童是先天失明还是后天失明有密切关系。先天失明的儿童从一出生就被剥夺了使用视觉的经验，对事物的感知唯有通过除视觉以外的通道，但凡需要通过眼睛进行认知的活动，都只有被其他感知渠道所代替。而后天失明的儿童在视觉缺失之前是拥有视觉经验的，在后面的学习和生活中，儿童能利用先前的视觉经验补偿后天缺失的视觉经验。

### 2. 以听觉和触觉等非视觉通道为主要的认知途径

心理学上有"缺陷补偿说"和"用进废退说"。根据"缺陷补偿说"，视觉障碍儿童因缺失视觉感知，不能或不能很好地利用视觉通道来接受外界信息，他们可以用听觉、触觉、运动觉等其他感觉通道来补偿；而"用进废退说"认为视觉障碍儿童不能或很少利用视觉来感知世界，因此视觉通道就慢慢地开始衰退，而其他经常使用的通道则会变得越来越灵敏。普通儿童以视觉为主要信息通道，而视觉障碍儿童丧失了视觉上的优势，必然导致感知觉不同于普通儿童，所以听觉和触觉等非视觉通道往往成为视觉障碍儿童主要的认知途径。

视觉障碍儿童在听觉和触觉等非视觉通道上的发展可能会优于普通儿童。有研究表明，盲人触棒迷宫学习的成绩远高于常人，盲人在听觉定向、触觉 - 运动觉、记忆等方面具有很强的认知补偿作用（孟旭，1998）；普通学生特征联想数量多于盲生，但盲生的触觉通道的概念特征显著多于普通学生和聋生（宋宜琪，张积家，王育茹，2012）。因此，视觉障碍儿童的感知通道虽不以视觉为主，但可以利用物体的大小、形状、声音、气味、味道、温度、湿度、重量等各种非视觉属性来逐步强化听觉、触觉、味觉、嗅觉，以达到对视觉的代偿作用。

然而，这些代偿作用有一定的局限性。视觉障碍儿童可以通过听觉通道来感知事物，但无法完全真实地了解事物的形状、颜色、大小、时间、空间、方位和距离等，导致其不能形成正确的概念和完整的表征。视觉障碍儿童也可以通过触觉来认识外界事物，但触觉感知的范围是比较窄的，很多物体不能直接触摸，如太阳、月亮、星星等遥远的物体，开水、硫酸、火等危险的物体，山川、海洋、湖泊等巨大的物体，飞机、火车、地铁等移动的物体，都不能通过触摸完全感知。即使能通过他人详尽的语言或者盲文来获取部分信息，这些不完全的零散信息是无法补偿视觉障碍带来的信息损失的。

### 3. 部分视觉障碍儿童能利用残余视力

视觉障碍儿童的共同特点是视觉缺失，但视觉缺失的程度却有所不同。据统计，90% 的视觉障碍儿童还留存有残余视力，全盲的儿童非常少，这部分儿童也可叫作低视力儿童。低视力儿童通过残余视力接收到的信息是零散、模糊的，不完整，甚至变形的，但残余视力对于他们的学习和生活有着至关重要的作用。他们借助现代教育技术，如有声读物资源、低视力教室、盲用计算机、多媒体网络教室、屏幕放大和屏幕阅读器等（杜丰丰，2016），可以将残余视力与听觉、触觉、动觉、嗅觉等获取的信息相结合，较快地形成对事物完整的认识，有助于认知、情感、意志以及行为的形成和发展。

### （二）听觉障碍儿童的特点

#### 1. 以听觉缺失为主要感官障碍

因各种先天或后天的原因，听觉障碍儿童有不同程度的听力缺失，他们往往不能通过听觉感知外界的信息，会出现一系列听觉上的障碍，如不能欣赏音乐带来的美妙、不能通过声音辨别方位、不能通过声音感知外界的危险、不能通过声音理解他人的言语等，这些障碍会在不同程度上对听觉障碍儿童的生活、学习以及社会参与产生重大的影响。当然，由于每个听觉障碍儿童的听力损失原因、时间的不同，他们的听觉损失程度也是有差异的。对于重度听觉障碍儿童而言，他们的主要障碍在于听觉缺失；而对于轻度听觉障碍儿童而言，他们虽然以听觉缺失为主要感官障碍，但还是能通过残余听力来感知世界。

#### 2. 在感知觉活动中缺乏声音信息和语言的参与

普通人在感知某种物体时，既能通过眼睛进行观察，也能通过耳朵听到声音，在大脑中将视觉信息和听觉信息进行整合加工，准确反映事物的本质和基本特征。但听觉障碍儿童不能接收到反映事物特性的声音信号以及代表这一事物的词语信息。例如，他们看到"火车"，只知道"火车"可以行走，有很多车厢和车轮，能够载很多人等视觉特征，却无法理解"火车"的汽笛声。再如，他们无法根据不同动物的声音识别出"猫"，也无法听到别人对"猫"的命名。更严重的是，听觉障碍儿童不仅接收不到声音信息，从小无声的世界还会导致他们无法进行语言学习并由此产生语言障碍，使其在语言沟通和表达上存在很大的困难。同时，因缺乏声音信息和语言的参与，听觉障碍儿童的感知觉活动与语言学习不能同步发展，会导致以语言为媒介的抽象思维能力也受到一定的限制。

#### 3. 以视觉为其主要的认知途径

对于听觉障碍儿童来说，他们不能得到听觉刺激，大脑中加工的信息主要来自视野范围内，往往只能"以目代耳"来获得信息，因此视觉成为听觉障碍儿童主要的认知途径。研究发现，听觉障碍儿童存在明显的视觉补偿作用，对黑白和彩色图像识别的敏度均优于正常学生（雷江华，李海燕，2005），并且由于后天经验的积累和训练的加强，视觉感知能力开始迅速发展，成为听觉障碍儿童的突出特点，逐渐赶上并超过普通儿童。但听觉障碍儿童仅仅依靠视觉通道是远远不够的，他们对复杂事物的感知活动肤浅且贫乏，缺乏完整性，范围局限且狭窄。例如，在认识小狗时，听觉障碍儿童只能观察到小狗的外貌特征，而不能听到"汪汪汪"的叫声。他们在日常生活中也无法根据声音来认识和分辨事物，如消防报警器的铃声、汽车鸣笛声等。

### 4. 部分听觉障碍儿童能利用残余听力

据相关统计，85% 的听觉障碍儿童有残余听力，虽然只是残余听力，但在听觉障碍儿童的认知活动中具有重要作用。残余听力的存在让听觉障碍儿童拥有感知声音的机会，这一点就比全部失去听力的儿童在听觉早期经验及后天学习和训练上更有优势。一般来说，轻度听力损失的儿童佩戴上助听器，将外界的声音扩大，再加上后期的语言康复训练，其残余听力可以得到充分的利用，他们大多数都能进入普通学校就读；而重度听力损失的儿童则通常被安置在特殊教育学校，需要依靠手语或者文字等其他沟通方式进行学习和交流。不过，残余听力也有一定的局限性。例如，残余听力有时只能感知某个强度或频率的声音，对他人的语音感知模糊、不全面、不精确，当周围环境同时出现其他声音时无法进行分辨。

## 第二节　视听觉障碍儿童的心理问题及其产生原因

尽管视觉障碍儿童和听觉障碍儿童存在不同的感觉信息通道的损伤，导致他们有着视力和听力上的不同感觉能力的障碍，但这两种障碍都与个体感觉器官的功能缺陷有关，都会限制儿童对外界环境的认识，会从相似的层面影响到儿童心理发展的状态，在差不多的环境刺激下引发类似的心理健康问题，因此我们将视觉障碍儿童与听觉障碍儿童结合在一起，分析其心理问题及其产生原因中的共性特征。

## 一、视听觉障碍儿童常见的心理问题

### （一）自卑

视听觉障碍儿童在与普通儿童交往过程中，经常将自己与普通儿童进行比较，普通儿童能看到的或者听到的东西，他们看不到或者听不到，导致他们经常会不自信，低估自己，认为自己一无是处，什么都比不上他人，做什么也做不好。他们在面对有难度的任务时往往表现得畏首畏脚、缺乏胆量、害怕失败；在他人面前不敢展现自我、不敢表达自己的观点，往往盲目跟从他人、缺乏主见；在失败时常常归因于自己的生理原因，在成功时常常归因于运气，这种归因往往是顽固、不易更改的，容易导致害羞、愧疚、不安、紧张等其他不良情绪。视听觉障碍儿童缺乏对自身生理缺陷和障碍的理性和客观的认识，容易产生破罐子破摔的心态，并且他们缺乏正确的人际沟通技巧，不知如何与他人交流和互动，在生活中也经常受到他人的排斥和歧视。视听觉障碍儿童长期缺乏成功经验，得不到他人的肯定和赞美，部分儿童可能产生习得性无助，无法体现自己的社会价值。

### （二）社会退缩

社会退缩可以用行为描述和社会测量两种方式来定义，从行为描述的角度来看，社会退缩被定义为交往频次低的独处行为；从社会测量的角度来看，社会退缩被界定为低水平的同伴接受（被忽视儿童）或高水平的同伴拒绝（被拒绝儿童），而研究者更多地用行为描述来界定社会退缩（吴梅花，2016）。视听觉障碍儿童具有害怕与人交朋友但又渴望融入社会的矛盾心理，在社会交往中往往又因缺乏沟通技巧，难以与人形成稳定牢固的友谊关系。在经历了长期的挫败后，视听觉障碍儿童在社会交往过程中，容易对人和外部环境产生恐怖和焦虑情绪，以及排斥和回避行为。他们害怕被人用有色眼镜看待，喜欢缩在自己的圈子里，不愿接触外界的人；也不愿走出自己的安全区域，抵触他人的好意，拒绝与人交往，不愿融入这个社会中；也不相信自己还能为这个社会做点什么。有些视听觉障碍儿童甚至已经达到了极端的程度，他们整天都待在家里、不愿走出家门、不愿学习、不愿与人结识，整天自怨自艾、无所事事。

### （三）敏感

视听觉障碍儿童一方面渴望被人认可和接纳，另一方面又因为他们看不到别人的情绪和行为，或者听不到别人的语言。这两种不平衡的状态，往往让他们容易产生多疑、敏感、脆弱、过度揣测的心理问题，总觉得别人在背后指指点点说他们坏话，别人的一句无心之言或者无心之举都会让他们觉得是嘲笑，总是认为别人会因他们的生理缺陷而看不起他们，难以形成对他人的信任感。

（四）焦虑

视听觉障碍儿童的焦虑主要体现在：第一，对自身身体的焦虑。视听觉障碍儿童往往会担心自己的身体状况变得越来越严重，担心生理缺陷会影响自己的生活和学习，忧虑别人会因此嘲笑他。第二，对学业的焦虑。生理的缺陷必然影响到视听觉障碍儿童的认知和思维的发展，他们在学习中会遇到各种各样的学业问题和困难，常常担心自己学不懂、考不好，考不好就会被批评，进而联想到自己将来也会一无所成。越担心导致他们越做不好，长此以往形成了一个恶性循环。第三，对社会交往的焦虑。大多数视听觉障碍儿童都渴望与人交往，担心自己没有朋友，但一想到要去与人打交道，就会不自觉地开始过分担心和焦虑。视听觉障碍儿童出现这几种焦虑现象，往往会导致尿频、心悸、出汗、发抖、失眠等生理症状，以及表现出无明确客观对象的紧张、担心、焦躁、忧虑、害怕、恐惧等情绪。

（五）抑郁

视听觉障碍儿童对自己生理缺陷和障碍的误解，让他们觉得这一生都会禁锢在生理缺陷的牢笼里，对未来缺少期待和憧憬，慢慢地变得不努力、不上进，整天怨天尤人、自怨自艾，对任何事情都提不起兴趣。加之视听觉障碍儿童如果缺少可以交心的朋友，无法倾诉内心的苦闷和烦恼，长期将不良情绪压抑在自己的心里，时间一久情况会变得越来越糟糕。抑郁情绪可能导致视听觉障碍儿童出现思维迟缓，记忆力下降，社会活动明显减少，并伴有失眠、极度恐慌、不安、压抑和悲伤等症状，严重时甚至产生自杀念头和行为。

（六）意志薄弱

意志是有意识地支配、调节行为，通过克服困难，以实现预定目的的心理过程，它比一般动机更具有引发行为的作用，表现为独立性、坚定性、果断性、自制力等品质（彭聃龄，2004）。视听觉障碍儿童由于长期经受挫折和失败，习惯把失败的原因归于自身的缺陷和能力不足，容易形成稳定、不可控的归因方式，他们的行为动机是比较低的，更不用说主动提前确定行为目标，并为达成目标而制订相应的行为计划。视听觉障碍儿童在意志方面往往表现得随波逐流、盲目跟从、人云亦云、没有主见；做事优柔寡断，摇摆不定；思维固执、不能根据情境灵活地应对变化了的环境；自制力差，不能控制自己的行为和情绪；畏惧有难度的任务、害怕困难和失败，不愿为了自己的目标一直坚持并努力下去。与此同时，还应考虑到认知和情感对意志的重要影响，积极的情感可以是意志发展的动力，而消极的情感往往成为意志发展的阻力。视听觉障碍儿童因为感官通道的缺陷和障碍，认知发展受到或多或少的限制，这必然影响视听觉障碍儿童的意志发展。视听觉障碍儿童存在敏感多疑、自卑、焦虑、抑郁等负面情绪问题，因此他们的意志发展也受到相应的影响。

## 二、视听觉障碍儿童产生心理问题的原因

### （一）自身缺陷及其障碍程度

#### 1. 视力残疾与障碍程度

视觉障碍儿童大多有摇晃身体、低头耸肩、伸手探路、动作僵硬等盲态，这些盲态会在不同程度上影响他们的身体发育和成长。他们主要依靠听觉和触觉去感知外部的环境，缺乏视觉表象，空间知觉能力差，不能形成大小、形状、深度、距离以及空间定向等认识，其认知、情感、意志、性格等都会因此受到影响。视觉障碍儿童的失明原因、失明时间和失明程度不同，其身心发展存在着很大差异（高雪珍，2015）。对于因白内障、青光眼、沙眼等眼部疾病失明的儿童，他们的脑部和神经系统未受到损伤，其智力和体力与普通儿童是相差无几的，而对于因脑炎、麻疹等严重疾病导致失明的儿童，他们的脑和神经系统会受到不同程度的损害，其智力和体力的发展均会受到一定的影响。

视觉障碍儿童根据视力损失的不同程度和时间，可分为低视力、先天盲、后天盲。残余视力对视觉障碍儿童的人格发展有着重要的作用，低视力儿童的人格品质明显优于全盲儿童（张福娟，谢立波，袁东，2001）。视力损失的不同程度也会影响其适应性行为，表现在感觉运动、生活自理、个人取向、时空定向和经济活动等方面，这些方面的发展水平是随着视觉障碍程度的减轻而增长的（江琴娣，2003）。低视力儿童由于有残余视力的存在，可以借助残余视力进行学习、生活或者工作，而全盲儿童无法利用视觉来认识和感知世界，只能借助听觉、触压觉等感觉通道来补偿视觉的缺失，因此低视力儿童比全盲儿童更加自信、开朗、活泼，甚至在视觉障碍儿童中更有优越感。进一步比较先天盲和后天盲的视觉障

碍儿童，先天盲的儿童往往适应能力更好些，因为已经习惯了"以手代目""以听代目"的方式来认识世界；而后天盲的儿童适应能力更差，常常反应迟钝、缩手缩脚，表现得更加自卑、焦躁和孤僻。

### 2. 听力残疾与障碍程度

听力残疾会影响听觉障碍儿童的认知、个性、情绪情感、意志等各方面的心理现象，必然也会影响其心理健康。诸多研究已表明听觉障碍儿童的心理健康水平低于普通儿童（吴红东 等，2012；胡春萍，李春林，2004；孙崇勇，张鸿雁，2011），他们的心理韧性、情绪控制、积极认知和人际协助能力普遍不如普通学生（刘璐 等，2016）。在面对生活逆境、创伤性事件或其他重大事件时，听觉障碍儿童的适应能力较差，抗压和抗挫的能力较低，容易产生焦虑、退缩、抑郁、行为问题等。在人格特质方面，听觉障碍儿童往往比较内向、情绪不稳定、易采取消极的应对方式、具有精神病理方面的趋向（黄锦玲，娄星明，2011）。

听力损失带来的主要问题还有语言障碍和沟通障碍，通常会造成听觉障碍儿童生活范围狭窄，在人际关系中往往拥有不正确的自我认知，不清楚自己在团体中扮演的角色；也不能获知他人真正的情绪和情感，常常对信息做出错误的判断，并与人产生误会，社会适应能力较差。他们在成人长期的保护下容易形成依赖、不自信、自暴自弃等心理问题，常常以自我为中心，难以接受他人的意见，当自己的想法被人反驳的时候，变得焦虑且无能为力。因此与普通儿童相比，听觉障碍儿童内心更加脆弱，更易受到伤害，会表现出更多的焦虑、易怒、自卑、退缩、孤独、逃避、胆怯等不良情绪，直接影响他们的心理健康发展。

听力损失程度不同的儿童，心理健康状况也是有差异的。研究发现，不同听力损失程度的听觉障碍儿童在人际敏感、抑郁、精神病性上存在差异，且听力损失程度越严重，心理健康水平越低（孙崇勇，张鸿雁，2010），并且全聋学生的内隐自尊显著低于重听学生（杨福义，谭和平，2008）。根据一线教师的经验，听力损失处于临界的儿童更容易产生焦虑和自卑的情绪，因为他们有残余听力，对进入主流社会有更加强烈的渴望，但又因为能力和他人异样的眼光阻碍其进入主流社会，他们的内心会产生更多的矛盾与冲突。

### （二）家庭因素

家庭是儿童的第一所学校，是他们模仿和学习的自然场所，而家长在其中扮演着至关重要的角色，是儿童的启蒙老师。视听觉障碍儿童由于长期得到家庭的保护，走出家庭的机会相对较少，与外界的人接触不多，缺乏社会经验，对父母更加依赖。

　　父母的教养方式是影响视听觉障碍儿童心理健康发展的重要因素。有调查报告显示，听觉障碍儿童家庭教养方式属于溺爱型、专制型、放纵型的分别占47.3%、18.7%、8.9%，仅有25.1%的听障儿童的家庭教养方式是民主型的（丁红兵，2007）；而研究表明厌弃型和过度保护型的教养方式，更易导致视觉障碍儿童出现心理问题（卞清涛，李钦云，张云霞，1997）。一般来说，家长对视听觉障碍儿童有两种极端的态度：第一种是出于愧疚和补偿的心态，家长对孩子过度保护和干涉，极度溺爱，避免让孩子接触外界社会。这不仅会导致他们无法形成正确的自我认识、独立意识以及社会交往能力，还会导致他们缺乏社会经验和技能，难以融入社会。第二种是出于失望甚至绝望的心态，要么采取简单粗暴的态度对待孩子，要么对孩子放任自流、不管不顾，把教育责任推卸给学校和老师。这两种教养态度都会导致视听觉障碍儿童产生一系列情绪和行为问题，更严重的会使其习得很多不良的反社会行为，如打架、偷窃、攻击、破坏、欺骗、酗酒等。

　　视听觉障碍儿童不同于普通儿童，他们不仅需要学习和生活上的经济支出，还有相当大的一部分康复训练费用支出，可以说，家庭的经济状况直接影响视听觉障碍儿童的康复效果，而良好的康复效果能够促进视听觉障碍儿童的心理健康发展。研究显示，经济状况较差的乡村听障儿童的心理健康水平显著低于城市听障儿童（孙崇勇，张鸿雁，2010），家庭经济状况是影响听障学生心理健康的主要因素（李强等，2004）。家庭的经济状况是支持视听觉障碍儿童生存、生活、学习和康复的有力保障，也为他们发展健康的心理状态提供了有利条件。

　　家庭关系是否和谐、沟通是否畅通、相处是否融洽、家庭成员间的情感是否可以相互依赖、家庭气氛是否温暖，这些也是视听觉障碍儿童心理健康问题的影响因素。视听觉障碍儿童人际圈子狭窄，缺少朋友，无法向他人倾诉和宣泄。如果在家庭中都是敌对或者冷漠的状态，家长对孩子不管不问，不关心孩子的感受，孩子就会更加孤独和无助，并且家长的负面情绪和态度也会传递给孩子，引发他们的心理健康问题。

　　（三）学校因素

　　我国针对视听觉障碍儿童设有专门的盲校和聋校，视听觉障碍儿童大多数被安置在盲聋学校或者特殊教育学校里的盲聋班级。随着融合教育与随班就读的开展和推广，以及整体医疗水平的提高，部分视听觉障碍儿童能够利用各种辅助技术进入普通学校进行学习。视听觉障碍儿童由于自身的生理缺陷，会在一定程度上限制他们的学业表现。教师作为学校教育的主导力量，如果只看到他们的障碍和困难，看不到他们的长处和优势，就可能对视听觉障碍儿童持有忽视、排斥和拒绝的态度，使他们易于产生否定性的自我评价，出现焦虑、自卑和低效能感，影响其自我意识的健康发展。教师的消极态度也可能会激发视听觉障碍儿童产生更多的违抗情绪和行为，破坏师生关系，逐渐形成人格障碍，不利于他们适应学校生活和促进学业进步。此外，由于特殊教育学校没有那么大的升学压力，而普通学校的关注点往往在成绩优异学生身上，教师对视听觉障碍学生的期待相对较低。罗森塔尔效应表明，如果教师对学生拥有低期待，那么学生更容易倾向于低期待的方向发展。教师对视听觉障碍儿童的低期待虽能降低学生的学业压力，但也可能会让学生的学习动力低下，对自己的未来没有目标和要求。

　　视听觉障碍儿童在学校中建立的同伴关系也是影响其心理问题产生的重要因素。一方面，大部分视听觉障碍儿童进入特殊学校接受教育，他们的交往对象基本上是与其具有同样感官障碍和沟通障碍的同学，视觉障碍儿童能利用语言、盲文等具有听觉和触觉特点的方式进行沟通；听觉障碍儿童能利用手语、文字、面部表情、肢体语言等具有视觉特点的方式进行沟通。研究发现，重听儿童比全聋儿童更受欢迎，会使用双语的儿童比只会手语的儿童更受欢迎，后天聋的儿童比先天聋的儿童更受欢迎（马珍珍，2006）；与先天失明或后天早期失明的儿童相比，后天晚期失明的儿童容易缩手缩脚，动作反应迟钝，适应能力更差，并且低视力儿童比全盲儿童更加自信和开朗，具有一定的优越感（高雪珍，2015）。如果视听觉障碍儿童同伴之间的关系紧张，友谊质量低下，甚至出现同学欺凌的现象，就会使他们无法从同伴交往中获得安全感和归属感，难以促进其社交技能的发展。另一方面，在普通学校学习的视听觉障碍儿童还会与普通儿童交往，但往往由于视觉或听觉障碍的原因，他们无法接受完整的语言和非语言信息，不能准确地理解他人和适当地表达自己，导致他们与普通儿童的同伴交往存在一定的障碍。研究表明，听觉障碍儿童在与普通儿童的交往中容易提出不合情境的交往要求，以攻击行为引起他人注意或模仿他人来发起交往，解决冲突时倾向于用抱怨或诉求的方式处理（夏滢，周兢，2008）。而视觉障碍儿童无法观察到他人的表情，难以理解和判断他人准确的情绪，并且常常出现翻白眼、挤眼睛、抠手等盲态，他们害怕被其他人嘲笑而独来独往，在与普通儿童交往中表现出胆怯、害怕的心理。因此，如果没有学校和教师的协调与保障，视听觉障碍儿童较难融入普通儿童的社交群体，容易遭到普通儿童的歧视和排斥，出现较多的心理健康问题。

学校环境中的校园文化建设也会影响视听觉障碍儿童的心理健康。学校是否拥有包容接纳的安全空间与和谐的人文环境，视听觉障碍儿童是否被同伴或老师所接纳，是否能得到及时的人文关怀，学校是否为视听觉障碍儿童创造了更多展示其优势和长处的机会，都是影响视听觉障碍儿童能否融入集体、塑造健全人格和适应社会的关键因素。视听觉障碍儿童因为身体缺陷，其学习生活本来就面临不少困难，如果学校能够在校园里为他们创设一个无障碍的环境，例如，针对视觉障碍儿童，在楼梯设计扶手、黄色盲道、盲文点字警示牌、大字图片与课本等；针对听觉障碍儿童，配备电子显示屏、扩音器等，不仅可以为视听觉障碍儿童在学校的学习和生活提供方便，还能在无形中给他们带来潜移默化的影响，陶冶他们的情操和人格品质，减少其心理问题的发生。

（四）社会因素

视听觉障碍儿童的生活空间相对狭窄，他们主要生活在家庭或者学校中，接触外界社会的机会很少。由于担心被人嘲笑，他们害怕走出家庭、走出学校、走出自己的交际圈，因此缺乏社会阅历，思想单纯，容易相信他人，在与人交往中缺少社交技巧。对于视觉障碍儿童而言，导致他们社交退缩的社会环境因素表现为各类公共设施、道路交通、房屋建筑等没有完全考虑到视觉障碍儿童的需求，使其基本出行安全得不到保障，造成他们独立外出交往的心理障碍（布文锋，2001）。例如，街道上大多数盲道要么修得不科学，要么被破坏，要么被其他东西占据；交通信号灯只是以视觉的形式呈现，他们不能安全地过马路。相对于视觉障碍儿童来说，听觉障碍儿童的出行较为安全，但是他们面临的沟通障碍更大，听觉障碍儿童以手语和读唇为主，而大多数普通人是以口语为主，虽然他们可以通过书面语言用"笔谈"的方式与人交流，但交流的速度慢、耗时长、有效性低。听觉障碍儿童在与普通人交流时由于语言的障碍，相互不理解对方的意图，久而久之容易产生挫败感，开始逃避与人沟通，逃避走出家门和学校，逐渐形成孤僻、敏感的性格。

社会上人们对视听觉障碍儿童的态度也影响着他们的心理健康状况。大多数人很少接触到视听觉障碍儿童，对视听觉障碍儿童的了解不足，更别说深入地对话和交流了。见到这类儿童，人们往往充满好奇、惊讶甚至害怕，不知道用什么方式与他们沟通，对视听觉障碍儿童投以异样的眼光，甚至表现出歧视的行为，致使他们和普通儿童相比，会遇到更多在人际、学业、生活、社会交往乃至今后就业上的挫折，不仅加深了视听觉障碍儿童进入社会的难度，而且不利于他们健康人格的形成。并且，社会上对视听觉障碍儿童的关注一般都是物质性的，比如只是给他们提供或捐赠各类物品，而不是教导他们要通过努力自己去获取，去学习做一个能为社会做出贡献的人。即使提供了残疾人无障碍设施，但这些设施没有触及视听觉障碍儿童的心理层面，没有解决他们最根本的问题，也没有真正地帮助他们融入社会，他们还是会意识到自己与普通人的不同，孤独感和隔离感始终存在，导致他们更倾向于使用退缩、幻想、合理化等消极应对方式，社会经验缺乏，社会适应能力差。其实大多数视听觉障碍儿童渴望与人交流，希望融入主流社会。如果我们能给予他们平等进入社会的机会，让他们充分参与社会活动、使用社会资源、享受公民权益，为其提供更多的合理便利，就可以使他们更加自信、更加有尊严。

此外，网络对视听觉障碍儿童的影响也是很大的。视听觉障碍儿童可以借助网络获取新知、发展思维、分享观点、扩大交流圈等，但网络上也存在着各种不良事件和负面报道，甚至出现一些暴力或者色情的言论和信息。由于认知和思维发展的滞后，视听觉障碍儿童的道德判断能力通常低于正常儿童，他们总是片面地看待周围的人和事，不能正确地判断事物的是非与好坏、善恶与美丑。例如，出于不在乎、逆反、妒忌、炫耀、补偿等心理，偷盗已成为中小学阶段聋生较常见的问题行为（王章柱，马永红，2012）。因此，一方面，视听觉障碍儿童容易被网络上的不良事物所诱惑，被社会上不怀好意的人利用和蛊惑，做出违法犯罪之事；另一方面，视听觉障碍儿童为了寻找归属感和安全感，他们极易组成高凝聚力和团结力的犯罪或诈骗团体。当今社会已经进入信息化时代，网络在带来方便与快捷的同时，也会让不少视听觉障碍儿童依赖甚至迷恋网络，使他们更少有机会习得真实情境下的人际沟通技巧，不利于他们发展社会适应行为。因此，我们需要净化网络空间，规范网络行为，并教会视听觉障碍儿童适度使用网络，为其营造一个有利于心理健康成长的社会文化环境。

# 第三节　视听觉障碍儿童的心理咨询方法

## 一、认知重组疗法

### （一）认知重组疗法的概念

认知重组疗法是认知行为疗法中具有代表性的心理治疗方法，旨在引导来访者认识到个体情绪和行为上的困扰是由不合理的认知和思维造成的，帮助来访者发现自己不正确的认知和思维方式，使其用合理的认知取代不合理的认知，用合乎逻辑的思想取代不合逻辑的思想（汪新建，2000）。尽管认知行为疗法有不同的理论观点、治疗技术和过程，但普遍都认为人的情感、行为及其反应均与认知有关，认知是心理行为的决定因素，心理障碍产生的原因是各种内部和外部不良刺激所致，改变认知可以影响个体的情绪和行为（Tai & Turkington，2009）。由于视听觉障碍儿童主要表现为视觉或者听觉缺陷，他们的大脑发育正常，具有基本的认知能力，所以有条件对他们采用认知重组的方法进行心理咨询和心理康复。视觉障碍儿童和听觉障碍儿童的认知特点和思维发展比较相似，最大的区别在于两者获取信息的主要通道不同，一个是耳朵一个是眼睛，因此针对这两类障碍儿童的认知重组疗法在使用上具有共性，并且多数研究者在对视听觉障碍儿童进行认知行为干预时，也倾向于采用认知重组疗法（石振薇，王新梅，2017；陈雨婷，2016）。

认知是情感和行为的基础，认知重组疗法的主要目标在于引导视听觉障碍儿童认识自己的认知建构方式，了解自己的情绪行为和认知的关系，找到自己的错误信念以及这些信念的根源，并运用更合适的思考模式与之抗衡。贝克（Aaron T. Beck）曾经将来访者的歪曲思维分为七类，包括任意推断、选择性概括、以偏概全、夸大或缩小、过度自我化、乱贴标签、极端思维；而视听觉障碍儿童常有的认知歪曲是"我看不见/听不见，肯定学不好""我最笨""我有视力/听力缺陷，我这辈子完了""别人都讨厌我""我将永远被人取笑，我就是一个失败者"等。

### （二）认知重组治疗的具体方法

认知重组疗法有助于视听觉障碍儿童降低、修正或消除其认知歪曲，咨询师可以采用以下具体方法进行认知重组。

### 1. 检验表层错误观念

表层错误观念是对不适应行为最直接、最具体的解释。有三种方法可以帮助视听觉障碍儿童找到自己的表层错误观念（陈雨婷，2016）：第一，活动，建议视听觉障碍儿童进行某项与其问题有关的活动，使他们通过对活动结果的解释，得到跟自己的预设不同的答案，以辨别自己的错误观念；第二，演示，通过情景模拟或者角色扮演，让视听觉障碍儿童进入现实或想象的情境中，使他们发现错误观念的表现方式和进行过程；第三，模仿，让视听觉障碍儿童先观察他人进行某项活动，然后通过想象或模仿完成同样的活动，儿童模仿的行为可以与其原有的认知和想法相互剥离，引导他们检验自己的观念是否合理。

### 2. 纠正核心错误信念

咨询师可以使用语义分析技术和苏格拉底提问技术，纠正视听觉障碍儿童的核心错误信念。视听觉障碍儿童的错误的自我概念通常表现为一种特殊句式，即"主—谓—表"的句式结构，具有相同的逻辑形式，比如"我是一个没有任何价值的人""我是一个不受欢迎的人"。运用语义分析技术分析"我是一个没有任何价值的人"，可知主语"我"是指与"我"有关的各种事件和行为都是无价值的，我之前做的那件事是无价值的，我吃饭无价值，甚至我呼吸也是无价值的。同时"无任何价值"的含义是含糊不清的，没有一个客观标准来判断到底有没有价值。要想把视听觉障碍儿童有关自己的错误信念更正过来，咨询师需要引导他们把主语"我"换成与"我"有关的更加具体的事件和行为，同时表语位置上的词语也需要有一个客观的、可量化的标准来进行评价。通过语义分析技术这一客观化的过程，咨询师可以帮助视听觉障碍儿童用客观的标准来看待问题，认识到问题的实质可能不是其本人，而是事件本身或者某些特定的行为。

苏格拉底提问技术是咨询师通过不断地向视听觉障碍儿童提出一系列结构化的问题，引导他们进行思考和反思，一步一步看到自己想法上的偏差，从而纠正其错误信念并得出合理信念的方法。苏格拉底提问技术有助于咨询师引导视听觉障碍儿童寻找到被自己忽略的反面证据，使其能够站在更加客观、现实的立场上回看原来的问题，通过对比新旧思维带来的影响，选择对自己更有益的合理信念，进一步发现解决问题的方法。苏格拉底提问技术的运用大致可以分为三个步骤，即定义与澄清语意（协助儿童澄清自己的想法或概念，使真正问题得以凸显）、找出思考规则（寻找决定个人想法、行动与感受的内隐的思考规则）、找出证据（找到证据来检验其使用的规则是否合理可靠）。苏格拉底提问技术的常用问题有："支持这个想法的证据是什么？与这个想法相反的证据又是什么？""有没有别的解释或观点？""最坏的情况是什么？如果发生了，将如何应对？最好的结果会是什么？最现实的结果会是什么？""相信自动思维会带来什么影响？如果换一种想法又会带来什么影响？""怎么做才会对自己更好呢？"

### 3. 布置家庭作业

布置家庭作业是认知重组疗法常用的一种技术，是指咨询师为了巩固心理咨询和心理治疗的效果，在一次咨询结束时给来访者提出相应的与咨询内容有关的任务，要求他们离开心理咨询室之后在现实生活中去完成，以帮助来访者进一步掌握习得的心理咨询技术，并把这些心理咨询技术自觉地应用到现实生活中，促进个人的心理成长和心理问题的解决。布置家庭作业也就是认知复习，是心理咨询室中咨询阶段性成果的巩固和延伸。咨询师在对视听觉障碍儿童进行心理康复时，可以布置一些家庭作业，督促他们完成相应的任务，及时记录认知和情绪、行为改变的过程与感受。

一般来说，给视听觉障碍儿童布置的家庭作业有两类：一类是认知作业，主要是要求儿童思考一些问题，如思考自动思维对自己交友的负性影响；另一类是行为作业，主要是要求儿童去做一些事情，如让社会退缩的视听觉障碍儿童尝试主动结交朋友。家庭作业的内容可以多样化，包括行为激活、监控自动思维、评估并对自动思维做出反应、问题解决、行为技巧训练等。认知重组治疗中常用的家庭作业形式有认知治疗日记，即让来访儿童在每天出现特殊的情绪变化时，记录下当时的情境、情绪和自动化想法，并尝试寻找积极的、合理的替代想法。认知治疗日记的变式还有二栏或三栏认知作业，其中的二栏作业是让儿童写下自己的自动想法和合理想法，三栏作业则是让儿童写下自己的自动想法、认知曲解类型和合理想法。家庭作业还有核心信念作业表，即要求来访儿童写下自己头脑中原有的旧信念、改变后的新信念、支持新信念的证据，以及重新解释原有证据。无论是什么形式的家庭作业，都需要简单、明确、具体，操作性强，且易于执行。

咨询师在布置家庭作业时，要考虑到不同视听觉障碍儿童的障碍类型和程度、心理问题的困惑水平、个性特征、阅读和书写能力、家庭作业的完成动机和意愿、所需时间、完成的难度和限制等，要因人而异，使家庭作业适合每一位来访的儿童。在前期咨询中咨询师可以与儿童协商，主动布置家庭作业，而咨询后期可以让认知较好的儿童试着给自己安排家庭作业。为了增强来访儿童完成家庭作业的积极性，咨询师有必要向他们说明做家庭作业的理由，解释家庭作业的意义以及按时完成作业的重要性。咨询师还可以提前告知视听觉障碍儿童在完成家庭作业过程中可能遇到的困难，与他们一起讨论对策，并帮助他们设立一个完成家庭作业的提醒系统，以提高家庭作业的完成度和持续性。此外，咨询师布置了家庭作业，就需要在下一次咨询会谈开始时回顾家庭作业，检查来访儿童家庭作业的完成情况。

## 二、团体心理辅导

### （一）团体心理辅导的概念

团体心理辅导是指在团体领导者的带领下，团体成员围绕某一共同关心的问题，通过一定的活动形式与人际互动，相互启发、诱导，形成团体的共识与目标，进而改变成员的观念、态度和行为（郝振君，2005）。一般来说，视听觉障碍儿童具备一定的认知能力，能够参与到团体活动中，加之他们很多心理困惑来自人际和沟通问题，而团体心理辅导主要用来改善人际关系，所以将团体心理辅导应用于视听觉障碍儿童的心理康复是有其适用性的。

视听觉障碍儿童有相似的生理缺陷，以及相似的由生理缺陷带来的情绪困扰和人格问题，团体心理辅导使他们在团体中不会觉得自己过于独特，不会感到陌生，可以与团体成员相互讨论共同关注的话题，分享彼此的成长经验，交流情感和态度，彼此倾诉心声。相较于普通儿童，视听觉障碍儿童更加希望与他人建立友谊并保持良好的关系，渴望被团体接纳，却往往因为缺乏合适的沟通方式和技巧而很难融入一个团体。团体心理辅导有利于创设包容、理解和接纳的团体环境氛围，能够打破儿童的心理界限，使其与团体成员真诚地互动，真挚地交心，从而获得归属感和尊重感。此外，团体心理辅导主要通过游戏活动、角色扮演、情景剧、心理剧、小组讨论、小组或个人分享等形式来进行，能够让视听觉障碍儿童在咨询师的引导下用心去体验和观察，认识和剖析自我，调整和改善人际关系，学习和探索新的认知与行为模式，逐渐得到心理功能的恢复和发展。

### （二）视听觉障碍儿童常用的团体心理辅导方法

目前团体心理辅导被较多地用于身心发展正常儿童的心理健康教育，但国内也有研究者尝试着将其应用于视听觉障碍儿童的心理咨询与心理康复。比如，吴红东等人（2012）、郝振君（2005）都运用团体心理辅导来干预听觉障碍儿童的心理健康问题；兰继军等人（2018）将团体心理辅导用于提升视障学生的自尊感。已有学者明确提出，针对听觉障碍儿童有 6 种主要的团体心理辅导方式，分别为心理专题讲座、心理互助活动、团体心理咨询、情境体验法、角色扮演法、讨论分析法（郝振君，2005；毛颖梅，2007）。由于视听觉障碍儿童都属于感官障碍儿童，除了损伤的感觉通道不一样之外，认知发展和心理困扰具有一致性。综合不同学者的研究和临床实践，我们主要介绍以下具体方法：

### 1. 开设心理专题讲座

视听觉障碍儿童因自身的生理缺陷以及环境影响，往往具有不同程度的认知、言语、行为、人际、情绪情感、社会适应、人格发展等方面的心理健康问题。一般来说，大多数视听觉障碍儿童都有一定的认知能力和思维能力，尤其是对于高年级的视听觉障碍儿童来说，他们已经具备一定的先备能力和较为丰富的生活经验，拥有独立解决问题的能力，能够接受一定的专业心理健康教育和学习。而开设心理专题讲座，能针对大多数视听觉障碍儿童的共性特点，解决一些普遍存在的心理问题，如怎样与人交往、如何调控情绪等。在设计心理专题的内容时，不仅要充分考虑到儿童的实际需求，对其常见的心理问题对症下药，还要考虑到学校和社会的需要，给视听觉障碍儿童普及和宣扬正确的心理健康观。

### 2. 开展心理互助活动

由于相同的生理问题和他们独有的语言方式，加上相似的学习和生活经历，视听觉障碍儿童更容易理解彼此，容易形成稳定的"小团体"，这个团体可以是积极的，也可以是消极的。咨询师或老师可以利用这一特点，对视听觉障碍儿童进行适当的引导，帮助他们形成一个互帮互助、助人自助的积极团体。大多数视听觉障碍儿童在融入和适应社会的过程中都会遭遇不同程度的困难，他们往往感到孤独、无助、忧虑。而在互助活动中，他们可以获得同伴支持，并且在帮助他人解决问题的同时，也在帮助自己理顺思维，一旦自己出现相同的问题时能豁然开朗。通过助人到互助，再到自助，视听觉障碍儿童不仅能养成助人为乐的优良品格，还能解决自己所面临的心理问题，从而提高自己的心理健康水平。

### 3. 情境体验法

情境体验法是把现实生活中的各种问题和应对策略设计为团体活动，让来访者在这些活动情境里进行体验、模仿、训练和交流共享，使其获得心灵感悟，促进健康心理的发展，通常包括创设情境、自主体验、交流内化和反馈提升四个阶段（赖日生，丁洁，2013）。在创设情境时，咨询师需要针对视听觉障碍儿童当前出现的具体心理问题，设计出贴近其生活实际的情境，这些情境最好是在校园或者家庭里发生的真实案例，能快速地诱导儿童进入情境，使情境更有代入感。咨询师要组织视听觉障碍儿童主动参与到真实或者虚拟的情境中进行活动和体验，只有在活动中去做，才能更真切地感受和体验。在活动结束后，咨询师要组织视听觉障碍儿童进行交流、讨论和反思，帮助他们将活动中出现的行为和解决问题的方式内化为自身的行为和能力，并且交流讨论中他人的感悟也能促进儿童更高层次的思考和理解。在反馈评价时，咨询师要及时对视听觉障碍儿童的感悟进行引导和回馈，用启发性的语言促进其思考，营造一个融洽、接纳的咨询氛围。

### 4. 角色扮演法

角色扮演法是让视听觉障碍儿童即兴地去扮演一个特定的角色。通过扮演角色，有助于视听觉障碍儿童理解角色的心路历程，体会自己所扮演角色的情绪情感，同时在角色中还能与其他角色一起互动，学习到更多人际交往技巧和方法，提高其社交能力和水平。例如，在团体心理辅导过程中通过扮演"阿凡提"，可以使视听觉障碍儿童体会到帮助别人不仅能带给别人便利和快乐，而且还能提升自我的价值，同时也让他们明白拥有智慧能够得到很多人的尊敬，间接地培养起爱学习、爱思考的好习惯。

### 5. 讨论分析法

讨论分析法是将视听觉障碍儿童分成小组，让其在小组中自由地表达自己的观点和看法，相互倾听、集思广益、博众取长，这有利于帮助视听觉障碍儿童深层次地剖析自己，更加客观正确地认识自己，提升其认知水平，无形中也锻炼了他们的口语表达能力，还能逐渐培养儿童的自信心和积极性。例如，在"头脑风暴"活动中，通过不受拘束的讨论形式，能激发出视听觉障碍儿童不同的观点和想法，从而开阔思路、增强信心、培养团体合作精神。

### 6. 实践锻炼法

实践锻炼法是结合咨询目标，组织各种实践活动，让视听觉障碍儿童在实践活动中锻炼和培养优良的心理品质。例如，通过参加学雷锋活动，培养他们助人为乐、无私奉献的人格品质；通过组织"关爱老人"的公益活动，不仅能培养视听觉障碍儿童学会关心爱护他人、学会感恩的品质，还能让他们获得他人的认可和赞美；通过组织拔河比赛，能使视听觉障碍儿童认识到团体的力量，体会到团队协作的重要作用，培养儿童的集体意识，帮助被边缘化的儿童加入到集体中来。

在对视听觉障碍儿童使用团体心理辅导时，应充分考虑他们的生理特点。对于听觉障碍儿童，咨询师在进行团体心理辅导时应考虑到他们只能依靠手语、唇读、演示和表情等视觉化的沟通方式，可以应用计算机、多媒体等现代技术手段，配备手语翻译或者听觉辅助器材。在每个活动开始之前可以提供图片、文字、视频等视觉提示，更加注重语言的可接受性和生动形象性，注重体态语言对听觉障碍儿童的影响，以便他们充分理解咨询师的意图，清楚自己接下来要做什么，让他们在"动"中参与，在"动"中领悟。对于视觉障碍儿童，咨询师在进行团体心理辅导时应该会使用和认识盲文，给他们提供大字文本或视觉辅助器等，充分利用视觉障碍儿童的触觉、听觉、动觉等优势，代替视觉的缺陷，将这些感官优势发挥出来。此外，考虑到视听觉障碍儿童的特殊性，可以适当减少每次团体心理辅导的参加人数。

团体心理辅导为视听觉障碍儿童提供了一个安全无条件接纳的空间，这本身就是一种心理治疗。在团体心理辅导活动中，视听觉障碍儿童相互合作和沟通，一起探索解决共同心理困扰的方法和途径，有助于他们改变负面的自我认知，提升人际交往的技巧，改善不良的人际关系，获得归属感，重塑自信心。应当注意的是，咨询师在进行团体心理辅导的同时，还需针对个别儿童的问题开展个体心理咨询。世界上没有完全相同的叶子，特殊儿童的差异尤其显著，因此在特殊儿童的心理康复中，团体心理辅导和个体心理咨询是相互结合、交替进行的，这样才能达到事半功倍的效果。

### 三、音乐治疗

#### （一）音乐治疗的概念

音乐治疗是以音乐的实用性功能为基础，按照系统的治疗程序，运用音乐或音乐相关体验作为手段来治疗疾病或促进身心健康的方法，它的本质是心理治疗（张凯，2005）。现代的音乐治疗起源于美国，在20世纪80年代初期从西方传入中国，随着音乐治疗在我国的推广和发展，这种治疗方法已经被越来越多地用于不同障碍群体的心理干预，如听觉障碍、视觉障碍、语言障碍、智力缺陷、自闭症、学习障碍、情感障碍等。由于视觉障碍儿童和听觉障碍儿童存在着不同的感觉通道缺陷，针对这两类障碍儿童的音乐治疗在具体的使用方法上具有差异，我们将分别加以阐述。

### （二）用于视觉障碍儿童的音乐治疗

普通人获取外界信息的渠道80%来自视觉，而视觉障碍儿童由于视觉的缺失，只能利用其他渠道来进行功能代偿。音乐是一门听觉的艺术，音乐治疗符合视觉障碍儿童的生理和心理特征，能够弥补其视觉的缺失，为他们打开一个认识自然、了解社会、获取知识的窗口。音乐治疗既能陶冶盲童的情操，养成高尚的道德品质，还能使盲童形成一定的歌唱、演奏以及音乐创作的技能技巧，进而训练盲童的智力，促进其身心健康发展（李长安，2009）。将音乐治疗用于视觉障碍儿童通常可以达成四个目标，即发展方位感和运动能力、促进社交技能和人际交往、情绪和情感的发展与表达、作为一种感官刺激形式来减少伴随着失明的不良习惯（姚聪燕，2003）。不难看出，音乐治疗对视觉障碍儿童有着教育、康复、娱乐以及心理治疗的作用。

#### 1. 音乐材料选择的特殊性

在为视觉障碍儿童选择音乐材料时，要充分考虑到他们的兴趣、能力、年龄、障碍类型等各方面因素，选择难度适中的音乐。咨询师可以有针对性地选择适合视觉障碍儿童的音乐，特别是选择一些能表现视觉形象和有画面感的音乐。通常可以通过模仿自然界的声音、渲染情绪气氛、利用音响色彩来象征或暗示某种意象（腾格勒日呼，2009）。

（1）模仿自然界的声音。比如，可以通过模仿鸟鸣去体现自然环境的幽静和清闲，激发视觉障碍儿童的想象力，从而让儿童脑海中浮现出产生这样声音的自然环境和画面（田大海，2004），有助于儿童调节和稳定情绪。

（2）渲染情绪气氛。在音乐中，通常可以利用声音描绘出某种场景，渲染出某种情绪氛围，比如用鼓声的快节奏表示情绪的高涨，这种情绪氛围往往与某些视觉形象联系起来，需要视觉障碍儿童自己去感受和体会。同时，还需要借助非音乐的外界辅助手段，才能将这一视觉形象限定在具体的范围之内。

（3）利用音响色彩。通过音响的变化和不同组合，创造一个变化万千的声音世界，将特定的感情和思想传递给视觉障碍儿童，为他们营造一个光怪陆离、充满想象的音响世界。

### 2. 以听力代替视力

视觉障碍儿童虽然失去视觉功能，但是往往有常人所不能及的听辨能力，因此在进行音乐治疗时可充分利用听力的优势来弥补视力的缺陷。

（1）欣赏音乐。各类音乐作品中节奏的变化和起伏、节奏的高低和快慢，各种乐器的音色、力度和速度的变化及对比等，都可以通过音乐欣赏来感知和辨别。

（2）模仿声音。视觉障碍儿童在练习发声的时候，咨询师要利用儿童的听力优势，先示范发出某个声音，然后让儿童进行模仿。在儿童发音错误时，应及时更正，使其能够发出正确的声音。

（3）模仿旋律。咨询师可以通过教唱的方式帮助视觉障碍儿童学习音乐旋律，在教唱的过程中一定要注意呼吸的正确位置、发声的精确性、旋律的准确性，以便让儿童能够进行有效的模仿和学习。

### 3. 以触觉代替视力

（1）手指的运用。手指在视觉障碍儿童的音乐治疗中有着至关重要的作用。在歌唱中需要表现出口腔和口型的变化以及表情，同时还需要一定的肢体动作进行表演等，这些都得依靠视力才能完成。而视觉障碍儿童看不到，只能利用手指触摸咨询师的口型、面部表情以及肢体动作等进行学习。

（2）乐器的学习与演奏。视觉障碍儿童在进行乐器学习和演奏时，不能通过眼睛去辨识琴弦和琴键，很大程度上只能依靠手的触觉以及由触觉形成的直觉。乐器的使用需要视觉障碍儿童手指的灵敏和协调性，而长期的训练和学习能发展视觉障碍儿童的触觉能力和各器官的协调能力。

### （三）用于听觉障碍儿童的音乐治疗

大多数听觉障碍儿童还留存有残余听力或者可以借助助听器感知到音乐的响度、音响、音长和音色。听觉障碍儿童在愉快的音乐活动中不仅能培养"听"的良好习惯，加强听觉的感受能力，补偿其残余听力，还能感受音乐和节奏带来的美好，释放不良情绪，享受快乐和愉悦的心情。同时，利用音乐活动中的律动或舞蹈动作等，可以促进其动作协调发展，提升注意力、记忆力、想象力、语言表达和理解能力、思维水平以及创造力等全方位的能力。因此，音乐治疗是促进听觉障碍儿童心理健康发展的有效途径（陈惠，曹国华，2015）。

要针对听觉障碍儿童的残疾程度采取不同的音乐治疗方法，如轻度到中度听觉障碍儿童可以利用残留听力辨别声音并欣赏音乐；重度听觉障碍儿童的听音辨别也许只能借助节奏鼓点或者用大强度演奏的低频音响；神经性耳聋的儿童难以辨别人类的说话声，却能辨别出低频和中低音乐器发出的声音（Darrow，2000）。朱佳等人（2017）提出了适合听觉障碍儿童的音乐治疗方法，分别有视唱练耳与器乐刺激听力法、达尔克罗兹音乐教学法、柯达伊音乐教学法，还有学者提出体感音乐疗法（魏育林 等，2005）。下面我们将对这些音乐治疗方法进行简单的介绍。

### 1. 视唱练耳与器乐刺激听力法

视唱练耳与器乐刺激听力法主要采用视唱练耳中的练耳技术和乐器声音来刺激耳朵，帮助恢复部分听力。咨询师在选择音乐活动和音乐素材时，必须充分考虑儿童的听力障碍类型和程度、助听器的类型和治疗效果，以及他们对哪些音乐最敏感等因素。通常来说，延音乐器（如风琴、钢琴、电子琴等）比打击乐器（如鼓、锣等）对听觉障碍儿童能产生更有用的听觉反馈的效果（卓大宏，2011）。只有当选择了合适的乐器，将乐器的节奏、旋律、音色和谐地融合在一起，才能更快地激活听觉障碍儿童的神经细胞，更快地使其进入音乐的世界，宣泄和释放内心的压抑和情绪。

### 2. 体态律动法

体态律动是达尔克罗兹音乐教学法的核心成分。该教学法由瑞士音乐家雅克-达尔克罗兹（Emile Jaques-Dalcroze）提出，主要包括体态律动、视唱练耳和即兴音乐活动三个重要内容，让儿童将听到的声音以"体态""律动"的方式进行表现，跟随音乐节奏、音乐速度、音乐力度和时值变化等，营造一种轻松而愉快的律动体验，进而提升音乐感知能力（李丹，2019）。体态律动不同于舞蹈，是以身体作为乐器，通过身体动作，借助节奏来引起大脑与身体之间迅速而有规律的交流，如咨询师播放一段音乐，儿童能跟随音乐做出拍手、跺脚、旋转、跑、跳、走等动作。视唱练耳有两方面内容，一方面是训练听觉障碍儿童的内心听觉，在听了一段音乐后，利用想象将音乐用乐器演奏出来；另一方面是培养听觉障碍儿童的情感表达，要求他们在听了一段音乐后根据自己对这段音乐的理解和感受，用相应的情绪表达出来。即兴音乐活动强调身体语言的参与，可以把一个故事改编为律动或音乐，也可以把律动或音乐变为一个故事（傅仲斌，2009）。听觉障碍儿童具有高于正常儿童的观察力和模仿力，运用体态律动法是符合听觉障碍儿童的生理特点的，不仅能很好地发挥听觉障碍儿童的视觉优势，而且将观察和动作模仿结合在一起，也有利于他们更加准确地学习和掌握音乐的节奏与旋律，促进身心的协调发展。

### 3. 歌唱训练法与科尔文手势

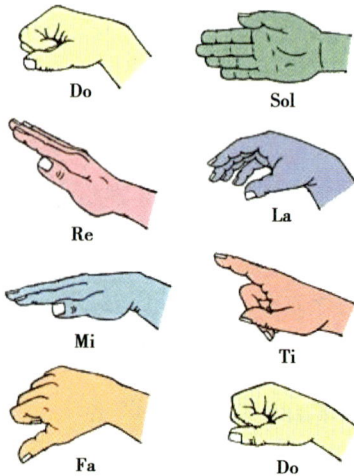

图 7-1　科尔文手势

柯达伊音乐教学法是由匈牙利音乐教育家柯达伊（Zohan Kodaly）创立的，它以游戏教学为基础，主要是用歌唱的方式，将动作、游戏、表演、即兴创作等形式相结合，给儿童创造获得全面、丰富、综合的审美体验和表达表现的机会（钟丽瑜，余瑾，杨海芳，2016）。该教学法认为儿童的歌喉是最好的乐器，强调从无伴奏的歌唱入手，尤其重视合唱。器乐未必人人都会演奏，而歌唱却是人人都能进行的活动，歌唱是最容易表达思想和情感的音乐形式，切实可行又容易奏效，不仅能够锻炼听觉障碍儿童的呼吸功能（金野，2015），而且可以让他们从中获得愉悦感和成就感，并且合唱训练也能培养儿童的合作意识和集体主义精神。同时，科尔文（Curwen）手势（图 7-1）作为柯达伊教学法的重要组成部分，利用7 种不同的手势和在身体前方不同的高低位置来代表音阶中的 7 个唱名，将难以捉摸的音高转化为有实际高度的手势，使音阶中各音之间的关系在一定程度上视觉化，特别有助于听觉障碍儿童形象直观地掌握各个音阶，初步形成音乐概念。歌唱训练与手势运用，可以充分调动听觉障碍儿童的各种感官功能，使其在心理、语言、行为等方面得以改善。

### 4. 体感音乐疗法

体感音乐疗法是由挪威教育家和治疗师斯格尔（Olav Skille）博士创立，并完善于日本音乐治疗联盟理事小松明博士，其基本概念是将音乐中 16~150 Hz 低频信号分拣出来，经放大转换成物理振动，通过听觉和触振动觉接收及传导的方式，使人体感知音乐，达到身心治疗目的（魏育林等，2005）。体感音乐疗法是在传统的聆听式音乐治疗基础上，增强低频音乐振动，强化人体音乐感知作用的同时，发挥低频音乐振动的生物学效应，从而有效地改善身心不适状态。该疗法除了需要常规的音响设备，如音乐播放器、耳机或音箱之外，还要有体感振动音响设备、体感振动音乐和治疗方案。其中，体感振动音响设备包括分频放大的体感振动音乐功放，以及带有换能装置的床、垫、台、椅和沙发等；体感振动音乐是一类特殊制作的，富含低频，以正弦波为主，旋律、节奏与和声不同的治疗性乐曲，可以依据不同的治疗目的选择不同波形、旋律和节奏的乐曲；而治疗方案是在临床研究基础上确定的，其内容包括治疗对象身心状态的评估，体感振动音乐的选择，音量、振动强度和治疗时间及疗程的确定等（魏育林 等，2006）。听觉障碍儿童通过空气传导获取听觉信息的能力存在不同程度的缺失，在体感音乐治疗中，利用特制的声音扩大和换能设备，将体感音乐振动通过骨传导作用，直接刺激人的"内听觉"系统，使听觉障碍儿童可以借助触振动觉和听觉来感受音乐。例如，舞蹈节目"千手观音"中的聋人演员们在排练时，不仅需要手语老师的指导，而且通过地板振动用骨传导的方式来感知音乐节奏和旋律，反复练习。

### 四、舞蹈治疗

#### （一）舞蹈治疗的基本概念

舞蹈治疗（dance therapy），又称舞蹈／动作治疗（dance/movement therapy），简称舞动治疗，美国舞蹈治疗协会将其定义为在心理治疗中通过运用舞蹈动作，达到促进来访者情绪和身体整合的目的（周红，2004）。舞蹈作为一种形体艺术，强调身体动作之间的连接、组合、移动、转换、动静结合，注重塑造人体姿态的协调性、灵活性以及优美性，它以艺术加工和组织过的身体动作为表现手段，不仅能使人强身健体，还能治愈人心。从广义的角度来看，舞蹈可以分为一般性舞蹈和创造性舞蹈（贾琳，2010）。通常情况下，需要更多支持的特殊儿童采用一般性舞蹈治疗，相对更有独立能力的儿童比较适合于采用创造性舞蹈治疗，而智商处于临界点的儿童则可以采用团体舞蹈治疗，并且在选择舞蹈的音乐时，一般要用欢快的、节奏感强的乐曲，尽量选用音律及节奏简单、可用单一乐器演奏的音乐（张楠，赵蔚滁，2017）。

#### （二）用于视觉障碍儿童的舞蹈治疗技术

视觉的缺失导致身体动作受限，活动范围大大缩减，因此大多数视觉障碍儿童都只能在一些固定的区域活动，而且大多数视觉障碍儿童都会呈现出或多或少的盲态，比如低头、弯腰驼背、眨眼睛、揉眼睛、抠手指、晃动身体、摇头等。

舞蹈治疗重视的是身体和动作，儿童伴随着音乐节奏产生各种舞蹈动作，如举手、抬腿、弯腰、跳跃、旋转，肌肉和肌腱紧张与松弛，各关节曲、直、旋拧等，都会刺激着触觉、动觉、平衡觉、听觉等人体感受器，由此唤起的神经冲动反应到大脑，产生相应的动作知觉，进而改善视觉障碍儿童的盲态，促进其身体发育和成长。同时，视觉障碍儿童利用自己的身体，通过自己的感觉、理解、体验去创作身体的艺术作品，不仅能培养其创造力和想象力，还能直接给他们的心理带来美感，让他们感受到美与自信。舞蹈治疗认为舞出的身体动作会以非语言的方式投射出个体的人格特点和心理状态，因此咨询师可以通过儿童的动作觉察到他们心理出现的困扰。视觉障碍儿童虽然不能通过视觉的观察与模仿来学习舞蹈动作，但也可以借助舞蹈治疗的技术让压抑在潜意识之中的情感得到释放和治愈。

舞蹈治疗的技术主要有调和动作疗法、反映与对照动作疗法、交流动作疗法、真挚和创造性动作疗法、动作质量训练疗法、群体动力疗法等（杨广学，2011），由于视觉障碍儿童受视觉缺陷所限，难以使用那些需要观察和模仿的技术，故以下4类技术会更加适合用于视觉障碍儿童的舞蹈治疗：

### 1. 交流动作疗法

交流动作疗法是通过"动质动形"（effort-shape）体验，提高视觉障碍儿童的表达能力、对应意识及物我交流的敏感度，促进其身心统合能力的发展。"动质"是指身体的质感，描述的不只是身体做了什么，还包括身体与空间、力量、时间、流动等的互动关系；"动形"是指身体的形状，描述的是身体的样态、身体动作以及如何与周围环境互动（李宗芹，2001）。例如，让儿童用舞蹈动作去表达开心和悲伤等情绪，或者用舞蹈表现一个需要帮助或者提供帮助的人。

### 2. 创造性动作疗法

创造性动作疗法是让视觉障碍儿童用自己的身体创作舞蹈动作，以自发性和创造性韵律动作体验，帮助视觉障碍儿童感受身体本身的存在，学会使用自己的身体，并将外在动作内化于心，提高其内省能力，引导他们建立自然和真挚的表达能力和习惯。在无条件接纳的环境下，自发性动作和创造性动作能激励个人化的表现，重新认识和接受自我，有利于培养视觉障碍儿童的自信心，获得自我认同感和自我效能感。

### 3. 动作质量训练疗法

动作质量训练疗法强调舞蹈动作的质地与力量，以改善视觉障碍儿童的表情动作在张力、力度、空间和时间上的质量，逐渐改变视觉障碍儿童的盲态，增强其身体素质和自我控制能力，进而调整并提高生活里各种相应的行为能力，促进身体发育和心理健康。

#### 4. 群体动力疗法

群体动力疗法是将舞蹈作为凝聚团体的过程，让视觉障碍儿童亲身体验团体舞蹈活动，发挥群体动力的作用，引导群体成员在舞蹈活动中探索某种特定场景，学会通过动作来互动、沟通和分享情感表达，帮助视觉障碍儿童走出个人封闭，打破交流障碍，建立与他人和社会的情感纽带，提高他们的人际交往能力。

#### （三）用于听觉障碍儿童的舞蹈治疗技术

听觉障碍儿童是视觉学习者，模仿能力和观察能力都有一定的优势，因此将舞蹈治疗用于听觉障碍儿童的心理康复其实是"锦上添花"。孙琳芳（2011）对听觉障碍儿童进行舞蹈基本功训练和表演性组合训练，使其在学习焦虑、自责倾向、过敏倾向、对人焦虑、孤独倾向和身体症状等方面有明显的改善。张勇（2017）使用"阳光排舞"训练听觉障碍儿童，发现"阳光排舞"对提升学生的社会适应能力有着很大的影响。李苗苗（2018）发现舞蹈不仅可以提高听觉障碍儿童的弹跳力、增加肌肉力量、改善心肺功能、矫正不良的身体形态，使其能以更加优美、大方、自信的状态面对生活，而且还有助于培养他们的艺术感悟能力和团队合作能力，塑造良好的人格品质。综上可见，舞蹈治疗在提高听障儿童身体素质和体能素质的同时，也能改善其心理健康问题。

在听觉障碍儿童的舞蹈治疗中，有着不同于其他儿童的特殊性。咨询师要充分考虑听觉障碍儿童的生理特点，利用他们以视觉和触觉为主的感官补偿优势，借助手语或手势，采用"手传""眼观""振触"等多种策略（周嬿，2017），帮助他们感知音乐的旋律和节奏，体验舞蹈的气息。

#### 1. 充分利用手势和手语的作用

普通人学习舞蹈主要是通过看老师的动作示范、听老师讲解动作要领、听音乐节奏来模仿和练习舞蹈动作，但对于听觉障碍儿童而言，这样的口耳相传的方式是不切实际的，只有将"口传"转变为"手传"才更加合适。"手传"主要借助于手势和手语，因此手势和手语成为实施舞蹈治疗中咨询师与听觉障碍儿童之间的主要沟通媒介。舞蹈治疗中使用手势和手语的技术主要有以下两个方面的作用：

（1）用手语讲解舞蹈动作。手语是咨询师与听觉障碍儿童之间主要的沟通语言，咨询师可以用手语给他们讲解舞蹈动作要领和技巧，分析舞蹈动作的内涵，用他们能懂的语言传达舞蹈蕴含的情感意义。

（2）用手势比画节奏。在舞蹈治疗中，需要跟着音乐节奏使用身体，而听觉障碍儿童听不到声音，手势的作用在舞蹈治疗过程中就显得尤为重要。咨询师要借助自己的耳朵，将音乐的快与慢、高与低、轻与重，用手势的方式传递给听觉障碍儿童。例如，咨询师在帮助听觉障碍儿童指挥音乐节奏时，可以用左手表示小节的次数，用右手表示每个小节的节拍数，这样儿童就很清晰明了地知道这段音乐要跳几节，每小节有几拍。再如，音乐的高低起伏也可以通过咨询师双手挥动的快慢和力度来表现，在音乐高潮时加强双手的动作，在音乐低潮时则放松双手的动作。此外，手势的作用还体现在舞蹈方位的指挥上，咨询师可以用手势为听觉障碍儿童提示动作方位，是上还是下、是左还是右、是前还是后、是旋转还是停止等。咨询师在使用手势时不仅仅要传递声音本身，还要注重利用面部表情、肢体动作、眼神等来传递音乐所要表达的主题、内容和情感，感染和激发听觉障碍儿童的内在感情，帮助他们舞出音乐的舞蹈内涵。

### 2. 注重节奏训练

对于听觉障碍儿童，他们无法通过空气传导听见声音，因此需要使用其他方法来训练他们对节奏的感知。第一，他人的动作示范；第二，他人的手势；第三，利用身体的某个部位感知物体的振动。从物理学的观点来看，音乐的节奏通过传递可以与物体的振动频率一致，因此听觉障碍儿童可以通过物体的振动间接地感知音乐节奏。例如，通过击鼓，鼓声的振动引起空气和地板产生相同频率的振动，听觉障碍儿童就可以利用脚或身体其他部位去感受地板带来的振动，从而间接地感知到音乐的节奏。金梅（2003）在日常训练中，给听觉障碍儿童增加打击乐器和击鼓训练，结果发现儿童在舞蹈中表现出很强的节奏感。因此在训练听觉障碍儿童的节奏感时，一定要和肌肉活动紧密结合在一起，逐渐将动作内化，才能准确感知音乐的节奏。第四，用手拍打身体部位感知节奏。咨询师可以让听觉障碍儿童跟着拍手或拍肩、拍腿等，感受节奏的形态，还可以通过跟着咨询师做拍手动作的幅度大小，来感受节奏的强与弱。值得注意的是，对于听觉神经完好的听觉障碍儿童，也可尝试用骨传导的方式感知声音。

### 3. 充分利用视觉的优势

对于听觉障碍儿童来说，视觉是接触外界的主要渠道，也是他们认识世界的主要优势。在进行舞蹈治疗时，听觉障碍儿童主要依靠眼睛来观察咨询师的舞蹈示范和舞蹈动作的变化等，咨询师要充分利用好他们的视觉优势。第一，双面镜的使用。在听觉障碍儿童的舞蹈室里一般正面与背面都要安装全身镜，使得儿童在进行背面舞蹈时也可以看到咨询师指挥的节奏，这个背面的镜子在听障儿童的舞蹈训练中至关重要。第二，声音灯光感知器的使用。一般来说，舞蹈室里可以安装声音灯光感知器，它能根据音乐节奏的变化而呈现出不同颜色和亮度的灯光，方便听觉障碍儿童利用灯光的变化来感知舞蹈的节奏。第三，用余光识别空间和距离。在治疗过程中要有意识地训练听障儿童利用余光去找人，判断人与人之间的空间和距离，定位自己在舞蹈中的位置，保证整个舞蹈队形的和谐。

### 4. 充分运用多媒体等现代化的辅助手段

听觉障碍儿童的生活经验缺乏，学习能力较正常儿童更慢，但是他们在视觉代偿上的优势又使他们在模仿能力、观察能力等方面更为突出，因此在治疗过程中借助现代化辅助手段，对于听障儿童和咨询师来说都是大有裨益的。在舞蹈治疗时单纯地依靠咨询师的示范与讲解只会让听觉障碍儿童机械模仿，咨询师可以充分利用视频、动画等现代技术手段，展现生动、形象、直观的画面，激发儿童的学习兴趣，加深对舞蹈动作的理解和记忆，使他们充分感知舞蹈所传达的内容和情感，同时这些具有可重复性的技术手段也能帮助听觉障碍儿童多次反复地进行对照和练习。此外，还可以使用一些专门适用于听觉障碍儿童的设备，如律动地板、声音灯光感知器等，以提高舞蹈治疗的效果。

## 第四节　认知疗法干预视觉障碍儿童自卑心理的咨询实例

自卑是个体遭遇挫折、无法达成目标时的无力感、无助感及对自己失望的心态（黄希庭，2004），常常表现为对自己的能力、品质评价过低，过多的自我否定和不认同，觉得自己各方面不如人，同时伴有失望、不安、内疚、羞愧、忧郁等情绪体验。视觉障碍儿童因为视力的损伤，长期生活于黑暗的世界，看不见周围的环境，活动范围大大缩小，与外界社会的交流很少，获得成功的机会更是少之又少，很少能得到他人的认可与肯定，生活和学习上的很多事情都需要他人协助才能完成，常常觉得自己一无是处，容易产生自卑心理。自卑会使视觉障碍儿童过分强调自己的缺陷和不足，消极悲观，自我效能感降低，不敢尝试挑战，轻易放弃努力，害怕与人交往，出现社交退缩或恐惧，不利于儿童身心的健康发展。我们以李军和张士芹（2015）在《现代特殊教育》期刊上报告的咨询个案为例，分析如何使用认知疗法干预视觉障碍儿童的自卑心理。

## 一、个案基本情况

桐桐（化名），男，某特校盲部的五年级学生，全盲，身体健康，发育良好，无慢性病史，但走路时盲态比较严重。桐桐的父母是农民，家庭经济状况较差。因山区交通和信息闭塞，桐桐入学很晚，智力开发相对滞后，学习基础较差。在校学习时，思维反应能力较差、接受知识较慢、很少体验到成就感，虽然学习比较用功，但还是跟不上班级整体进度，学习成绩较差，尤其到了五年级，数学课上更显吃力。桐桐的问题行为表现为上课萎靡不振、注意力不集中，对老师提出的问题经常答非所问。晚自习时不写作业，独自呆坐。晚上翻来覆去睡不着觉，无法正常休息。喜怒无常，时常乱发脾气。对任何事物都无兴趣，情绪非常低落，曾经出现过一次自杀未遂行为。

分析桐桐出现情绪和行为问题背后的影响因素，与其强烈的自卑心理有关。桐桐的自卑心理主要来自三个方面的原因：

第一，桐桐不能正视自己的身体残疾，总认为自己比其他同学矮一截，样样不如人。并且性格内向、遇事胆怯、缺乏竞争的勇气。再加之上学、就业的限制及社会传统的偏见，他对未来失去信心、自暴自弃，因而精神不振，产生自卑心理。

第二，家人的期望、对未来生活的忧虑以及其他成功盲人的榜样示范，使桐桐为自己树立了很高的人生目标。但学业难度的加深、知识面的不断拓宽，使得反应能力较慢的他一时无法适应，过度紧张和焦虑导致学习成绩进步不大，使桐桐对自我的评价降低，日积月累，变得消沉沮丧。

第三，桐桐在面对失败时，为避免内心受到伤害，其内在的心理防御机制选择以身体健康为代价，使自己的行为合理化。同时压力不断积累，且缺乏适当的情绪调节，所以产生无法脱离的低落情绪，消沉倦怠。

综上所述，由于身体的残疾、家庭的压力、学业的困扰，桐桐容易情绪低落。然而，这些情绪得不到合理的表达和有效的舒解，进而被压抑下来或加以否认，常常表现出不是以忧伤情绪为主，而是抱怨有很多身体症状，对自己的价值持有不切实际的负面评价，出现明显的自卑、自责和自罚。

## 二、干预方法

### （一）个别心理咨询

#### 1.建立良好的咨询关系

利用课外时间与桐桐聊天谈心，以真诚的沟通态度慢慢消除他的戒备心理，使他能够坦诚地倾诉，建立信任、接纳的咨询关系。通过交流，了解到桐桐的种种"不如意"：在课堂上，老师讲得太快，还没有听明白就过去了；学校里开设了专业课，上课时听不懂，一想到毕业以后必须靠按摩养活自己就很着急，于是也拼命学，但成绩总是不如意；不明原因地想哭，常坐着发呆，在学校经常乱发脾气；功课落下了许多，又浪费了这么多时间，感觉自己怎么这么笨。而对于轻生的行为，桐桐说，他觉得活着一点意思也没有，什么都不想做，那天吃完晚饭以后，心情特别不好，就从二楼跳了下去。

#### 2.发现并纠正不合理信念

分析桐桐的内心想法和感受，为其找到产生自卑心理的根源所在，即认知中深藏的不合理信念。概括起来，主要有对自我的"绝对化要求""自我贬低""没有出路""自我责备"等，这些都是典型的不合理信念的表现。例如，如果我的成绩不好，就会在竞争中被淘汰，老师不再喜欢我了，也没有人关心我；自己一无是处，任何人都比我优秀；我浪费了太多的时间，真是有罪；活着一点意思都没有，为什么别人都能成功，只有我受到这么多挫折。针对桐桐的不合理信念，运用合理情绪疗法使其认识到自己的自卑情绪是由不正确的认知导致的，通过举例子，如海伦·凯勒的故事以及身边的同学克服困难和挫折的实例，使他明白每个人的人生都不可能一帆风顺，要他学会勇于面对困难和挫折。

#### 3.积极的心理暗示

帮助桐桐正确认识和接纳自己，每个人都有优点和缺点，让他能够正视自己的残疾和缺点，发现自己的优点和长处，学会悦纳自己，欣赏和表扬自己。要求桐桐经常想一想自己的优点或长处，并告诉自己曾经有过的成就，在心里不断激励和暗示自己"我能行""我能做好"等，重复一些增强信心的名言警句。遇到困难时，提醒自己一定不要放弃。

### 4. 及时自我强化

在桐桐认识到自己的不合理信念和消极情绪后，帮助他建立合理的信念，对他的积极情绪和行为及时给予强化，同时鼓励他及时地肯定自己，用每天取得的进步和成绩来进行自我强化。并且根据桐桐本身的特点，为他布置了家庭作业：①制订难度水平合理的生活和学习计划，使他每天可以比较顺利地完成；②每天晚上写日记，记录这一天美好的体验、进步或成绩等；③每天课余时间静听音乐，放松和舒缓自己的情绪；④每周和心理老师进行一次坦诚对话；⑤每天早晨跑步半小时，晚饭后散步半小时；⑥他喜欢讲故事，让他积极参加学校组织的讲故事大赛。

### （二）改变环境的影响

#### 1. 与家长沟通，改善家庭环境

通过与桐桐家长的多次交谈，给予家长几个建议：①调整家长对孩子的教育心态，建议不要再逼孩子学习，提升孩子学习的自觉性；②多与孩子沟通交流，多给予关心和安慰，学会倾听孩子，给孩子以情感上的理解和支持，陪他做一些他平时感兴趣的事情；④站在孩子的角度去体会他的感受；⑤多给孩子鼓励、表扬，学会赏识孩子。

#### 2. 与学校班主任老师协调，改变学校环境

与桐桐的班主任老师沟通，请老师有意识地改变桐桐的学习环境，其中包括安排他最要好的同学与他同桌。当桐桐有了一点微小的进步，老师就及时给予鼓励，在班上有意识地多表扬他，以增强他克服困难的信心。同时，建议其他同学也要与桐桐多接触、多来往，用快乐的心情感染他，帮助他消除孤独与苦闷。

## 三、干预效果及原因分析

### （一）干预效果

经过多次心理咨询和辅导，桐桐有了很大的变化。他渐渐明白自己身上也有许多别人不具备的优点，自己并不比别人差，只要尽了力，任何结果都可以接受，当下的过程比结果更重要，并且只有经历过风雨的人生，才是美丽的。桐桐的情绪也渐趋稳定，能够在学校进行正常学习，性格比以前更加开朗、活泼，能主动

与同学交流，有时还会运用所学的按摩技术给有需要的同学按摩。他开始主动参与学校和班级的活动，如参加了学校组织的"校园之星"小歌手比赛，获得二等奖，逐渐从班级活动中找到了自信。现在桐桐与家人相处融洽，未再出现精神不振、自暴自弃等情况，谈话时有说有笑。总之，桐桐已经在很大程度上摆脱了自卑的阴影，变得比以前更为快乐和自信，生活质量也显著提高。

（二）原因分析

### 1. 选用的干预方法对症

自卑心理的产生与个体对自己过多的否定性评价关系密切，常常起因于与现实不相符合的歪曲认知，因此认知疗法是适合用来干预这类心理问题的。并且本案例中的咨询对象具有一定的认知和思维能力，能够意识到自己的行为和情绪，也能够在咨询师的帮助下反思自己不合理的认知信念和情绪感受，表明认知疗法对于他是可以操作和实施的。在咨询对象与咨询师之间建立起相互尊重和信任的咨询关系之后，咨询对象从中获得理解和安全感，表达出想改变现状的诉求，能够主动配合咨询师完成相关咨询任务。此外，家庭作业的布置也让认知疗法发挥出重要的疗效，这些家庭作业的完成在帮助来访的视障儿童调整认知和调节情绪的同时，还可以使他体验到任务完成的成就感，强化对自己的正性评价和积极感受，从而培养自尊和自信，克服自卑心理。

### 2. 将个体咨询与环境改变相结合

个体心理的健康发展离不开个体生活环境的影响，而个体心理问题的消除或缓解也一定与其生存的外部环境息息相关。对于特殊教育学校中的学生来说，影响很大的外部环境应该包括家庭环境和学校环境，这些外部环境的改变也是本案例中干预有效的重要原因。咨询师不是只考虑对来访的视障儿童本人进行心理咨询，而是还将儿童所在的家庭环境和学校环境的改善与调整作为重要的干预措施，与咨询对象的家长和老师沟通，力求获得家长的配合、班主任老师的协作及同伴的帮助，共同铸就一个强有力的支持网络，使咨询对象可以在这个温暖、理解和安全的环境中发生心灵的改变。

### 3. 唤醒咨询对象内心的积极力量

通常自卑的儿童充满了否定性的自我评价和消极的情绪感受，而持续的消极情绪会加强儿童对自己的否定看法，从而在自我意识的发展中形成负性反馈。要改变这种不良的反馈性影响，就需要唤醒儿童内心的积极力量。本案例中咨询师所采用的干预措施，无论是积极的心理暗示，还是及时的自我强化，都是努力在让来访的视障儿童能够发现和肯定自己的优点或长处，从每天细小的学习和生活事件中感受美好与进步，增强自我效能感，使其不再把注意的焦点放在消极感受和负面认知上，而是更多关注环境中的正性刺激和自己内心的积极体验。这些积极力量的唤醒可以帮助咨询对象更有勇气面对自己的问题，也更有能量调动更多的心理资源去应对困难和挫折。

### 四、建议与反思

本咨询案例采用以认知疗法为主，结合心理暗示、自我强化、家校协作等为辅的综合性心理干预策略，改善了一例视觉障碍儿童的自卑心理。由于导致儿童自卑心理的认知歪曲或错误信念可能是多项的，且其根源和形成过程复杂而漫长，咨询师在使用认知疗法时，需要帮助儿童逐渐发现一系列的错误信念，厘清它们的关系，找出处理的优先次序，一次只立足一个错误信念来加以讨论和修正。此外，咨询师还可以帮助视觉障碍儿童采用以下对策，以加强其自卑心理改善的效果。

#### （一）接纳自己的缺陷

视觉障碍儿童的自卑心理多起源于自己的生理缺陷，由于视力损失，的确给视障儿童带来生活和学习上的诸多障碍和困难，使得他们会因此对自己的能力做出低估，认为自己是这世间最差的人、最无能的人，并倾向于拿自己的短处与他人的长处相比，越发觉得自己不如别人，难免会产生自卑感。因此，咨询师要帮助视障儿童面对、承认和接受自己视力缺陷这一事实，接纳自己的不完美，让他们明白自己在人格上并不比别人低，只是身体上与别人不同而已。咨询师要帮助他们补偿自己的缺陷，开发潜能，发现自身的优点和长处，多多肯定自己，提高自我评价，让他们把关注点从"我不能做什么"转移到"我能做什么"上，积极应对自己可能面临的困难，学会自立，对未来不害怕、不逃避、不退缩。

#### （二）正确归因

归因是指人们对行为结果的原因做出的推测或解释，在进行多次归因后，个体会倾向于以一种习惯化的方式对不同事件或行为做出原因判断。人们对行为成功或失败的归因通常有四种，即能力、努力、运气和任务难度。当视觉障碍儿童把失败或消极事件归因于自己的视力缺陷或能力太差时，就会降低之后对类似事件取得成功的期望，引发担忧、无助、恐惧的情绪体验，不断否定自己，形成自卑心理。因此，咨询师要引导视障儿童学会正确归因，不能因一次失败，就认为自己能力不行。失败的原因是多方面的，除了能力不够，还可能是努力不够，或者时机不对，或者任务太难。咨询师要帮助视觉障碍儿童找到自己失败的合理原因，不能因为一次失败而以偏概全，要理性对待挫折，不断磨炼自己的心理承受力。

（三）增强自尊和自信

生理的缺陷或许是视觉障碍儿童产生自卑心理的根源，但这个源头对视障儿童自我意识发展的负面影响，却会因为不被主流社会接纳或遭受他人的歧视而加重，损害到儿童的自尊心，导致他们往往看不到自己的价值，难以认可自身存在的意义，进而怀疑自己，无法相信自己的能力，深感自卑。自卑心理会使视觉障碍儿童从怀疑自己的能力发展到不能表现自己的能力，在一些本来可以成功的事情上也因自认为"我不行"而放弃努力或遭受失败。因此，咨询师要帮助他们寻找到自己的存在价值，设定适合自己的人生目标和生活意义，回忆那些经过自己努力而做成功了的事例。咨询师还可以和他们一起，制订具有操作性、符合他们的实现能力的学习生活计划，鼓励他们去做一些有把握、能成功的事情，或者去挑战一个困难，直到成功为止，从成功的体验中获得自尊感和自信心，远离自卑。

（四）多交益友

自卑会使视觉障碍儿童从最初的怯于与人交往发展到孤独地自我封闭，他们大多数比较内向、孤僻、不合群，常把自己孤立起来，少与周围的同学交往。由于缺少同伴沟通，他们无法借助他人的评价来客观地了解和调整自己，而是一味地陷入自我贬低或自我否定中，并且也难以获得他人的心理支持。因此，咨询师要帮助视障儿童掌握人际交往的技巧，鼓励他们多与他人交流，尤其是那些对自己的思想和学习有帮助的同龄朋友。多交益友，可以营造温暖、和谐、相互关心、积极向上的人际环境，不仅有助于视觉障碍儿童感受他人的情绪，抒发自己被压抑的情感，锻炼情商，而且还能使其从朋友的支持中感受到勇气和力量，恢复自信心。咨询师还要鼓励视觉障碍儿童多多帮助他人，在助人的过程中体验到快乐和自身的价值，最终走出自卑的泥潭。

奥地利心理学家阿德勒（Alfred Adler）曾指出，自卑感是个体人格发展的积极动力（黄希庭，2004）。事实上，自卑的背后隐藏着巨大的心理能量，那就是"我想要更好"！自卑反映出个体想要更好地表现自己、更好地实现自己的价值、更好地存在于这个世界的强烈愿望，这些内心的愿望，是推动我们不断前进的核心动力。因此，克服自卑的过程，其实也是与自己好好相处的过程。咨询师不妨将自卑带给视觉障碍儿童的消极影响，转化为促进其心理发展的积极动力，帮助他们成为更好的自己。

# 第八章

# 情绪与行为障碍儿童的心理咨询

## 【问题导入】

- 你是否接触过情绪与行为障碍儿童？情绪及行为障碍的定义是什么？
- 儿童情绪与行为障碍的常见类型主要有哪些？
- 你认为情绪与行为障碍儿童可能存在哪些心理问题？
- 你是否了解儿童的情绪与行为问题的成因？
- 适用于情绪与行为障碍儿童的心理咨询和康复方法有哪些？

## 第一节　情绪与行为障碍的概述

### 一、情绪与行为障碍的概念

近年来，情绪与行为障碍（Emotional and Behavioral Disorders）一词逐渐进入人们的视野，并引发了社会上的广泛关注。那么何谓情绪与行为障碍呢？

儿童的情绪与行为障碍主要是指发生于 18 岁以前的各种行为与情绪异常，其主要特征表现在持续性地出现外向性的攻击、冲动、过动、反社会等行为，内向性的退缩、畏惧、焦虑、忧郁等行为，或其他精神疾病等问题，以致造成个人在生活、学业、人际关系和工作等方面的显著困难，而需提供特殊教育与相关服务（王辉，2008）。我国在 2006 年的全国第二次残疾人抽样调查中，将情绪与行为障碍部分地纳入精神残疾，并将精神残疾定义为各类精神障碍持续一年以上未痊愈，由于病人的认知、情感和行为障碍，影响其日常生活和社会参与（王辉，2008）。目前情绪与行为障碍在国内外均没有统一的定义，以下为比较常见的概念界定。

美国《障碍者教育法》（*Individuals with Disabilities Education Act*, IDEA）

实施细则对情绪与行为障碍儿童的特征进行了概括，主要是指在很长一段时间内明显表现出一种或多种以下特征，并持续较长时间，程度较为严重，已经对学业和生活产生了不利影响。该术语还包括精神分裂症，但不适用于社会适应不良的儿童，除非他们有情绪障碍。这些特征有：

①既不是由智力、感官残疾，也不是由其他健康因素引起的学习低能；

②不能与同龄人、伙伴、家长、教师建立或维持令人满意的人际关系；

③在正常的环境条件下，也会出现过度的情绪困扰和令人难以接受的行为方式；

④长期伴有不愉快心境和抑郁、沮丧、压抑感；

⑤在个人和学校的生活中遇到困难时，有出现生理症状或恐惧的倾向。

以上描述特别强调了三种情况：一是长时间的情绪与行为异常；二是达到一定的严重性；三是表现出学校适应困难和学业不良。在儿童发展的某一阶段，尤其是在几个逆反期，大多数儿童都有可能和他们的父母、老师或朋友由于种种原因发生冲突，也可能学习成绩不佳，但不能把他们都看成情绪与行为障碍儿童。换言之，情绪与行为障碍儿童和偶尔有任性、胆小和打架等行为问题的儿童之间应该做严格的区分。由于教师和家长对这类学生行为的容忍度和期望值都不同，导致对情绪与行为障碍的学生的界定有一定困难（李闻戈，2012）。

美国行为障碍儿童研究理事会（CCBD，1989）对情绪与行为障碍的界定如下：

①这种情绪与行为障碍表现出以下一些症状：在学校日常生活中的情绪与行为反应与同龄人的平均水平，以及同一文化背景、同一种族平均水平相比差异很大，而且这种反应对学习成绩、社会适应、职业技能和个人技能的发展都有极为不利的影响；对周围环境中有压力的事件，表现出非暂时性的过激反应；在两种不同的环境中表现出一致的障碍，至少其中之一是在学校；对普通教育的直接干预反应效果很差，或者说普通教育的干预对这类学生是非常不充分的。

②情绪与行为障碍可能与其他障碍类型同时存在。

③情绪与行为障碍可能伴随精神分裂症、情感障碍、焦虑症，其他行为或者适应方面相类似的失调。如果这种失调影响儿童的学业表现，就会影响儿童的全面发展。（特恩布尔 等，2004）

CCBD 的定义是直接针对儿童在学校中行为的界定，着重阐明情绪与行为障碍儿童的教育难度。这一定义认定所谓情绪与行为障碍是与适当年龄、种族和文化标准下的行为相比而言的。情绪与行为障碍可与其他障碍并存，承认儿童在障碍上的多重性，其他障碍类型的儿童也可能会伴有持续而明显的情绪与行为问题。

我国台湾地区制定的《身心障碍暨资赋优异学生鉴定原则鉴定基准》将严重情绪障碍定义为：指个人长期情绪或行为反应显著异常，明显异于其年龄或文化，且严重影响学业、人际关系及生活适应者，其障碍并非智能、感官或健康等因素直接造成之结果（顾定倩，2001）。而朴永馨（2006）主编的《特殊教育词典》中对行为障碍（Behavior Disorder）有所界定，认为行为障碍者主要表现为：①不良行为动作，如吮吸手指或衣物，咬指甲或其他物品、手淫、拔头发等；②退缩行为，表现出胆小、害怕、孤独、退缩、不愿到陌生的环境中去，也不愿与其他儿童交往，常一人独处，与玩具相伴，但没有精神异常；③生理心理行为异常，如遗尿症、遗粪症、厌食、夜惊、噩梦、口吃等；④习惯性品行问题或违法行为，如经常说谎、逃学、偷窃、打架、破坏财物等。对于这些行为问题，必须从心理治疗、药物治疗及教育等多方面深入矫正治疗。

### 二、情绪与行为障碍的主要特征

#### （一）智力与学业成就

情绪与行为障碍儿童的智力发展水平并不高，大多数在学业上也表现出低成就。有研究表明，情绪与行为障碍学生的平均智商（大约为90）在愚钝到正常的范围内，智商位于聪明到正常范围的相对较少（马克，戴维，2009）。张锋和黄希庭（2005）在研究中谈及情绪与行为障碍学生是一个特殊的差生群体，他们在学习活动中常怀疑自己的学习能力，情感上心灰意冷、自暴自弃，害怕学业失败并由此产生高焦虑或其他消极情绪，行为上表现出破坏或攻击等问题行为以逃避学习。一般来说，这类学生在学业上通常表现为学习困难、学习成绩落后、不及格课程多等。如，Nelson等（2004）研究表明，情绪与行为障碍学生在各个年级中都存在学业成就的缺陷，而且在数学上表现差。也有研究者指出情绪和行为障碍阻碍了儿童在智力测试中的表现，但是不可否认的是，情绪与行为障碍儿童智商低于正常标准的这一事实，表明他们在完成其他学生能够成功完成的任务上能力偏低，并且较低的分数与学业成就和社会技能等领域的功能缺陷相一致（哈拉汉，考夫曼，普伦，2010）。

## （二）外化行为

情绪与行为障碍儿童通常会表现出一些反社会或者外化的行为，与外界环境发生关系的异常行为一般被称为"外化障碍"。在教室里，儿童的外化行为主要有：随意离开座椅、大声喧哗、干扰其他同学、打架、无视老师、过度争辩、偷窃、说谎、破坏公物、不遵守指令、易怒等。有学者提出"不服从"是所有这些外化行为的核心，大多数的争辩、易怒、打架和违反规则都可以视为"不服从行为"的继发表现。情绪与行为障碍儿童与他们周围的一切都有着持续的冲突，而他们的侵略性爆发常常会引起他人的报复，因此他们在学校或家庭里通常不被人喜欢并且很难与别人建立友谊。在进入青春期后，可能会出现辍学、物质滥用（吸毒、酗酒等）、边缘化、幼稚倾向等。研究表明，情绪与行为障碍儿童在校期间违纪行为的发生率是普通儿童的 13.3 倍（王苏弘，罗学荣，2011）。

## （三）内化行为

一些情绪与行为障碍儿童的行为并不表现出侵略性，他们的问题与外化行为正好相反，几乎没有社会联系性，因此被称为"内化障碍"，也被称作"情绪障碍"，常常表现为焦虑、抑郁、退缩、不成熟、孤独等。虽然儿童表现出幼稚和退缩并不会对他人造成威胁，但是这些症状会严重影响其个人的身心发育。这些儿童很少与同龄儿童游戏，缺乏交友、娱乐等社会技能，经常陷入"白日梦"和"幻想"之中。有部分儿童还会对某些事物表现出毫无理由的恐惧，抱怨自己生病或受伤害，心情抑郁（休厄德，2007a）。这些行为严重影响儿童参与正常的学习和课外活动，甚至会造成物质滥用、绝食、自残、自杀倾向等。情绪与行为障碍儿童的内化行为引起的焦虑和情绪障碍对课堂纪律、同学关系、家庭关系等影响较小，因此很容易被老师和家长们忽视（王苏弘，罗学荣，2011）。但是儿童的这类行为一经发现，就应立即给予心理咨询和辅导，通常预后良好。

### 三、情绪与行为障碍的发生率

教育部《关于加强中小学心理健康教育的若干意见》指出，儿童青少年时期处于身心发展的重要时期，随着生理、心理的发育和发展，竞争压力的增大，社会阅历的扩展及思维方式的变化，他们在学习、生活、人际交往和自我意识等方面可能遇到或产生各种心理问题。有些问题如不能及时解决，将会对他们的健康成长产生不良影响，严重的会使其出现行为障碍或人格缺陷。据报道，在我国 17

岁以下的青少年中，至少有 3 000 万人受到各种情绪障碍和行为问题的困扰。以北京市为例，1984 年北京地区儿童行为问题检出率为 8.3%，1993 年为 12.9%，2002 年北京中关村部分重点小学儿童行为问题检出率为 18.2%。2005—2010 年的资料显示，我国儿童行为问题的检出率在 13.97%~19.57%。当前我国儿童青少年精神问题的患病率已经超过了国际 15%~20% 的平均水平，我国中小学生精神障碍患病率为 22%~32%，突出表现为人际关系、情绪稳定性和学习适应方面的问题（邓永胜，2010）。

目前美国情绪与行为障碍的流行率至少为 6%~10%，很多学者相信这个数值可高达 20%，并认为学龄儿童中至少有 2% 的学生需要因此而接受特殊教育，而现实中此类儿童在校期间接受特殊教育的比例尚不足 1%（Hallahan, Kauffman, & Pullen, 2013; Kauffman & Landrum, 2012）。我国情绪和行为障碍的流行率在 10% 左右，且一些学者认为这一比例很可能受中国家长爱面子等传统文化的影响而被低估（Liu et al., 1999; Wang, Liu, & Wang, 2014）。有研究结果显示，我国学龄前儿童行为异常的检出率为 6%~26%（刘云艳，2009）。赵光等人（2005）采用 Achenbach 儿童行为量表（CBCL）对徐州市 471 名小学生的行为问题和情绪障碍进行问卷调查，发现有行为问题和情绪障碍的小学生人数为 58 人，检出率达到 12.31%。还有学者对山东农村地区 3~6 岁儿童进行整群随机抽样，情绪和行为异常的检出率为 34.15%（王硕 等，2014）。

### 四、情绪与行为障碍的类型

目前，针对情绪与行为障碍的分类，还没有达成一致的标准，我们可以从不同角度对情绪与行为障碍进行分类。

#### （一）根据障碍的严重程度分类

根据障碍的严重程度分类，可以分为轻度、中度和重度。

##### 1. 轻度的情绪与行为障碍

轻度的情绪与行为障碍儿童一般没有表现出很明显的外倾行为，大多数表现为孤僻、不爱说话、多愁善感、情绪不稳定、对个人及他人不致造成太大困扰。与中重度相比，轻度情绪与行为障碍儿童能与别人维持一定程度的和谐关系，对生活、学习有轻度影响，但不良行为方式并不顽固，可以被矫正，一般不需要特殊安置。

## 2.中度的情绪与行为障碍

中度的情绪与行为障碍儿童在情绪上感受到极大痛苦，学习、生活及人际关系深受其行为问题的影响。通常表现为在课堂上大吵大叫，扰乱课堂秩序，干扰教师授课和同学学习，与同学吵架、打架等。这些行为多属于不被社会接纳和认可的非社会性行为，而不是反社会性行为。

## 3.重度的情绪与行为障碍

重度的情绪与行为障碍儿童如同生活在另一个世界，很难从事学习与处理日常事物，他们通常伴有偷窃、抢劫、赌博、吸毒、自杀等反社会性行为。这类儿童不良行为的矫正通常要较长的时间和特定的条件，必要时需在隔离的环境中由专门人员长期加以辅导。

### （二）根据自我控制程度来分

根据自我控制程度来分，可以划分为超控型和低控型情绪与行为障碍。

## 1.超控型情绪与行为障碍

超控型情绪与行为障碍的儿童过分控制了自己的情感和行为，表现出害羞、焦虑、孤独、胆怯等行为特征。他们常常被隔离在群体之外，出现孤僻、不与别人沟通和交流的状态。这类儿童中女孩所占比重更大。对于这类儿童的教育和矫正，应多使用鼓励式的教育，帮助他们建立自信，克服胆怯心理，融入集体。

## 2.低控型情绪与行为障碍

低控型情绪与行为障碍的儿童对自己的情绪及行为缺乏控制，常常表现为随心所欲的情绪波动、行为失控。主要特征是多动、侵犯、攻击，将自己的挫折转嫁到别人身上，情绪波动大。男生出现这类问题的概率较大。对于这类儿童的教育主要是培养其自控力，学会多角度去分析和考虑问题，学会换位思考，理解别人的情绪感受。

### （三）根据症状描述分

根据《中国精神障碍分类与诊断标准第3版（CCMD-3）》有关童年和少年期的情绪和行为障碍的症状描述，可以将儿童的情绪与行为障碍分成四类：情绪障碍、注意缺陷与多动障碍、品行障碍和其他行为障碍。

## 1.情绪障碍

（1）焦虑症

焦虑症是儿童时期最普遍的一种情绪障碍，通常表现为对即将来临的、可能会造成危险或威胁的情境所产生的过分紧张、不安、忧虑、烦恼等不愉快的复杂情绪状态，包括焦虑情绪、紧张性行为和植物神经功能紊乱三方面的症状。儿童焦虑症主要有广泛性焦虑和分离性焦虑两种，广泛性焦虑主要表现为对未来的事情、个人的行为与能力、社会可接受性等方面过分的担心与忧虑，对批评敏感，情感上容易受到伤害；分离性焦虑则表现为儿童在与其依恋对象分离时出现过度的焦虑情绪，过分担心自己会与依恋对象离别，害怕依恋对象或儿童自己在分离后受到伤害而拒绝上学或单独就寝，与依恋对象分离时或分离后出现过度的情绪反应或躯体症状，如头疼、胃痛等（万国斌，2003a）。

（2）恐惧症

恐惧症是指儿童对某些物体或情境出现过分的恐惧情绪，伴有焦虑不安与回避行为，也是青少年儿童常见的一种情绪障碍，具体表现为特殊恐惧和社交恐惧等形式。特殊恐惧是指儿童面对特殊物体或情境时发生过度的恐惧或害怕，包括动物恐惧（如害怕蛇、狗）、自然环境恐惧（如恐高、恐水）、特殊情境恐惧（如黑暗恐惧、广场恐惧）、疾病恐惧（如害怕患癌）等；社交恐惧是指儿童对新环境或陌生人产生持久的恐惧、焦虑情绪和回避行为，如不愿与陌生人交往，表现出尴尬或过分关注，对新环境感到痛苦、不适、哭闹、不语或退出，害怕当众说话和表演，拒绝参加集会，但与熟悉的人在一起时社交关系良好。此外，选择性缄默也可以被看成一种特殊的社交恐惧现象（万国斌，2003b）。

（3）强迫症

强迫症主要表现为强迫观念和强迫行为两方面的症状。儿童强迫症也是以强迫观念与强迫行为为主要表现的一种儿童期情绪障碍，强迫观念是在脑海中反复出现一些思想、观念或冲动，如强迫性怀疑、强迫性回忆、强迫性联想、强迫性冲动等；而强迫行为是指反复出现刻板行为或仪式性动作，一般是继发于强迫思维，如强迫性检查、强迫性清洗、强迫性计数、强迫性仪式动作等。强迫症儿童明知道这些反复出现的想法或行为是没有必要的，甚至觉得荒谬可笑，但就是控制不了，无法摆脱，为此内心十分苦恼不安（万国斌，2003b）。

（4）抑郁症

抑郁症是一种情绪障碍，由弥漫性悲伤情绪和无助感为特征，通常表现为长时间的无理由的情绪低落。儿童抑郁症的特征：①情感障碍：表现为情绪低沉、不愉快、悲伤、哭泣，自我评价过低，不愿上学，对日常活动丧失兴趣，什么都不想玩，想死或企图自杀；也表现为易激惹，好发脾气，违拗，无故离家出走等。②精神运动迟滞：表现为行为迟缓、活动减少，行为退缩，严重者可出现类木僵状态（杜亚松，2011）。

（5）创伤后应激障碍

创伤后应激障碍是指由于受到异乎寻常的威胁性、灾难性心理创伤，延迟出现和长期持续的精神障碍，临床主要表现为症状闪回、对创伤事件的回避、情感麻痹等。儿童创伤后应激障碍主要表现为以下症状：①重现创伤体验：受创伤儿童通过回忆、梦境等方式重新体验创伤，特别严重者甚至会出现"闪回"体验；②回避和麻木：受创伤儿童持续回避与创伤有关的刺激，对异常反应表现麻木，也可能对未来失去信心；③警觉性增高：创伤后的儿童在平常情况下无危险时也表现持续性警觉增高，经常无法入睡，做事注意力难以集中，对惊吓反应过度（朱菊红，2013）。

### 2. 注意缺陷与多动障碍

注意缺陷与多动障碍，即儿童多动症，是儿科神经专业门诊常见疾病，指发生于儿童时期，与同龄儿童相比，以明显注意集中困难、注意持续时间短暂、活动过度或冲动为主要特征的一组综合征，常常表现为上课走神，做小动作，难以对学习内容表现出持续且集中的注意力，作业拖延、效率低等。儿童在社会交往中往往缺乏控制力、行为卤莽、冲动，违反游戏规则或社会规则，与同龄人交往时则表现为人际关系差，在家中与父母闹矛盾，在学校学业成绩差，不遵守纪律，儿童的社会性发展受到明显影响（李韵，2007）。

### 3. 品行障碍

品行障碍是指儿童出现反复、持久地违反与之年龄相应的道德准则和社会规范标准，对他人或公众利益造成损害的一类行为，不仅对儿童自身的健康，同时也会对整个社会的秩序造成很大影响（许秋华，2019）。品行障碍所指的是某种持久的行为模式，单纯的反社会或犯罪行为不列入此标准，其特征是反复而持久的反社会性、攻击性或对立性品行。

（1）对立违抗性障碍

对立违抗性障碍多见于10岁以下的儿童，主要表现为明显不服从、违抗或挑衅行为，例如经常说谎、暴怒、好发脾气、怨恨他人、心怀报复等，但没有更严重的违法或冒犯他人权利的社会性紊乱或攻击行为。对立违抗性障碍的品行问题已超过一般儿童的行为变异范围，如果仅仅是严重的调皮捣蛋或淘气，不能算是对立违抗性障碍。

（2）反社会性品行障碍

反社会性品行障碍不仅表现为经常说谎、暴怒、常怨恨他人、长期严重的不服从、常与父母或老师对抗，而且还表现出经常性逃学、擅自离家出走、参与社会不良团伙一起干坏事、故意损坏他人或公共财物、反复欺负他人，以及偷窃、抢劫、持凶器故意伤害他人等严重危害社会秩序的破坏性行为，其日常生活和社会功能明显受损。

### 4.其他行为障碍

其他行为障碍有如抽动障碍、进食障碍、排泄障碍、刻板性运动障碍等。抽动障碍是一种不随意的突发、快速、重复、非节律性、刻板的单一或多部位肌肉运动或发声，如眨眼、耸肩、扮鬼脸、吼叫、重复言语等；进食障碍如拒食、异食、神经性厌食和贪食等；排泄障碍如非器质性遗尿症、遗粪症；刻板性运动障碍是指一种随意的、反复的、无意义的、多为节律性的运动，如摇摆身体、拔毛、咬指甲、吮拇指等。

## 第二节 情绪与行为障碍儿童的心理问题及其产生原因

### 一、情绪与行为障碍儿童常见的心理问题

#### （一）认知不协调

情绪与行为障碍儿童缺乏分析和处理问题的能力，常常凭借感觉对问题做出判断和决策，情绪控制能力差，易冲动行事。例如，这类儿童在需求得不到满足时，通常会采取某些极端的行为而不是意图探寻有效的沟通和解决问题的方案，他们往往控制不住自己的极度愤怒的心理状态，表现出不符合社会规范的行为，甚至违法乱纪的行为。与智力障碍儿童相比，智障儿童的认知缺陷通常表现在信息加工的全过程中的功能性损伤，即输入、编码、储存，以及输出方面存在不同缺陷；而情绪与行为障碍儿童的认知缺陷主要表现在心理结构中的知、情、意、行的不协调，即使情绪与行为障碍儿童知道自己的情绪不合理或者自己即将做出的行为

是不合理的，但是他们仍然无法控制住自己的情绪和行为。认知不协调会给情绪与行为障碍儿童带来学习上的困难，使其成为学校中的低成就者。

（二）负性情感常常出现

人人都会经历挫折，这点在所难免，但是情绪与行为障碍儿童在从事有目的的活动中经常遇到阻碍和困难，致使个人心理预期无法实现，需求不能被满足，加之他们缺乏正确对待和解决问题的能力，会持续产生严重的失败感和受挫感，这种超负荷的受挫感可能加剧儿童的问题情绪和行为。这些负性的情绪情感在焦虑症、抑郁症、恐惧症等儿童身上常常出现，部分情绪与行为障碍儿童还可能通过打人来缓解自己的焦虑情绪，表现出攻击性行为，并且情绪不稳定，易哭、易闹、易感情用事，常常超出自己的控制范围做出一些破坏性甚至是反社会性的行为。

（三）表达情绪能力差

情绪表达是缓解心理压力的重要方式，大部分人都可以通过向身边的亲朋好友倾诉和表达自己的情绪从而减轻压力，获得心理的平衡。但是情绪与行为障碍儿童往往伴随着较差的人际关系和沟通能力，这使得他们通常不会表达自己糟糕的情绪问题。因此他们常常表现出无缘由地难过、哭泣、焦虑、痛苦等情绪状态，还有一些内向性的情绪体验，例如表现过分安静，对多数事件和活动缺乏兴趣，总是爱局限在某些固定的场所和活动中，拒绝群体活动，喜爱独处，排斥融入集体。按照控制程度分，这一类的儿童属于情绪与行为障碍中的超控型儿童，由于他们经常保持沉默，不会招惹麻烦，在幼儿园或学校中常常被老师及其他同学忽略。而对于低控型儿童来说，他们通常选择干扰性和破坏性行为来表达自己的情绪，把这些情绪外化为不合理的行为，他们同样缺乏正确合理地表达情绪的能力。

（四）表现出自我中心倾向

情绪与行为障碍儿童自我中心倾向明显，在与他人交往的过程中容易以自我为出发点，遇事常常以自我为中心，不考虑他人的情绪感受以及利益得失，甚至不考虑事情外部的客观条件，固执己见、一意孤行。这种偏执并以自我为中心的心理特点使他们与人相处困难，自我认知能力差、情绪行为控制能力差、克服困难挫折的能力差，这些问题又加剧了他们的情绪行为以及社交方面的障碍。

（五）注意力缺陷和多动行为

有些情绪与行为障碍儿童还有比较明显的注意力缺陷和多动行为，他们无论在何种活动中都表现出注意力不能集中、活动过多，难以安静地坐在某一位置上全身心地投入到课堂中来。他们在上课时经常离座，专心听课的时间短暂，不能过滤无关刺激，容易被无关事物吸引而导致分心，难以始终遵守指令，并且常常干扰其他同学的学习活动等。

（六）反社会行为和退缩行为

情绪与行为障碍中的低控型儿童常常表现出攻击性和反社会性行为，对他人及社会造成恶劣影响和伤害，如破坏公物、虐待小动物、吵架斗殴、攻击同学，甚至抢劫、杀人等。与之相反，超控型儿童常表现出压抑、退缩、孤独、害怕、胆小等特性，他们不愿意与其他孩子交朋友，更不愿意到公共场所去，宁愿待在家中与玩具为伴（叶立群，朴永馨，2002）。

（七）生理行为异常

情绪与行为障碍的儿童还可能存在言语和语言沟通上的异常，以及其他生理方面的行为异常，如他们在语言表达上存在困难，入睡困难、醒来次数多，进食少或者挑食，也有一些情绪与行为障碍儿童表现出眨眼、耸鼻、咬唇以及突然发出无意义性的词语等类似抽动障碍症状的生理行为方面的异常。

## 二、儿童情绪与行为问题产生的原因

儿童出现严重的情绪困扰和不良行为是多种原因造成的，与遗传因素、脑损伤、生化因素、营养缺乏、家庭因素、学校社会环境及儿童自身气质类型等都有密切的联系，尤其是不良的家庭、学校环境因素是影响情绪与行为障碍儿童心理健康的重要因素。不良的亲子关系、父母不当的管教方式等都有可能导致儿童的情绪与行为问题。

（一）生物因素

父母遗传与情绪及行为障碍的发生密切相关，即父母一方童年期有类似经历的，儿童出现情绪与行为问题的可能性更大。此外，母亲产前、产中和产后的外伤或病毒干扰都有可能增加儿童患此障碍的机会。所有儿童从一出生就带有生物学所决定的气质类型，尽管还没有研究表明气质类型与障碍存在一一对应的关系，但是不可否认，在相同的教养方式下，教养困难型气质的儿童和教养容易型气质的儿童，前者更有可能出现情绪或行为障碍（任榕娜 等，2002）。心理学及医学界也有研究表明，脑伤、脑功能失调的儿童更容易发生情绪与行为障碍，如人的丘脑、下丘脑以及边缘系统与人的情绪活动有密切关系，这些部位受损，有可能导致严重的情绪或行为问题（钱志亮，2006）。

**（二）家庭因素**

家庭环境与儿童情绪和行为问题的产生有密不可分的联系，是其重要的影响因素（张明，2018）。父母不恰当的教育方式，如对孩子管教过严、对孩子期望过高、过度保护和溺爱儿童等，都会使儿童产生情绪或行为问题。家长过于溺爱会使儿童陷在自我中心主义的旋涡中无法走出，过于苛刻的家长会使儿童产生焦虑、抑郁、自我怀疑等情绪，而严厉惩罚等粗暴的教育方式也容易使儿童出现不良情绪及行为。父母的教养方式不仅影响儿童人格的形成，而且也会影响其攻击行为和反社会行为等外化问题行为，以及焦虑、抑郁等内化问题行为的产生。研究发现，父母对孩子的事情横加干涉、无理拒绝孩子的合理要求、对孩子评价过低、孩子犯错时严加惩罚等，都容易使儿童产生焦虑情绪，严重伤害儿童的自信心，使其形成较差的自我概念（王欣 等，2000）。家庭结构的不完整也对儿童的成长和发展有着很大影响。由于父母离异或者一方离世使儿童早期教育出现空缺，无法发挥出家庭教育的整体功能，容易使儿童产生情绪和行为方面的问题。此外，家庭氛围和家庭成员之间关系不良，成员之间感情冷漠缺乏交流，儿童感情上的需求得不到相应的满足等，同样是儿童出现情绪与行为问题的原因。

**（三）学校因素**

学校因素如学校的环境和班级的环境等，对情绪与行为障碍儿童的心理健康问题也有显著的影响。教师是在学校对学生影响最大的施教者（宫雪，2019），如果教师使用过度放纵或粗暴的管教方式，更多地关注儿童的学业成绩与身体，极少关注儿童的心理健康或面对挫折的心理承受能力，都可导致其情绪和行为问题的产生。教师的教育方式不当、学习上遭受的挫折与失败、教师和同学的批评与耻笑以及同伴欺凌等都会使儿童产生焦虑、抑郁或恐惧等情绪（李闻戈，2012）。不良的学校生活事件及有关体验，也有可能会引发儿童的情绪与行为障碍，例如，儿童因为身材矮小、长相丑陋而经常受到同伴的嘲笑，那么这个儿童很可能会出现适应不良以及情绪和行为上的问题。

**（四）社会文化因素**

儿童及其所在的家庭和学校都处于影响他们各个方面的社会文化中，社会通过多种形式的风向标，如历史习俗、禁忌等向儿童传递价值观和行为准则。在大众传媒的特定影响下，在广告、电影、电视等媒体或现实世界中出现的暴力和攻击性行为、抢劫、药物滥用等，都会以一种潜移默化的方式影响着儿童的心理状态（方俊明，2005）。在这种社会舆论和风气的不正确引导下，也极易让儿童形成情绪和行为问题。儿童能够通过观察学习各种社会规则和规范，如果儿童从电视或视频场景中看到某人表现出攻击性行为，并且因为攻击性行为而获得了奖励或逃避了处罚，那么儿童就有可能模仿其攻击行为，班杜拉的拳击玩偶实验充分证明了这一点。如果儿童处在不适的环境中，并且只能通过攻击才能逃避这种不适或获取奖励，那么他们就更可能表现出攻击性行为。

（五）环境污染

儿童摄入过量的有毒物质，如含铅量过度的食物和食物添加剂会造成铅中毒，铅中毒会影响神经生理功能，导致儿童注意力缺陷和多动等症状的出现（张建娜等，2005）。儿童出生后通过环境中的废气等吸入过量的有害物质，也可能会造成中毒，影响神经发育。有研究表明，在接触一系列环境中的神经毒物后，短期或长期内儿童更有可能患有阅读困难、注意缺陷、多动、冲动等病症（徐勇，杨鲁静，2005）。除此之外，人工添加物，母亲怀孕期间吸烟、酗酒、药物滥用等都是可能导致儿童出现情绪或行为问题的诱因（曾小周，2014）。

# 第三节 情绪与行为障碍儿童心理咨询的方法

目前对情绪与行为障碍儿童的心理咨询以综合性咨询和治疗为主，通过心理咨询、药物治疗、饮食治疗等多种干预方法相结合，学校、家庭、医院、心理咨询机构密切配合，相互合作。经过一段时间的咨询和治疗，心理问题一般能得到改善。

## 一、情绪与行为障碍儿童心理咨询的常用方法

（一）行为疗法

行为疗法是根据行为主义原理建立起来的行为矫正方法，在特殊儿童心理咨询和康复中，行为疗法常常配合其他疗法共同应用于儿童的矫正方案。行为疗法适用于儿童的焦虑症、恐惧症、强迫症和创伤后应激障碍等，对改变和塑造儿童

的行为也有良好的效果，主要的心理咨询和治疗方法包括系统脱敏法、暴露疗法、松弛反应训练、厌恶疗法等。系统脱敏法通常用于矫正儿童的焦虑症、恐惧症、创伤后应激障碍等，主要是通过诱导儿童缓慢地暴露出情绪与行为障碍产生的原因，并实行心理的放松来对抗这种焦虑情绪，从而达到消除情绪障碍的目的。咨询师在实施脱敏时一定要注意引导儿童进行情绪放松训练。暴露疗法是一开始就将儿童完全地置身于令其最焦虑或最恐惧的情境中，给他一个强烈的冲击，同时不允许其采取逃避行为。该方法对儿童的一次性冲击极大，咨询师需充分评估其适宜性，谨慎使用。松弛反应训练是通过自我调整训练，由身体部分放松导致整个身心放松，以对抗由于心理应激而引起交感神经兴奋的紧张反应，从而消除儿童的紧张和焦虑情绪。厌恶疗法是将某些不愉快的刺激通过直接作用或间接想象，与儿童需要改变的行为联系起来，使其最终因感到厌恶而放弃这种行为。

在实际运用上，行为疗法通常与认知疗法配合使用，称为认知行为疗法。认知疗法中的合理情绪想象技术可以配合行为疗法，共同运用于焦虑症、恐惧症和创伤后应激障碍儿童的心理康复。例如，咨询师可以帮助儿童回忆让他产生恐惧的情景，建立恐惧的等级层次，一级级实行脱敏治疗；同时，运用合理信念和放松技术将儿童的消极情绪转换为适度情绪，之后停止想象，让儿童讲述他是怎么想才使原来的想法产生了变化。咨询师要根据情绪与行为障碍儿童的不同病情和行为表现，采用放松技术、阳性强化、消退法等多种方法进行行为矫正。咨询师还可以与儿童一起分析其认知上的错误，共同讨论合理化的思维方式，每次治疗结束时要布置家庭作业，帮助儿童把咨询效果迁移到日常的学习和生活情境。对于脱敏治疗的孩子，在每一级的脱敏成功后，可以赠送一个他喜爱的小礼物作为奖励。针对抑郁症儿童，除了认知调整，还需要进行人际交往训练。例如，先安排他与一个比较熟悉的玩伴交往，目的是让其重新体验到人际交往带来的快乐；然后再让他与少数陌生玩伴交往，继续强化这种快乐；最后继续鼓励孩子与更多的陌生玩伴交往，直至消除人际交往障碍。

在心理咨询和治疗中，情绪与行为障碍儿童可能会因为他当前的糟糕状况跟咨询目标相差很远而感到不安和焦虑。咨询师在根据儿童的特点及其所面临的困难帮助儿童制订咨询目标和计划的同时，要帮助儿童每天进行减缓焦虑的活动，然后与儿童进行商量和讨论，在儿童可接受的范围内把咨询目标细分为一个个小步骤，经过一级咨询如果达到既定的步骤目标，便可与儿童总结在这个步骤中所获取的经验教训，并对下次的步骤目标进行重新修订和改进，直至最后完成整个咨询目标。把心理咨询和康复目标步骤化的过程实际上是在遵循小步子的原则，它可以帮助情绪与行为障碍儿童树立信心，一步一步地靠近咨询目标，最终实现咨询的康复效果。在刚开始进行心理咨询时，如果儿童的抵制情绪非常强烈，可以尽可能地将目标缩小，之后可根据具体情况进行调整是否需要加快咨询的进程。

（二）结构式家庭疗法

情绪与行为障碍儿童的心理问题往往与不良的家庭环境和家庭功能有关。一方面，父母不能言传身教、以身作则，对儿童的情绪与行为问题予以忽视，儿童通常分不清什么是对的什么是错的；另一方面，成长在这样的家庭的儿童难以感受到家庭的温暖和关爱，缺乏家庭关爱的儿童极易产生自卑、焦虑、抑郁等心理问题。家庭治疗着眼于家庭结构和家庭成员相互关系的调整，要求儿童的照料者与儿童共同参与干预，无疑为情绪与行为障碍儿童的心理咨询和心理康复打开了新思路。

结构式家庭疗法是家庭治疗中的常用方法，产生于 20 世纪 60 年代的美国，其创始人是米纽钦（Salvador Minuchin），他认为人们异常的症状表现是受到不良的家庭组织结构的影响。在对情绪与行为障碍儿童进行家庭治疗之前，首先需要探寻其家庭结构，调整儿童的家庭成员习以为常的病态互动方式，以期最终达到重建功能良好的家庭结构的目的（余咪，2013）。只有这样，儿童的病态症状才能得到彻底清除。

结构式家庭疗法关注家庭结构、家庭各子系统的特性，与我国家庭结构化程度比较高的特点非常契合，因此经常被我国学者使用（黄鼎鼎，2016）。下面主要介绍结构式家庭疗法在情绪与行为障碍儿童心理咨询和康复中的运用（余咪，2013）。

1. 第一阶段：连接与进入

这是进入家庭的过程，咨询师在这一阶段要去接触家庭中的每一位家庭成员，由于家庭结构的潜藏性，所以想要了解家庭的内在结构，不仅仅要依靠与家庭成员的单独交谈，还需要深入到家庭的日常生活场景中去，直接观察成员的言行，才能更为准确地把握家庭结构。

此时咨询师不必急于改变家庭现有规则与结构，而是要细心观察和接纳，注意了解情绪与行为障碍儿童家庭中各成员的交往过程和互动模式，最重要的是时时刻刻对自己的立场保持清醒态度，是贴近、中立还是远离。

2. 第二阶段：预估分析

根据第一阶段的几次家访情况，绘制出情绪与行为障碍儿童的家庭结构图。咨询师在预估分析阶段，要基于前期对家庭整体情况的了解，对家庭中存在的问题做出诊断和评估，包括家庭生活的环境、家庭生命周期、家庭结构状态、家庭成员的相处模式和家庭中存在的问题等。

米纽钦认为，某个家庭成员所表现出的问题症状，实际上是整个家庭环境和各个家庭成员相互作用的结果，或者某个家庭成员的症状影响到整个家庭结构及家庭成员间的互动模式。所以，实际上，所有家庭成员其实都一样"具有症状"。

3. 第三阶段：介入与改变

通过和情绪与行为障碍儿童家庭成员之间的面谈，咨询师与他们共同确定介入的目标：①改变家庭结构，重新规划界限，通过打破平衡、建立界限等咨询技巧来改变家庭成员间的亲疏程度，调整家庭系统间的状况；②建立有弹性的家庭沟通反馈机制，鼓励家庭成员努力做到多倾听、多表达，促进面对面的有效沟通；③改变家庭成员的看法，让儿童的父母及其他成员意识到，有问题的不仅仅是儿童，每个家庭成员也都负有改变的责任。

父母要营造一种温馨的家庭氛围，避免在孩子面前表现出不良情绪或冲突，使儿童产生安全感；父母在日常生活中要加强与孩子的沟通，了解其真实想法，多关心他们，同时要理解和包容儿童；父母应采用合理的教育方式，避免暴力或羞辱性语言，不能因儿童的不良情绪或行为辱骂殴打；父母要用耐心、爱心、同情心帮助儿童改正缺点，对儿童的要求要适当，对儿童的进步和优点要及时表扬；父母应引导儿童参加各种有益的团体和个体活动，教会他们社交的技巧与策略。家庭成员之间要定期进行有规律的交谈和讨论，并与咨询师一道就儿童的情绪或行为障碍探讨出切实可行的干预方案，促使家庭结构和功能发生改变，帮助减轻或消除儿童的不良情绪和问题行为。

在实际生活中，家庭治疗常常配合其他治疗方法共同使用，并且需要寻求学校、社区的帮助与支持。父母要与教师进行密切沟通，恳请教师以耐心和爱心帮助儿童，如当儿童出现适宜行为时，教师要马上提出表扬；当儿童出现不良行为时，教师可适当不理睬或给予提醒。在社区生活中，父母要积极寻求社区工作者的帮助，并在其帮助下积极参加社区家庭生活，加强与其他家庭的沟通和联系。

（三）沙盘游戏疗法

沙盘游戏疗法又称箱庭疗法、沙箱疗法，是一种成熟的心理咨询和治疗技术，其效果得到了诸多实证研究的肯定。沙盘游戏疗法是来访者在咨询师的陪伴下，从玩具架上自由挑选玩具，在盛有细沙的特制箱子里进行自我表现的一种心理疗法。这种心理治疗方法起源于英国医生劳恩菲尔德（Margaret Lowenfeld）于1929年创立的用于儿童心理治疗的世界技法，后来被瑞士心理治疗家卡尔夫（Dora M. Kalff）发展并命名为沙盘游戏（张日昇，2006）。沙盘游戏疗法具有独特的游戏性质和非语言特性，特别适合儿童和有语言障碍的来访者的心理咨询和心理康复。

1. 沙盘游戏疗法的理论基础

（1）荣格的分析心理学

荣格的心理分析学包含原型理论、个性化理论和心理动力学理论的概念，以及词语联想、梦的分析和积极想象的临床方法。荣格用原型表示无意识的内容，并将无意识分为个体无意识和集体无意识。他认为个体无意识源于个人的、可被认识的材料，还包括被遗忘、被压抑的内容以及创造性的内容；集体无意识源于人类心理经验的长期积累，沉淀在每一个人的无意识深处，为人类普遍具有，如神话、图腾、梦中一些反复出现的原始表象等。心理动力学的核心是心理能量，荣格认为心理能量要遵循从高到低的流向，使各种心理结构达到一种平衡。当人出现心理冲突时，原先的暂时平衡就会被打破，心理能量就要寻求解决冲突以建立新的平衡。而自我调节是一种平衡机制，只要条件具备，它就会通过各种手段（补偿、投射、转化等）调整心理能量，使其达到相对平衡的状态。梦和积极想象是荣格对原型的证明。荣格认为，梦是以无意识中的原型为中心而展开的，具有自主和自发的特点。而积极想象是荣格证明原型的另一种来源，也是他创造出来的一种直接与无意识相接触的方法，即先诱导出宁静的心理状态，让无意识自然涌现，然后以象征的手法来表达、体验无意识，随着意识与无意识的对峙，无意识的意义逐渐被意识心灵所了解并整合一致，从而达到意识与自我的更新。沙盘游戏疗法在某种意义上就是一种积极想象技术的应用（张利滨，黄钢，章小雷，2008），其治疗目标之一就是使来访者的无意识原型意识化，实现来访者与自己心灵的"对话"。

（2）投射理论

投射是一种心理测验技术，分为积极投射和消极投射。积极投射是把人格中积极的、有价值的品质投射到他人身上。消极投射是把自己消极的情绪投射到外界事物上。沙盘游戏就是人内心世界的一种投射，来访者在对玩具、沙和沙箱等材料进行选择的过程就是一个投射的过程，在沙箱中摆放玩具的过程也体现了赋予无结构的材料以结构的特点（张日昇，2006）。一次沙盘游戏结束后，来访者的作品通常是具有投射性的，比如使用的玩具总数、移动的玩具、最重要的玩具、最满意的领域、有无动沙、有无自我像、空白领域比例、作品主题等，可以投射出来访者目前的心理困惑或冲突，以及心象的发展趋向。

（3）游戏治疗

游戏是儿童期的一种主导活动，是最自然的思想和情感交流手段及情绪宣泄工具。游戏治疗是利用各种游戏或相关的艺术技巧解决儿童的多种心理不适和心理问题，它的特点是使来访者进入不干涉、不解释、不知道，静静地倾听与陪伴的状态，强调"自由"。沙盘游戏属于游戏疗法的一种形式，它能够通过自由、创造性的游戏在沙箱中建立一个与个体内在状态相对应的世界，即一个外观的世界得以显现出来。这也正是沙盘游戏的意义：给儿童真正的自我，为人的心理本性的发展提供适宜的方式，特别是对于有心理创伤的儿童，通过忘我的沙盘游戏，把心中的不快尽情发泄，把自己的本性尽情表现。因此，沙盘游戏有益于儿童心理创伤的治疗（王小英，王丽娟，郭丽华，2004）。

## 2. 沙盘游戏疗法的实施

游戏，从来都是侧重做，而非说。沙盘游戏没有过多的规则，这与它的理念是相承的。在沙盘游戏开始前，咨询师只需要以简洁明了的指导语，告知来访者在这里他是安全的，可以自由地创造属于自己的作品，指导语可以是"你可以用这些玩具和沙箱，随便做个什么，想怎么做就怎么做"。沙盘游戏开始后，来访者会选择玩具在沙箱中制作自己的作品，咨询师在一旁做静默的陪伴者和见证人，耐心而仔细地观察来访者的动作、行为和情绪，记录来访者的点点滴滴。沙盘作品制作完成后，咨询师要引导来访者体验和解释沙盘作品，与来访者对话，使其在说的过程中理解、领悟和自愈。沙盘游戏结束后，咨询师应尊重来访者的意愿，让其选择是由自己还是咨询师来拆除作品，如果来访者愿意自己拆除，那么咨询师要观察和记录来访者拆除的顺序和迹象，这也能折射出来访者的某些心理无意识。一般来说，沙盘作品的拆除完毕就表明一次沙盘游戏的结束，而整个沙盘游戏治疗的终结要根据沙盘作品中表现出的变化情况以及来访者心理问题的缓解程度予以确定（张日昇，2006）。

沙盘游戏作为一种心理干预的方法，目前已被较多地用于改善儿童的情绪和行为问题，对儿童的情绪问题、攻击行为、退缩行为、注意力不集中、学校恐惧症等的改善，以及儿童自我概念的提升和人际关系的调适等均有帮助，并且对受过创伤者，抑郁症、焦虑症、情绪障碍儿童也有成效。国内有研究者证实了沙盘游戏疗法可以有效地矫治学龄前儿童的多动和冲动行为（童佳君，2009），降低情绪障碍儿童的焦虑水平，并提高其情绪稳定性（张利滨 等，2009）。国外的研究也发现，沙盘游戏治疗能够减少儿童的攻击、多动和违纪行为（Flahive & Ray, 2007），对缓解儿童的焦虑、抑郁情绪和人际交往问题有着显著的积极作用（Rousseau et al., 2009）。可见，沙盘游戏治疗对于减少儿童的不良情绪和问题行为的确是有效的。

### （四）药物治疗

药物治疗对于缓解儿童的情绪与行为问题有比较直接的功效，因此也常常受到人们的关注。一般认为，正确用药和剂量适当有助于改善部分情绪与行为障碍儿童的行为，其效果主要表现为改善注意力的广度以及减少活动量。但是药物并不能真正改善儿童的问题，而且药物有明显的特异性反应，这对儿童的正常发展不利，所以建议药物治疗可以作为心理咨询和心理康复前期的辅助手段，不适宜长期使用。

虽然多数情绪与行为障碍儿童可以找到对应的药物进行辅助治疗，但药物治疗具有一定的副作用，如食欲减退、头晕等，且容易产生依赖性，药物治疗结合心理治疗效果会更加持久明显。此外，在心理咨询与康复中，咨询师与家长还可以帮助孩子使用时间管理技术、警示卡、自我目录、行为契约法等，以增强对情绪和行为问题的干预效果。

无论使用何种心理咨询和治疗方法，咨询师都必须与来访的情绪与行为障碍儿童建立良好的关系，耐心地了解其问题表现及原因，通过咨询师、家长、老师三方面的密切配合，创造良好的环境，制订出短期和长期的干预治疗与教育发展目标。咨询师要详细了解儿童的障碍形成经过、诱因及儿童的个体因素和客观环境因素，确定咨询方案。教师与家长要多关心情绪与行为障碍儿童，认真倾听他们述说，与儿童及时沟通，建立相互信任的关系。家长不可一味地同情、保护，或者武断地批评、责备。家长和教师要给予支持并多加鼓励，针对儿童出现的问题，帮助其合理调整，缓解情绪压力，建立自信心，从而达到缓解问题的目的。

## 二、情绪与行为障碍儿童的教育建议

### 1. 要由懂得特殊教育知识的教师为情绪与行为障碍儿童提供教育

轻度或者中度的情绪与行为障碍儿童多数在普通学校里进行学习，由于他们的特殊性，学校应该由专门的懂得特殊教育知识的教师来负责情绪与行为障碍儿童的教育，并且在接手个案时，教师应与家长进行沟通，做相关的教育和心理评估，从而制订个别化的教育教学方案。

### 2. 需要运用有效且专门的方法教授情绪与行为障碍儿童的知识和技能

许多情绪与行为障碍儿童在学业成就上（例如读、写、算等方面）落后于正常同龄人，这阻碍了他们身心的发展以及在生活和事业上取得成功。教师不能因为怕麻烦，就使用与其他儿童无异的方法或者降低课程难度来教导情绪与行为障碍儿童的学业。如果教师运用系统有效的方法，他们的学业成绩也能进步显著。例如，在课堂上为情绪与行为障碍儿童多创造表现自己的机会，增加其应答行为，就可以增强他们的学习主动性，提高学业成就（Sutherland & Wehby, 2001）。

### 3. 让儿童获得社会技能和表达自己的情绪情感与学业技能的学习同等重要

对于情绪与行为障碍儿童而言，他们中大多数存在不同程度的沟通和社交障碍，例如交谈、表达情感、参加群体活动以及以适当方式应对的失败，在某种程度上这一系列的困难会引起情绪与行为障碍儿童的存在危机。他们之所以经常与同学或他人发生矛盾，是因为他们缺少处理煽动性事件的技巧，他们将人与人之间轻微的触碰和摩擦理解为别人对自己的挑衅攻击。所以，教会他们必要的社会技能，让其学会合理地表达自己的情绪、情感，对于减轻他们的情绪和行为问题至关重要。

### 4. 建立矫正指导中心，积极为家庭、普通学校和社会提供各种形式的咨询，帮助矫治儿童的不良情绪和行为

社会应加大对情绪与行为障碍儿童的相关知识的宣传力度，使人们认识到任何人在任何阶段都可能面临着各种问题，都需要社会及他人的理解与帮助。教育是面向全体儿童的，情绪与行为障碍儿童不应因其需要额外帮助而被排除在普通

教育之外，政府应当为此类儿童成立专门的机构，配备专业的咨询人员为其提供专业的服务和支持。

5. 综合运用各种咨询方法，针对儿童情绪和行为问题的特点制订适当的干预方案

多学科、多理论地协作会使咨询过程更加系统有效，因此有必要整合心理学、医学、社会学、特殊教育学等专业领域知识和专业人员，就儿童的情绪或行为问题展开综合讨论，得出一个多方认可、多方投入的矫正方案，灵活运用各种心理咨询方法，努力将负面效应降到最低，从而得到最佳的咨询效果。

# 第四节　沙盘游戏改善儿童情绪和行为问题的案例分析

读写困难儿童在字词的解码、识别，以及拼字和书写上的功能受损，不仅直接影响他们的学业成绩，而且还会表现出更多的焦虑、抑郁情绪和问题行为，有可能并发情绪与行为障碍。我们对一例读写困难伴有情绪和行为问题的儿童实施沙盘游戏的干预方法，共进行 34 次沙盘游戏，包括 31 次个体沙盘和 3 次亲子沙盘，追踪考察了沙盘游戏在改善儿童情绪和行为问题中的咨询效果（王滔，杜欢，2016）。

## 一、个案基本资料

小 J，男，出生于 2002 年 9 月，独生子，剖宫产，1 岁零 4 个月开始学习走路，3 岁时才能双脚走路，但容易摔跤。3 岁半开始识字，在幼儿园小班时，集体操作课活动困难，走一字步困难。大班时出现书写问题，b、d 不分，易混淆偏旁，无法写字。5 岁阅读文字书，6、7 岁才会涂鸦，9 岁开始学会跳绳。动作有问题，但粗大动作发展有改善，精细动作却不明显。2013 年在医院所做的韦氏儿童智力测验总智商分数为 114，其中言语智商分数为 111，操作智商分数为 112，排除智力障碍。由母亲主动带至心理咨询室寻求帮助。

母亲主诉：个案在读写上存在明显困难，无法完成试卷和课堂作业，听写速度很慢，几乎无法完成听写，看字跳行，注意力缺失问题严重，经常离开座位。

与老师和同学的关系紧张，不被接受和认同，无法按集体规则活动，学业成绩位于班级中下水平。个案情绪敏感，焦虑，烦躁不安，挫败感强，难以接受老师的批评，在学校易发脾气；情绪不好就抓皮肤，爱吵架，多言语攻击，不主动进行身体攻击，不服从老师管理，喜欢网络游戏，自我控制力差，表现出明显的情绪和行为问题。

心理测评：用 Achenbach 儿童行为量表（CBCL）的家长用表对个案进行测评，从量表得分来看，小 J 的行为问题总分为 86 分，比常模高出了 44 分，表明有明显的情绪行为问题。进一步比较各个因子与常模分数，抑郁情绪和强迫行为的得分显著偏高（高出常模 7~8 分），社交退缩、攻击性、交往不良、分离焦虑和多动的得分也较高（高出常模 1~3 分），只有体诉和违纪的得分低于常模，评估结果显示小 J 具有抑郁、焦虑等情绪问题和强迫、攻击、社会交往差、多动等行为问题。

## 二、干预方法和过程

### （一）干预方法

干预方法是沙盘游戏治疗，所使用的沙盘游戏工具包括沙箱、沙和玩具。沙盘玩具分为人物、建筑物、交通工具、动物、植物、生活用品、自然元素、武器、宗教、其他共 10 个大类。咨询师记录个案在沙盘中使用玩具的类别数和总数。咨询师还归纳整理出沙盘作品中的创伤主题和治愈主题各 16 种，其中创伤主题包括混乱、空洞、分裂、限制、忽视、埋藏、倒置、受伤、威胁、妨碍、倾斜、残缺、陷入、攻击、孤立和停滞，而治愈主题包括联结、流动、赋能、深入、新生、培育、变化、灵性、趋中、整合、仪式、缓和、规则、和谐、合群和前进，统计每次沙盘治愈主题和创伤主题的数量。

### （二）干预过程

#### 1. 干预前的受理面谈

通过与小 J 母亲的面谈和 Achenbach 儿童行为量表的评估结果，发现小 J 具有情绪和行为方面的问题，在与其母亲沟通之后，明确了干预目标是改善小 J 的情绪和行为问题，确定使用沙盘游戏作为干预方法，并签订了知情同意书。

#### 2. 沙盘游戏的实施

共实施了 34 次沙盘游戏，包括 31 次个体沙盘和 3 次母子联合沙盘。每次沙盘游戏的实施步骤如下。①导入：以简短的指导语引入沙盘游戏；②沙盘制作：让小 J 自由地选择玩具在沙箱中制作沙盘作品；③交流沙盘作品：与小 J 进行对话，理解其沙盘作品的内容、场景、主题等；④拆除沙盘作品：对沙盘作品拍照存档后，由小 J 决定是否自己拆除沙盘作品；⑤与家长沟通：沙盘结束后，与家长交流小 J 上次沙盘后在学校和家庭中的情况，以及在本次沙盘中的表现和问题，给家长提出一些改进建议。

### 3. 沙盘游戏的结束与追踪

根据小 J 沙盘作品的变化，以及家长反映他在日常学习生活中的表现，其情绪行为问题已经有了很大改善，在征求小 J 自己的意愿之后，决定结束沙盘游戏。随后，继续对小 J 进行了半年的追踪，以考察干预效果的维持情况。

## 三、干预效果及原因分析

### （一）干预效果

#### 1. 沙盘作品主题的变化

随着干预次数的增加，沙盘作品中的创伤主题呈现减少的趋势，而治愈主题则呈现增多的趋势；并且在干预的早期阶段，创伤主题多于治愈主题，而在干预的中后期，治愈主题的数量逐渐超过了创伤主题。这表明沙盘游戏对改善个案的情绪和行为问题产生了疗效。

#### 2. 沙盘玩具数量和种类的变化

从沙盘游戏的第一阶段到第四阶段，小 J 每次沙盘作品使用的玩具数量呈不断上升的趋势，玩具的种类也呈现出不断增多的趋势，表明他的内心世界逐渐从贫乏和单调变得比较丰富、开阔和稳定。

#### 3. 心理量表测评结果的变化

沙盘游戏开始前 Achenbach 儿童行为量表测试所得的行为问题总分为 86 分，在抑郁、强迫行为、攻击性、社交退缩因子上的得分明显高于常模。第 34 次沙盘游戏结束后，行为问题的总分降至 47 分，已接近常模水平 42 分，并且除强迫行为略高于常模外，其他因子得分均等于或低于常模水平，表明沙盘游戏对改善个案的情绪和行为问题是有效的。

#### 4. 家长访谈的结果

在沙盘游戏干预期间，时常与家长沟通个案在学校和家庭里的学习生活情况。家长反馈个案的积极情绪明显增加，与同学和老师的关系得到改善，回家倾诉的情况少了，反复回想不愉快事件的时间也短了；课堂行为有好的变化，完成作业更快，进入学习状态也更快，注意力集中的时间有所延长，可以完成听写和课堂作业，抓皮肤和坐不住的行为也改善了。

### 5. 效果追踪

沙盘游戏治疗结束半年之后再次约见了家长面谈，并完成了 Achenbach 儿童行为量表的追踪测评。家长反映个案的情绪比沙盘结束时更稳定，能自己调节情绪，在学校的问题行为减少，读写成绩也提高了很多。家长对沙盘游戏的效果表示满意。量表的行为问题总分下降为 38 分，强迫行为和攻击性的得分都有明显下降，所有因子的得分均低于常模，表明沙盘游戏对读写困难儿童情绪行为问题的改善具有持续的效果。

### （二）原因分析

#### 1. 沙盘游戏的治疗机制：自由与受保护的空间

沙盘游戏为个案创造了一个自由与受保护的空间，这个空间与他平时的学校和家庭环境不同，没有价值评判，没有过高要求，不必担心失败，咨询师以真诚共情的态度无条件地接纳和积极关注他，在这样一个空间里他能够放心地展现自己在现实生活中不能被接受或包容的情绪和无意识，其内心的烦恼、困惑和不适应都以创伤主题的形式表达出来。这个自由与受保护的空间，也为小 J 理解玩具的象征意义、洞察自我的内心世界提供了一个探索和准备的时机，使其能通过玩具的象征意义将难以用言语表达的无意识心象有形化，从而发挥出自我治愈心灵创伤的力量。儿童心灵自愈的成长得益于两个方面的转变，一是儿童内心的负能量在沙盘游戏中得到了释放和缓解，他们逐渐学会了用更加积极的方式对待现实生活中的负性事件；二是儿童对自我探索的结果使他们逐渐获得了内心世界与外部环境的平衡，增强了对现实生活事件的承受和应对能力。儿童通过沙盘游戏积极想象，使无意识的内容意识化，最终完成对自己的接纳和认可，实现意识与无意识的整合。

#### 2. 家长参与是沙盘游戏疗效的促进力量

沙盘游戏的干预效果不是只靠完成每周一小时的沙盘游戏时间就能获得的，沙盘游戏不仅仅是咨询师和儿童之间的事情，家长参与是影响干预效果的一个重要因素。家长作为儿童的养育者和监护者，对于儿童的问题和困难最为熟悉，也最了解儿童的心理和需求，他们可以将沙盘游戏室与游戏室之外的儿童的现实生活联系起来，因此家长在干预过程中的参与和支持，能够增强沙盘游戏对于儿童情绪和行为问题的治愈效果。沙盘游戏中的家长参与首先表现为家长参与到儿童的沙盘制作，与儿童一起完成亲子沙盘。小J的3次母子联合沙盘游戏反映出儿童可以从亲子沙盘中感受到来自咨询师和母亲的双重保护，通过与母亲的互动逐渐改变交往方式。其次，家长参与还表现为家长参与到儿童沙盘作品的讨论和沟通。咨询师在每次沙盘完成后都会与小J母亲进行沟通，就本次沙盘中的问题和上次沙盘后的表现展开讨论，这不仅有利于咨询师对沙盘作品的理解和对话，而且有利于家长关注儿童的内心世界和情绪变化，积极配合干预过程。可以说，沙盘游戏治疗所取得的效果与个案母亲的全程参与和支持配合是分不开的。

### 四、建议与反思

#### （一）咨询师要在沙盘游戏中充分发挥母子一体性的治愈作用

咨询师无条件的积极关注和尊重能使情绪与行为障碍儿童放下心理戒备，将其身心状态完全投入到沙盘中来，进而能使咨询师更好地接纳和理解儿童的问题。当儿童尝试在沙盘中探寻自我时，咨询师要给予儿童关切的陪伴和适度的参与，这些能够使儿童获得被理解的感受。儿童表现出压力时，咨询师要与儿童分担压力，陪同其思考如何正确地应对和调试压力。最重要的是，在整个沙盘干预结束时，咨询师要帮助儿童获得面对生活的勇气和解决困难的能力，让其能够以更加积极的状态展开未来的生活。

#### （二）进一步加强家长在沙盘游戏干预过程中的参与度

沙盘游戏对于情绪与行为障碍儿童的疗效大小与家长的参与程度密切相关，家长参与沙盘游戏应该是全程的、整体的和发展的。全程是指家长参与到沙盘游戏的整个干预过程，从受理、评估开始，直到干预结束；整体是指家长参与到与沙盘游戏干预有关的全部活动，包括沙盘室内的沙盘制作，以及沙盘室外的学习生活；发展是指家长动态、灵活地参与到沙盘游戏的干预中，发现儿童的潜在能力，促进其健康成长。家长参与还可以将沙盘游戏中习得的积极要素扩展到儿童日常的家庭和学校生活，如为儿童营造安全、自由、愿意倾诉和表达的家庭氛围，主动与学校老师和同学沟通儿童的问题或困难等，家长有意识地建立良好的家庭互动模式有助于儿童改善情绪和行为问题。

#### （三）积极探索沙盘游戏与家庭咨询结合的最佳方式

咨询师可以尝试将亲子沙盘游戏发展成家庭沙盘游戏，不仅让母亲或者父亲参与沙盘游戏，而且是将儿童的整个家庭系统整合到沙盘游戏治疗之中。对于儿童的情绪和行为问题，家庭系统的参与会产生显著的积极影响。沙盘游戏与家庭咨询的结合，也是家庭疗法的转化与创新，使家庭疗法更容易被家庭成员接纳，避免了家庭内部的直接冲突，创造了一个相对轻松的环境来解决成员间的问题，促进了家庭成员间的反思，有利于优化家庭结构，完善家庭功能，更有效率地解决儿童的情绪和行为问题。

# 第九章

# 智力障碍儿童的心理康复

## 【问题导入】

- 智力障碍儿童的身心发展特征有哪些?
- 智力障碍儿童的心理问题及其产生的原因是什么?
- 有哪些心理咨询和康复方法有助于改善智力障碍儿童的心理问题?
- 在智力障碍儿童的心理康复中,要注意哪些事项?

## 第一节 智力障碍的概述

### 一、智力障碍的概念

智力障碍又称为"智力落后""智力残疾""智力低下"等。自智力障碍一词被提出之后,随着人们对其认识的不断加深,智力障碍的概念内涵也在不断发生变化,大致经历了以下三个阶段:第一阶段,医学与统计模式,该阶段对智力障碍概念的界定主要着眼于病理学及个体智力水平与常模的比较,大多用"白痴""低能"和"愚钝"来称呼智力障碍者;第二阶段,双重标准模式,从智商水平和适应行为两个方面来定义,要求二者兼具某些特点才能被评定为智力障碍;第三阶段,支持模式,这一时期对智力障碍的定义加入了功能性与生态学观点,增加了多元化的理解(刘春玲,马红英,2011)。

近年来,国际社会关于智力障碍概念的定义和分类标准发生了重要的变化,这些变化与美国智力与发展障碍协会[1]的 1983 年第 8 版、1992 年第 9 版和 2002 年第 10 版的定义及分类系统有直接的关系(许家成,2005)。1983 年智力障碍的定义为:

---

1 American Association on Intellectual and Developmental Disabilities, 简称 AAIDD;之前为美国智力落后协会,简称 AAMR。

　　智力障碍是指一般的智力功能明显低于平均水平，同时存在适应行为方面的障碍，并发生在发育时期。1992年对智力障碍的理解发生变化，重新定义为：个体现有的功能存在真实的局限，其特点是智力功能明显低于平均水平，同时伴有下列各项适当的适应技能中的两种或两种以上的局限：交往、自我照顾、居家生活、社交技能、社区运用、自我管理、卫生安全、实用的学科技能、休闲生活和工作；智力障碍发生在18岁以前。2002年AAIDD将智力障碍定义为：智力障碍是一种落后，其特征是在智力功能以及适应性行为两个方面有显著限制，表现在概念、社会和实践性适应技能方面的落后；障碍发生在18岁以前（方俊明，2005）。

　　2010年AAIDD推出了第11版的《智力障碍定义、分类与支持体系手册》，第一次提出了智力障碍（之前为智力落后）的官方定义。2010年版的定义沿用了2002年版的定义，但是在理解上2010年版的定义强调临床诊断在智力障碍的诊断、分类和支持计划制订中的重要性，主张对智力障碍者在不同的环境中进行谨慎评估，倡导依据智力功能、适应行为、健康以及参与等个体功能实施多维分类系统；重视对较高智商智力障碍者的诊断、评估和支持，强调在个人功能框架内考虑个别支持需求；并且提出了终生支持的理念，主张支持系统的构建及对个别化支持进行评估、计划和监督的"五步法"（王波，康荣心，2010）。

　　我国关于智力障碍的概念也受到国际社会的影响，在不断地发生变化。1987年全国残疾人抽样调查五类残疾标准中对智力残疾的界定为：智力残疾是指人的智力明显低于一般人的水平，并显示出适应行为障碍。智力残疾包括在智力发育期间（18岁之前），由于各种原因导致的智力低下；或者智力发育成熟以后，由于各种原因引起的智力损伤和老年期的智力明显衰退导致的痴呆（方俊明，2005）。2006年第二次全国残疾人抽样调查使用的残疾标准中对智力残疾的定义是：智力残疾是指智力显著低于一般人水平，并伴有适应行为的障碍。此类残疾是由于神经系统结构、功能发育障碍，使个体活动和参与受到限制，需要环境提供全面、广泛、有限或间歇的支持。智力残疾包括在智力发育期间（18岁之前），由于各种有害因素导致的精神发育不全或智力迟滞；或者智力发育成熟以后，由于各种有害因素导致的智力损害或智力明显衰退（刘春玲，马红英，2011）。

### 二、智力障碍的分类

#### （一）按智力发展和适应行为的水平分类

对智力障碍儿童进行评估分类时，起初只依据智商（IQ）测验分数为标准，到后来加入了适应行为评估，在单纯的智力测验基础上增加了对个体在该年龄段应具有的个体独立性和社会责任感的契合效力或程度的评估（休厄德，2007b）。

我国 2011 年 5 月开始实施的《残疾人残疾分类和分级》国家标准，根据智力发育水平和社会适应能力把智力残疾分成四个级别（详见表 9-1），这也是我国对智力障碍进行分类的主要依据。标准按 0~6 岁和 7 岁及以上两个年龄段的发育商、智商和适应行为对智力残疾进行分级：0~6 岁儿童发育商小于 72 的直接按发育商分级，发育商在 72~75 的按适应行为分级；7 岁及以上按智商、适应行为分级；当两者的分值不在同一级时，按适应行为分级。

表 9-1　智力残疾的分级标准

| 级　别 | 智力发育水平 | | 社会适应能力 | |
|---|---|---|---|---|
| | 发育商（DQ）0~6 岁 | 智商（IQ）7 岁及以上 | 适应行为（AB） | WHO-DAS Ⅱ 分值 18 岁及以上 |
| 一级 | ≤ 25 | < 20 | 极重度 | ≥ 116 分 |
| 二级 | 26~39 | 20~34 | 重度 | 106~115 分 |
| 三级 | 40~54 | 35~49 | 中度 | 96~105 分 |
| 四级 | 55~75 | 50~69 | 轻度 | 52~95 分 |

注：①发育商（DQ），是衡量婴幼儿智能发展水平的指标，表中的发育商分数是盖塞尔发育诊断量表（Gesell Development Diagnosis Scale）的所测分数。②智商（IQ），即智力商数，是衡量个体智力发展水平的指标，表中的智商分数是韦克斯勒智力量表（Wechsler Intelligence Scale）的所测分数。③WHO-DAS Ⅱ 分值反映的是 18 岁及以上各级智力残疾的活动和参与情况，是世界卫生组织残疾评定量表 Ⅱ（WHO Disability Assessment Schedule Ⅱ）的所测分数。

根据智力残疾的分级，可以把智力障碍分成以下四类（雷江华，方俊明，2016）：

#### 1. 极重度智力障碍（一级智力残疾）

极重度智力障碍者具有严重的社会适应障碍，面容明显呆滞，不能与人交流，不能自理，不能参与活动，身体移动能力很差，终生生活需由他人照料；语言和运动感觉功能极差，如通过训练，只在下肢、手及颌的运动方面有所反应。

**2.重度智力障碍（二级智力残疾）**

重度智力障碍者与人交往能力差，生活方面很难达到自理，经过训练，虽然可以形成某些非常简单的生活自理能力，但是其大部分生活仍需要他人照料；运动和语言能力发展差。

**3.中度智力障碍（三级智力残疾）**

中度智力障碍者具备一定的实用技能，具有初步的卫生和安全常识，阅读、计算及对周围的环境辨别能力差，能以简单的方式与人交往。对他们进行特殊教育和训练，可以使其具备基本的生活自理能力和社会交往能力，具备从事简单劳动的本领，部分生活需要他人照料。

**4.轻度智力障碍（四级智力残疾）**

轻度智力障碍者能生活自理，具有相当的实用技能，可以承担一般的家务劳动或工作，一般情况下生活不需要他人照料；对周围环境有较好的辨别能力，能与人交流和交往，能比较正常地参与社会活动；经过特别教育，可以获得一定的阅读和计算能力。

**（二）按支持程度分类**

1992年，美国智力落后协会（AAMR）的第九版《智力落后：定义、分类和支持系统》中重新修订了智力落后的定义，认为智力落后是一个人的智力和适应行为障碍在同所处环境相互作用时表现出的功能性损伤，提出了支持系统的新概念，强调为智力障碍者提供与个人需要相匹配的一系列支持服务，以改善其功能性生活，并进一步将各种不同的支持辅助需求划分为间歇的、有限的、广泛的和全面的四个水平（特恩布尔 等，2004）。2002年第10版保留了按支持程度分类的做法，2010年第11版在第10版的基础上进一步明确提出以"个体功能概念性框架"为基础的多维度分类系统，既考虑智力功能、适应行为、健康、参与和环境背景五个维度，又强调个别化的支持需求（冬雪，2011）。据此，可以按照个体所需的不同支持辅助程度，把智力障碍分成以下四个类型：

**1.间歇支持的智力障碍**

间歇支持的智力障碍所需要的是零星的、视需要而定的支持服务，个体并非经常有此需要，可能只是在生命中的某个时候需要支持辅助。此类智力障碍所需支持的特点在时间上是不定期或短期的，提供的支持强度可高可低。例如，智力障碍者在患上急性疾病或是失业的时候，需要支持者提供间歇的帮助。

### 2. 有限支持的智力障碍

有限支持的智力障碍所需要的是在某一段时期内的经常性的、短时间的支持服务，为此类智力障碍提供的支持通常是历时连贯性和限时性的，而非间歇性的，并且与更高的支持水平相比，所需的支持者较少，成本较低。例如，智力障碍者从学校过渡到就业的转衔支持，或者短期的职业培训。

### 3. 广泛支持的智力障碍

广泛支持的智力障碍所需要的是至少在某种环境中具有持续性、经常性和普遍性的支持服务，为此类智力障碍提供的支持通常是定时的（如每天），并且没有时间上的限制。例如，智力障碍者在工作中得到长期的支持服务，或者在家里得到长期的居家生活辅助。

### 4. 全面支持的智力障碍

全面支持的智力障碍所需要的是持久恒常的、跨环境的、维持其基本生存的支持服务，并且需求的支持强度高，在各种环境中都需要提供支持，甚至可能终生需要。此类智力障碍所需支持通常要有更多的人力和干预，相比之下也更具强制性。例如，教师、咨询师或康复师、心理工作者、父母、朋友等诸多人员共同参与，为智力障碍者提供全面的支持服务。

## 三、智力障碍儿童的身心发展特点

### （一）生理特点

智力障碍儿童在生理上与普通儿童存在一定差异，其生理缺陷的程度随残疾程度的加深而加重。一般来说，大多数轻度智力障碍的儿童在身高、体重和外貌等方面与普通儿童相比没有明显差异。而中、重度智力障碍儿童大多数都有某些中枢神经系统的障碍和损害，在身高、体重、外貌等方面有比较明显的特征，如过于肥胖或瘦小、身体明显瘦长、小头、五官不够端正等，在动作协调性、步态以及精细运动技能等方面也存在动作迟缓、反应迟钝、平衡失调和握力不足等问题（华国栋，2004）。

智力障碍儿童还存在大脑体积小、重量轻，脑回简单，脑沟较浅、不整齐，以及脑细胞数量少、排列不正常，树突少等大脑结构特点。智力障碍儿童的大脑皮层接通机能减弱，这是引发智力障碍儿童认知能力特别是学习能力差的内在原因。智力障碍儿童高级神经活动的条件联系的分化机能差，保护抑制占优势，并且第一信号系统和第二信号系统相互作用存在障碍（钱志亮，2006）。

（二）心理特点

### 1. 认知特点

与同龄正常儿童相比，智力障碍儿童在感知觉、注意、记忆、语言及思维等认知能力方面有明显的差异，发展速度慢、水平低，且个体差异大（方俊明，2005）。

（1）感知觉

智力障碍儿童的感知觉能力普遍低于正常儿童，感知的完整性和准确度不高（刘淑霞，2011），感知信息的速度也比正常儿童慢。智力障碍儿童的感知范围狭窄，绝对感觉阈限高于正常儿童，绝对感受性低于正常儿童。

智力障碍儿童的视觉、听觉、嗅觉、味觉、触觉都有不同程度的发展缺陷。研究发现，无论是视觉辨别还是触觉辨别，智力障碍儿童的发展水平都明显低于年龄匹配的正常儿童（林仲贤 等，2002）。智力障碍儿童对颜色的区分晚于正常儿童，智力低下严重制约了智力障碍儿童的颜色认知，他们对于颜色基本能感知，但是很难理解抽象的分类标准，对颜色认知处于较低水平（张积家 等，2007）。智力障碍儿童的听觉分辨也不及正常儿童灵敏，因此，在汉语拼音学习中，常将近似音节混淆起来。智力障碍儿童的痛觉迟钝，他们有些对受伤的疼痛没有反应，而有些可能会追求强烈刺激，如痛觉刺激，甚至出现自伤、自残行为（刘东青，2011）。智力障碍儿童的知觉恒常性不及正常儿童，当同一事物置于不同的环境时，他们往往缺乏辨认能力。智力障碍儿童在形状知觉的各层次上均存在困难，与正常儿童相比有显著的差异（林于萍，1998）。此外，与正常发展儿童相比，智力障碍儿童的感觉统合能力也相对较弱（刘赫男，2015）。

（2）注意

智力障碍儿童的注意力容易分散，注意广度十分狭窄（邵帅，2015），可接受的信息量少。智力障碍儿童难以区分相关刺激与无关刺激，也很难在一段时间内集中注意并保持警觉，容易被新奇的事物吸引。无意注意在智力障碍儿童的注意中占优势，有意注意则发展较为迟缓。智力障碍儿童注意的分配与转移也比正常儿童差，他们很难根据任务的改变把注意从一个对象转移到另一个对象，常常表现出顾此失彼，难以像正常儿童那样一边听一边写（方俊明，2005）。

（3）记忆

由于兴趣范围的狭窄、注意力不集中以及理解力的缺陷，智力障碍儿童在记忆方面的表现相对落后，其记忆缺乏明确目的，识记速度缓慢，记忆容量小，再现不准确，遗忘却很快。智力障碍儿童的记忆组织能力差，不善于采用分类等方法在理解的基础上进行记忆（华国栋，2004）。他们的意义记忆很差，机械记忆相对较好。从信息加工的观点来看，智力障碍儿童无论是信息的存储还是信息的提取都有一定的困难，尤其是在工作记忆上有着特定的障碍。有研究者对轻度智力障碍儿童、边缘智力障碍儿童和智力正常儿童进行了全面的工作记忆研究，结果显示智力障碍儿童在工作记忆的中央执行系统、视觉空间画板和语音环路三个成分上均存在缺陷，并且这些缺陷会随着智力障碍的程度加重而增加（Schuchardt, Gebhardt, & Mäehler, 2010）。

（4）思维

智力障碍儿童多停留在具体的形象思维阶段，缺乏分析、综合、抽象和概括能力，不能在互相比较中把握事物的本质属性和联系。只有当事物与具体情境联系在一起时，他们才会理解其意义。抽象思维的发展需要脑神经发育至较高的程度，中重度智力障碍儿童因为其脑神经发育的缺陷，从而缺乏抽象思维。智力障碍儿童的表象数量贫乏，他们往往思维刻板，缺乏目的性和灵活性，不会举一反三，很难做到根据条件的变化来调整自己的思维定向和思维方式，并且也缺乏独立性和批判性，容易接受暗示，跟随大流，没有自己的主见（刘春玲，江琴娣，2015）。

（5）语言

智力障碍儿童的语言发展水平与其智力水平有直接的关系，智力受损的程度越重，语言发展水平越低。智力障碍儿童词汇的获得比正常儿童更晚，一般在2~3岁时才会说一些单个的字或词，在5~6岁时说一些简单的、内容贫乏的、不合语法的句子。智力障碍儿童的年级越高，词汇理解成绩越好，他们会优先掌握代表具体客观事物和重复机会多的词（刘春玲，马红英，杨福义，2000）。总体来看，智力障碍儿童的语言发展迟缓，词汇简单贫乏。他们的词汇理解能力差，即使学会了一些词语，可能也是重复他人话语，并未真正理解其含义。在词汇的运用上，形容词、动词和连接词等运用较少。在表达时，语句缺乏连贯性和条理性，常常颠三倒四或者重复。

### 2. 情绪特点

智力障碍儿童的情绪、情感发生晚，分化迟，发展落后。他们的情感多受机体需求支配，高层次情感的协调能力差，有的智力障碍儿童缺乏交往热情，态度冷漠，但也有的智力障碍儿童表现为热情、真挚。

智力障碍儿童对人的复杂表情认知困难，除了懂得微笑代表高兴、发脾气代表生气这些简单的表情外，他们很难理解其他表情含义，比如看到某人哭，很多智力障碍儿童会知道对方在哭，但可能并不能理解对方是在伤心，更谈不上理解是因为快乐激动而哭还是因为生气而哭。他们的情绪、情感体验肤浅，比较单调和极端（刘东青，2011）。

### 3. 意志和行为特点

智力障碍儿童的意志薄弱，缺乏持久性，很难胜任需要付出努力坚持一段时间才能完成的任务，遇到困难或挫折时容易放弃努力。此外，智力障碍儿童缺少主见，目标性差，易受暗示，会稀里糊涂地跟随别人做不应该做的事情。受其意志品质的影响，智力障碍儿童常常表现出以下行为特点：

（1）行为发展水平低，控制能力差

智力障碍儿童在行为的发展上，明显不及同龄的正常儿童，有低龄化的倾向，常给人以行为幼稚的印象。智力障碍儿童控制行为的能力也比较差，缺乏对自身行为的积极监督与调节，很难按照社会道德或行为规范来控制自己的行为，一旦得不到满足，就会不分场合地哭闹。

（2）行为动机水平不高

智力障碍儿童从小饱尝失败，很少有成功的经验，充满着失败的自卑感，有可能发展到习得性无助的状态，因而他们在学习或解决问题时都明显地表现出兴趣和动机的缺乏，他们对自己的期望值偏低，遇到困难就逃避，不愿付出努力去尝试。并且智力障碍儿童长期的失败史，可能会致使他们认为无法控制发生在自己身上的事情，从而倾向于从外部寻求动机来源（哈拉汉，考夫曼，普伦，2010）。

# 第二节　智力障碍儿童的心理问题及其产生原因

## 一、智力障碍儿童的心理问题

心理问题不同于生理疾病，它是个体心理上的异常和不适应状态，也称为心理失衡。心理问题具有明显的偶发性和暂时性，常与一定的环境或情境相联系，因其存在而诱发。但由于个体自身差异、环境作用及作用时间长短等因素，心理问题的持续时间与消解速度有所差异，有些心理问题可能会持续存在，给个体的身心健康和日常生活带来不利影响。智力障碍儿童由于智力功能的限制，更容易出现心理问题，致使其心理健康水平降低（Emerson，Einfeld，& Stancliffe，2010）。结合教育实践和临床研究，智力障碍儿童的心理健康问题主要表现在情绪、行为、人格和社会适应四大方面。

### （一）情绪问题

#### 1. 情绪不稳定

智力障碍儿童对情绪的控制能力差，容易受外界情景的支配，常常表现出情绪不稳定，易变化和冲动，如忽而"破涕为笑"、忽而"转怒为喜"（刘淑霞，2011），并且体验不深刻，较为原始。他们的情绪变化无常，从一种情绪向另一种情绪过渡的时间很短暂，刚刚还欢蹦乱跳、兴奋不已，突然又会莫名其妙地号啕大哭。有的表现为情绪极度高涨，整天乐呵呵的，没有任何痛苦和烦恼；有的表现为情绪极度低落、抑郁，对任何事情都很冷漠、置之度外（刘东青，2011）。

#### 2. 情绪感受与表达不当

智力障碍儿童与正常儿童一样，也有喜、怒、哀、惧等情绪感受，但是由于思维缺乏灵活性，他们大多不能较好地调节自己的情绪，只是按照自己的本能需求和习惯去做出反应，不能根据客观实际需要恰当、适时地感受和表达情绪。智力障碍儿童对于一些刺激强烈的事情不一定会有相应强度的情绪反应，但一些微不足道的小事却可能引起他们强烈的情绪感受和表现。例如，有些智力障碍儿童容易因一点点小事而恼怒，生气发火摔东西，有些智力障碍儿童可能会一反平时安静听话的常态而兴奋异常。还有些智力障碍儿童无论在什么情况下，总是兴奋、愉快，即使被老师批评也无所谓（裴建雄，2014）。

### 3. 负性情绪偏多

智力障碍儿童受成长经历的影响，负性情绪较多，常常表现出焦虑、恐惧和孤独等。张福娟、江琴娣和杨福义（2004）在研究中发现，轻度智力障碍儿童与正常儿童相比，存在的心理健康问题主要体现为孤独倾向、学习焦虑、对人焦虑和恐惧倾向等。还有研究者通过问卷和访谈调查也发现，轻度智力障碍学生表现出学习焦虑，对学习和考试存有逃避心理（江琴娣，张福娟，2007）。智力障碍儿童由于社会适应困难，学习能力低下，在学业和社会交往方面经常遭遇失败，会因此产生焦虑和抑郁情绪，表现出闷闷不乐、孤独的状态，尤其是轻度智力障碍儿童容易产生较多的负性情绪。

### （二）不良行为

#### 1. 行为刻板

智力障碍儿童的行为比较呆板，对外界事物缺乏好奇心和主动性，总是按照习惯性的行为方式去做而不会变通。有的智障儿童有刻板行为和动作，比如在情绪紧张时就会做出嘴里哼哼、摇头、抠手等动作。还有的智力障碍儿童每天遵循自己固定的生活习惯，在准确的时间做固定的事情，不容许别人改变。

#### 2. 行为缺乏自控

智力障碍儿童大脑发育迟缓，自控能力差，大部分有注意力缺陷，部分伴有多动。通常表现为不能长时间地将注意力指向某一特定事物，比较容易分心，比如在上课时身体会在椅子上扭来扭去、手脚不停、喜欢插嘴。

#### 3. 冲动行为

重度或性格外向的智障儿童的冲动和攻击行为较多，他们为了发泄自己的情绪，一般容易被激怒，做出破坏物品、咬人或踢打、袭击他人等行为。他们的攻击性行为往往发生非常突然，多带有破坏性。有些智力障碍儿童则采取内向性攻击，表现为自伤行为，例如在自己的要求得不到满足或意愿受到约束时，会出现捶胸、打头、咬手指、掐自己的胳膊、撞墙等伤害自己的行为，以发泄自己的不满或引起别人的注意。一般智力障碍女生或内向性格的智障儿童多采取自伤行为。

### （三）人格偏差

#### 1. 以自我为中心

在日常生活中，智力障碍儿童常常是以自我为中心。他们为满足自身需求一般不考虑外界因素就会采取行动，往往会表现出抢夺他人物品、不懂得分享、总认为自己做得对等。这与他们以自我为中心的性格倾向密切相关，究其原因与智力障碍儿童本身的生理特点、家庭环境以及自身是非观念的缺乏有关。

### 2. 自卑

智力障碍儿童的挫折经验较多，常受歧视，被同伴拒绝和疏远，别人的要求和期待往往超过了他们的能力，从而引发了他们的自卑心理，有时自己都看不起自己，不相信自己有能力去克服困难。有研究显示，智力障碍儿童良好行为的形成率较差，且普遍存在自卑、孤独、胆怯等心理问题（李红菊，梁海萍，2006）。智力障碍儿童随着年龄的增长，其认知能力和自我意识不断增强，情感日渐丰富，他们对自己因智力残疾所带来的困难和挫折更加敏感和脆弱，因此更容易产生自卑和神经质（李祚山，1998）。

### 3. 依赖

智力障碍儿童在生活中遇到问题后，会马上有其他人来帮助解决，从而助长他们形成依赖的习惯。并且智力障碍儿童为了避免遭遇失败或减少失败的痛苦，在面对较难的任务和问题时，往往会很快放弃努力，转而采用外部导向的问题解决方式，总是依赖于他人的帮助。例如，智力障碍儿童在进入新环境时，会要求母亲陪伴，一旦母亲离开就会大哭大闹。

### （四）社会适应困难

#### 1. 人际交往退缩

认知能力的限制、不良的语言发展、不正常或不适宜的行为等，都会严重阻碍智力障碍儿童的人际交往。智力障碍儿童的认知水平较低，表现在人际交往中，大部分智障儿童不能理解人际交往的规则，也不具备应变能力，不能随情境或环境的变化而转变话题（刘淑霞，2011）。尤其是重度或内向的智力障碍儿童，他们说话声音小，害羞，不敢与人交往，见到陌生人紧张，害怕去生疏的地方，过分依恋亲人等，有的则采取独处、躲避等方式，难以与他人进行社会互动。

#### 2. 容易轻信他人

轻信作为一种社会性障碍，反映了智力障碍者，尤其是轻度智力障碍者的特征，它可能是认知与人格因素共同造成的（Greenspan，2004）。一方面，频繁的失败经历会使智力障碍儿童形成外部导向的问题解决方式，他们不相信自己，而是依赖于外部动机源，希望从他人那里寻求解决问题的线索；另一方面，智力障碍儿童的认知缺陷，使得他们无法确定某种说法在何时是真实可信的。正是由于认知和人格上的双重缺陷，智力障碍儿童缺乏自制力和判断力，易受他人和环境暗示，做事情不易坚持，容易轻信他人，难以适应社会生活。轻中度智力障碍儿童和青少年的轻信这一特点，很可能会被社会上一些心怀不轨的人利用，教唆他们去做不符合道德规范甚至违法乱纪的事情，进而影响到社会大众对智力障碍儿童和青少年的看法与态度。

## 二、智力障碍儿童心理问题的产生原因

智力障碍儿童由于受到某些先天或后天因素的影响，其身心机能都有不同程度的障碍，往往表现出控制能力差、冲动性强等特点。在当前的特殊教育学校里发现许多智障儿童的身上还存在着任性、暴力、依赖、攻击等不良行为问题，究其根源主要是受到自身、家庭、学校、社会大众传媒中一些不良因素的影响（王苗苗，李欢，2014）。

### （一）个体因素

智力障碍儿童自身在生理和心理上都存在一定的缺陷，受这些个体因素的影响，会使智力障碍儿童产生某些心理问题。

智力的损伤导致智力障碍儿童的认知缺陷，是影响心理健康问题的一个重要因素。智力障碍儿童的认知能力明显发展滞后，对外界刺激不能正确判断并做出反应，为引起他人注意，常表现出令人反感或担心的行为，如偷东西、破坏公物、戏弄他人等，这些不良行为会让同伴更加远离他们。智力是影响儿童社会能力发展的重要因素之一（戚宝萍，2017），智力障碍儿童的社会性智力有限，使其无法理解和实现社会互动，难以建立和维持友谊，阻碍了他们发展社会适应的能力。

智力障碍儿童容易疲劳、兴奋性过强或过弱，可能造成行为上的某些异常，导致心理问题的产生。智力障碍儿童大多具有异常的情绪，这也是造成其行为问题的原因之一。智力障碍儿童在面对压力时无法用高级的自我防御机制来协调焦虑、痛苦等情绪，从而引发其行为问题，同时其主动性低、缺乏自制性、意志力薄弱，这些意识特点也容易产生适应不良的行为。智力障碍儿童社会适应存在困难，因此在生活中遭受的挫折比较多，容易导致他们的自我评价偏低，出现人格方面的问题。

### （二）家庭因素

家庭环境是影响智力障碍儿童身心发展的重要因素，家庭教养方式、父母与

孩子的亲密程度等均会对孩子的心理健康状态产生巨大影响。

从家庭教养方式来看，有些父母因对智力障碍儿童心存愧疚而过分保护或溺爱孩子，导致孩子产生不合理依恋，性格怯懦，缺乏独立性，在一定程度上不利于他们的社会适应能力的发展。还有一些智力障碍儿童的家长因为长时间处于压抑状态，缺乏耐心，会对孩子采取比较粗暴的管教方式，使孩子处于一种被动的、受压制的家庭氛围之中，也可能大大增加智力障碍儿童产生心理健康问题的概率。

从父母与子女的亲密程度来看，父母的关爱是儿童产生安全感的重要渠道，当儿童得到足够的关爱，满足了其被爱的需求后，才会慢慢发展其他的心理需求。反之，如果亲密程度差，智力障碍儿童与父母沟通少，会加剧其语言障碍，造成更多的社会交往不良，影响心理健康发展。有研究发现，智力障碍儿童的家庭亲密度与适应性不仅仅直接影响到智力障碍儿童的社会适应性，同时还通过父母教养方式间接影响智障儿童的社会适应能力（仰惠茹，2018），而社会适应是衡量儿童社会性发展和身心健康的重要标准。此外，父母的社会支持水平越高，自我效能感越好，智力障碍儿童的社会适应越好。并且父母的受教育程度越高，智力障碍儿童的感知发展、人际关系、社会责任感也会越好（黄平，2017）。

（三）学校教育因素

学校教育中存在不少可能导致智力障碍儿童出现心理问题的影响因素。智力障碍儿童常常表现出学业不佳，许多轻度智力障碍儿童往往是在无法完成比较困难的学业任务时才会被发现。智力障碍儿童时常在学校环境下的学习活动、交往活动中经历失败，学校成为他们屡遭挫折的场所，过多的挫折经历使其对学习产生排斥和逃避的心理，并影响到他们的自信心和效能感，让他们认为自己的能力差，甚至产生习得性无助，进而对其他事情也缺乏主动性和积极性，容易引发他们自卑、焦虑、孤僻等情绪问题和人格偏差。

学校中的同伴关系在智力障碍儿童心理健康成长中起着重要作用。同伴关系是儿童青少年社会性发展的重要内容，是满足社交需求、获得归属感和安全感的重要途径，同伴交往经验有利于自我概念和人格发展（戚宝萍，2017）。Boivin和Hymel（1997）对8~10岁儿童进行了横向比较研究，发现儿童学校适应的问题行为受其同伴关系影响，他们的攻击行为与同伴的拒绝、欺侮相关。同伴交往的方式、其他同伴的接纳态度等同样会影响智力障碍儿童的心理健康，智力障碍儿童向同伴发起交往的方式以身体语言为主，但身体语言常常被旁人误解，他们与同伴的交往过程简单，难以形成互动（谭雪莲，2009）。赵志航、王娜和田宝（2006）的研究发现，同伴的接受对于轻度智力障碍学生的交往能力、参加集体活动等方面都会起到积极促进作用，其适应行为与良好的同伴关系呈显著的正相关。

教育安置也是影响智力障碍儿童心理健康的主要因素之一。智力障碍儿童大多安置在特殊教育学校或者是融合教育学校，有研究者对于这两种不同安置形式下的智力障碍学生的心理健康水平进行了比较，结果表明在孤独倾向和身体症状方面，随班就读学生得分比较高，表现出较为明显的问题（张福娟，江琴娣，杨福义，2004）。但也有研究者认为融合教育是一种以学生为中心的教育模式，智力障碍儿童在这种平等、受尊重的环境中能够更好地学习社会交流技能，适应正常化的环境（严茹，2018）。虽然目前我国融合教育的发展还不够完善，暂时性地给智力障碍儿童的心理健康带来一些阻碍，但从长远来看，融合教育是能够发挥出更大优势的。无论何种教育安置形式，智力障碍儿童与同伴、教师的关系以及学习压力等学校适应因素都会影响到智力障碍儿童的心理健康状况。

此外，学校里教师的影响也不可忽视，有时会对智力障碍儿童的心理健康发展起主导作用。教师对智障儿童的接纳态度、关注和理解，以及提供的个别化教育支持等都会影响智力障碍儿童的心理健康。刘红羽（2009）研究发现，教师的态度及教育方式与智力障碍儿童不适当的人际交往方式、不良说话习惯呈显著相关，与情绪不稳定呈极显著相关。如果教师对智力障碍儿童的态度是合理关注、适当满足、理解并接纳的，就能够为他们营造解决问题和困惑的心理氛围，促进其心理健康水平的提升。

（四）社会因素

就社会环境而言，主流社会对智力障碍儿童的心理健康是比较忽视的，目前我国针对智力障碍儿童康复的关注点还是主要集中于医学康复，更看重传统意义上的身体功能恢复，却忽视了智力障碍儿童的个性、社会性、情感等心理功能的发展。并且，虽然融合教育有利于智力障碍儿童的身心发展，但因得不到大多数普通儿童家长的支持，造成融合教育推进困难（严茹，2018）。有关的实证调查结果显示，普通儿童家长对特殊儿童随班就读的态度是不够支持、理解和积极的（刘泽文，牛玉柏，2005）。智力障碍儿童在社会生活中经常遭受冷落和歧视，体验较多的否定与嘲笑，很少能享受到温暖和关爱。这些拒绝和排斥的公众态度，会使得他们不敢表达或者表现自己的行为方式，逐渐变得自卑和退缩，进而妨碍其健康人格和适应行为的发展。

社会环境所能提供的支持也对智力障碍儿童的心理健康发挥着影响。社会支持是与弱势群体的存在相伴随的社会行为，是指来自个人之外的各种支持的总称。而来自各方面的社会支持就形成了整个社会支持系统，它包括有形的经济上、物质上的援助，也包括无形的心理上、情感上的关心（张云，2010）。社会支持分为客观支持和主观支持，主观支持又称为领悟社会支持，即个体自身对外界支持程度的主观感受与评价。李祚山和齐卉（2018）通过对智力残疾、听力残疾等不同类型残疾人的调查发现，残疾人的心理健康与领悟社会支持存在显著正相关，也就是说，残疾人感受到的社会支持越多，其心理健康状况就会越好。目前在智力障碍的概念中突出了支持系统的作用，强调为智力障碍者有效地实现其功能提供必要的支持服务，因此社会支持的增强会有助于改善智力障碍儿童的心理健康问题，提高智障儿童家庭的复原力和生活质量。

# 第三节　智力障碍儿童的心理康复方法

## 一、认知行为疗法

认知行为疗法是涵盖性术语，包含多种心理咨询或心理康复方法，诸如理性情绪行为疗法、问题解决训练、认知治疗、辩证行为治疗、以正念为基础的认知治疗等。虽然这些心理康复方法所强调的认知和行为理论与技术各有不同，但是它们都追求"用适应性的行为、情绪和认知来取代不适应的行为、情绪和认知"（Craske，2010）。临床实践发现，认知行为疗法结合了认知疗法和行为疗法两者的优点，便于操作与应用，是改善智力障碍儿童心理问题的有效方法，尤其是对于智力障碍程度比较轻的儿童，效果最为显著。

### （一）榜样示范法

榜样示范法来自班杜拉（Albert Bandura）的社会学习理论，是让智力障碍儿童通过观察咨询师或者教师、同伴等人的行为以及行为后果来习得适应性行为。榜样示范法可以以现实生活中的真人作为学习对象，也可以用录像、图片等间接的方式进行。咨询师作为改善智力障碍儿童心理健康问题的帮助者，在使用榜样示范法时，其自身的示范作用极其重要，咨询师的认知、行为等均可能成为儿童模仿的内容。咨询师也可以通过模拟智力障碍儿童现实的生活情境，扮演儿童自身或与之熟悉的人，来帮助儿童解决问题。此外，还可以引导智力障碍儿童关注身边的榜样人物，学习榜样的良好行为。值得注意的是，智力障碍儿童一旦习得期望中的良好行为，要及时给予强化，以巩固良好行为的形成。

（二）正向行为支持法

正向行为支持将行为问题视为具有某种沟通意义的功能和目的，并依据功能行为评估和行为功能假设来拟订行为干预计划，运用系统的、教育的、个别化的、非嫌恶的方法，以发展和扩充与行为问题具有相同功能却被社会期望或认可的正向行为技能，调整个体的生活和学习环境，从而预防或减少个体行为问题的出现，最终改善个体及其所处环境中重要成员的生活质量（刘文雅，2017）。简单来说，正向行为支持就是对智力障碍儿童的积极正向的行为及时地给予奖励，以达成提高智力障碍儿童正向行为发生频率的目的，甚至可以用正向行为取代不良行为。正向行为支持的目的一是建立社会行为准则，建立一个持久的适应其生活方式的行为，以减少问题行为；二是维护对象的尊严，帮助其了解自己的感受和需求，热爱自己的生活（罗婧，2007）。

正向行为支持法主要包括六个步骤，分别是选择与定义行为问题、对行为问题进行功能行为评估、拟订正向行为支持计划、实施正向行为支持计划、评鉴正向行为支持计划的实施成效、持续地观察与记录行为（刘文雅，2017）。在正向行为支持法的运用中，强化物的选择非常重要。强化物有很多种类，可分为：原级强化物，包括食物、操作性物体或拥有性物体；次级强化物，如分数、奖状、毕业证、代币等；社会强化物，指在交往中表现出来的动作、语言及体态语言（蔡青，2013）。为智力障碍儿童选择强化物，要先通过观察、访谈等方法多方面了解儿童的喜好，确保所选择的强化物能引起儿童的兴趣，并且要保证安全性，例如某先天性脑发育不良的智力障碍儿童同时伴有严重多动症状，在选择食物作为强化物时，应该挑选那些松软、易吞咽且温度合适的食物，避免在进食过程中出现卡嗓、烫伤等安全问题（苏婧鑫，2015）。

同时，正向行为支持法还可以与代币法相结合，当智力障碍儿童表现出适应性的正向行为或心理品质时，咨询师就给予儿童感兴趣或有价值的代币进行肯定和奖励。代币累积到一定数量之后，智力障碍儿童便可以在规定的时间和地点，按照特定的兑换规则，去换取他们想要的某种物品、活动、娱乐权利或优惠待遇。及时强化和延缓强化的联合作用，能促进智力障碍儿童积极行为与良好心理品质的增加。代币通常是一些看得见、摸得着、可计数的东西，而且便于携带、储存和积累，常用的代币有彩纸、印花、金属牌、塑料筹码、五角星、小红旗等。咨询师也可以帮助智力障碍儿童自己制作一些代币，有助于增强儿童在心理康复过程中的参与动机。

（三）现实疗法

现实疗法是一种以自我发展为前提，以成功导向为原则，以面对现实为疗效指标的心理治疗方法，其治疗核心在于要求个体接受自己的行为，并对自己的行为负责，从而帮助他们获得成功和快乐（余祖伟，2001）。现实疗法建立在控制理论和选择理论的基础上，认为人们可以对自己的生活、行为、感受和思想负责，咨询师要帮助来访者控制自己的行为，并使其在生活中做出新的或困难的选择。现实疗法基本属于认知行为的治疗取向，注重思维和行为，强调现在和将来，主张依靠人的理智和逻辑能力，以问题为中心，通过现实合理的途径获得问题的解决（江光荣，2005）。它在治疗目标上强调协助来访者控制自己的生活选择方式来满足自己的需要；在治疗方法上既要关注咨询关系，也要关注带来具体改变的方法，如询问、积极化、对质、矛盾等（韩大旭，郑云凤，杨世昌，2011）。

现实疗法的主要技术有动作导向技术和 WDEP 系统技术。动作导向技术主要是帮助来访者认识到，他们在对事情和他人做反应时有机会进行选择，而且别人对他们的控制并不比他们对别人的控制多。WDEP 系统技术中，W（wants）代表愿望，在咨询的开始阶段，咨询师需要找出来访者想要什么，并理解其需要和看法。D（direction）代表着来访者对生活方向的进一步探索，来访者有效的和无效的自我谈话会被讨论，甚至面质。在这两个阶段中，一些基本步骤，包括建立良好的关系和关注当前的行为将被有策略地进行整合。E（evaluation）代表着评估，这是现实疗法的基础，来访者将会在帮助下评估自己的行为及其对个人行为的负责程度。P（plan）代表计划，来访者专心制订行为改变的计划，计划是简单直接、易于理解的，并且具有可达成和可测量性（格莱丁，2014）。

现实疗法的优点颇多，方法比较通用，具体性强，强调短程治疗，能够促进个体内在的责任感和自由感等。对于经常遭受学业和人际挫折的智力障碍儿童来说，尤其是那些轻度智力障碍的儿童，现实疗法可以让他们形成自主自立、自己对自己负责的品质，从合适的行为选择中感受到控制的力量，体验个人责任和成功，从而增强自信心和效能感，改善不良的行为习惯和个性特征。

## 二、音乐疗法

### （一）音乐疗法的概述

音乐疗法是一个系统的干预过程，在这个过程中，咨询师利用音乐体验的各种形式，以及在治疗过程中发展起来的、作为治疗的动力的治疗关系来帮助来访者达到健康的目的（高天，2007）。音乐疗法可以改善情绪，促进身心健康，在智力障碍儿童的心理康复实践中发挥着重要作用。音乐治疗依据精神分析理论中的潜意识开发、行为主义理论中的行为矫正和人本主义心理咨询等基本原理，在音乐活动的心理场中，通过激发智力障碍儿童积极的音乐行为表现，从而改善智障儿童的情绪障碍和行为问题，促进其人际交往和身体协调等各方面的心理能力的康复和发展，达到补偿智障儿童心理、生理缺陷的治疗目的。

### （二）音乐治疗的具体方法

不同的音乐治疗学派都有自己的一套治疗理论、方案设计、评估办法、操作模式等，因此，音乐治疗的康复方法和技术也是种类繁多的，我们简要介绍下面三种音乐治疗的具体方法（胡世红，2011）。

#### 1.接受式音乐疗法

接受式音乐疗法是通过各种听音乐的方法来达到治疗的目的，也可称为聆听法。它有多种聆听技术，如听歌讨论、积极聆听、音乐冥想、放松技巧、音乐引导想象、音乐欣赏、音乐感官刺激、音乐记忆等诸多技巧（张初穗，2002）。接受式音乐疗法以聆听音乐为主，在音乐的刺激和咨询师的引领下，通过回忆、联想和想象等心理过程来调整身心以达到治疗的效果。其中的听歌讨论法是比较常用的接受式音乐治疗方法之一，既可以用于集体治疗，也可以用于个体治疗，通过讨论歌曲的风格、题材、内涵、创作背景，以及来访者听歌时的感受和唤起情境等，改变认知偏差，发现潜意识中的情感冲突，修复内心深处的创伤。

#### 2.再创造式音乐疗法

再创造式音乐疗法是通过主动参与音乐作品的唱、奏、跳，或者根据治疗的需要对作品进行改编后的各种唱、奏、创作等来达到治疗的目的。该治疗方法不仅需要来访者聆听音乐，更重要的是咨询师会依据来访者不同程度的能力，带领来访者做音乐表演，让其亲身参与到声音或乐器的音乐活动之中。再创造式音乐疗法并不需要儿童在演唱、演奏上有过音乐学习的经历，或有高深的音乐技能。再创造式音乐疗法同样既可用于集体治疗，也可用于个体治疗，咨询师根据儿童的实际能力来决定采用何种形式的治疗。音乐技能的学习也属于再创造式音乐治疗的方法，一般是以个体治疗的方式进行。

### 3. 即兴演奏式音乐疗法

即兴演奏式音乐疗法是指以人声和乐器自由表达来访者自己的情绪和感觉的心理康复方法。该疗法用非语言性的表达手段直接抒发内心的感觉，特别是对于有语言障碍的智力障碍儿童来说更具有实际意义。在即兴演奏中，多采用简单的散打节奏性乐器和带音高的打击乐器，如不同的鼓类、三角铁、镲、锣、木琴、钟琴、铝板琴等。使用这些乐器无须学习训练即可演奏，咨询师多用钢琴或吉他与儿童共同演奏，有时还会加上哼唱或用衬词演唱的人声予以配合。即兴演奏的形式可为个体即兴或团体即兴，即兴技术的使用也可以随儿童的能力及治疗目标的改变而改变。即兴演奏的内容可以事先设定主题，也可以无主题，或者在演奏过程中随儿童情绪的投入程度来设立演奏主题。

### （三）音乐疗法在智力障碍儿童心理康复中的应用

#### 1. 全面评估智力障碍儿童

咨询师在制订音乐治疗的干预方案时，首先需要对智力障碍儿童进行全面的评估，分析其实际的发展水平和现实能力，以及未来发展目标和生活所需的知识技能，据此找出"靶症状"，评估"靶行为"及与之伴随的其他症状；再将上述需要与"靶行为"转换成各个能力方面的长期治疗目标，将某个能力的长期目标分解和细化为短期目标；根据长、短期目标，制订出个别化的音乐治疗计划，以及个性化的矫治或康复方案。每次治疗活动的先后顺序，以及每个音乐活动的设计都要适合智力障碍儿童的认知水平和心理接受能力，才有可能达成所制订的目标（胡世红，2011）。

#### 2. 对咨询师的要求

智力障碍儿童在智力发展和适应性上的缺陷，导致其挫败感强，缺乏自信心。因此在进行音乐治疗的导入环节时，咨询师要有爱心、耐心，多鼓励智力障碍儿童，及时给予正强化，以提高他们的自信心。咨询师设计的导入活动还要具有趣味性，鼓励智力障碍儿童在有趣的情境中克服心理障碍，积极参加活动，顺利进入音乐治疗。另外，咨询师要给智力障碍儿童提供多次模仿和重复的机会，以便他们能够体会到成功的喜悦。

### 3. 歌曲的选择

智力障碍儿童的智力水平低于正常儿童、记忆力差、注意容易分散，因此选择的歌词应尽可能简单易懂、朗朗上口，特别是有叠词的歌曲更容易被注意和记忆。歌曲可以与智力障碍儿童平日所学知识相联系，改编其学过的儿歌等。咨询师也可以根据需求编写歌曲，例如，在相互问候时可以编写《你好歌》，歌词内容为"你好你好呀，你好你好你好。某某你好，某某你好。"其中某某是儿童的名字。

### 4. 乐器的选择

在音乐治疗过程中，智力障碍儿童可以选择的乐器是多种多样的。咨询师需要根据智力障碍儿童的喜好和自身特点来选择乐器，要能吸引其注意力。例如，缺乏语言的智力障碍儿童，喜欢敲击，那么可以为其提供能敲击的乐器，如鼓、梆子等。

## 三、绘画疗法

### （一）绘画疗法的概述

绘画疗法是通过绘画者、绘画作品和咨询师之间的互动过程，以绘画创作活动为媒质的一种表达性艺术治疗方法，目的是发展象征性的语言，呈现潜意识里被压抑的情绪与冲突，并创造性地将它们整合到人格里，直至发生治疗性的改变（魏源，2004）。智力障碍儿童在感知觉、记忆、思维、注意等认知能力上的发展受限，表现出兴趣狭隘、意志薄弱等心理问题，并伴随有消极情绪和适应不良行为。绘画疗法借助于图画的形式，不需要用语言表述，恰好有利于言语贫乏的智力障碍儿童反映内心世界，并通过绘画创作过程，释放其不良情绪和缓解内心的冲突，帮助智力障碍儿童减少或解决情绪和行为问题，促进他们自身的健康发展。

### （二）绘画疗法的具体技术

绘画疗法是绘画艺术表达与心理治疗的结合，绘画疗法的具体干预技术很多，其中适用于特殊儿童心理康复的主要有涂鸦技术和绘画技术（孙霞，2011）。

## 1. 涂鸦技术

涂鸦是一种不预先构思的涂画行为，是人在自然状态下随意涂抹出视觉痕迹的一种自由描画活动。涂鸦技术分为自由涂鸦、感知涂鸦和联想涂鸦。

（1）自由涂鸦技术基于人的本能表现，是促进人的知觉经验、身体、手指细小动作协调的一种涂鸦活动，它是一种适用于任何人的无障碍涂鸦技术。在特殊儿童的绘画治疗中，自由涂鸦可以让没有任何配合行为的重度障碍儿童表现出配合行为，是涂鸦技术实施的起点。

（2）感知涂鸦技术以特殊儿童为中心，突出治疗过程中的体验性。咨询师只是作为儿童的协助者出现在治疗空间中，为儿童的感知体验提供支持，并不左右儿童的行为选择。通过感知涂鸦，特殊儿童的主体性可以得到充分发挥，进而恢复和发展他们的本能感知能力。

（3）联想涂鸦技术借助涂鸦产生的痕迹展开联想，引发智力障碍儿童的无意识和有意识的思维运作，探寻潜意识的内容。联想涂鸦是一种积极的心理干预技术，有助于咨询师通过投射深入了解智力障碍儿童的心理活动，协助他们消除内在心理隐患。联想涂鸦已不再局限于视觉形式本身，可以拓展到不同感知觉的联想体验中，借助涂鸦进行各种联想表达，如语言、肢体表达等，促进儿童搭建自我觉察和认识的桥梁，增进其内在领悟和外在洞察的能力。

## 2. 绘画技术

绘画技术是咨询师借助有意味的图像形式与来访者进行沟通交流，利用图像符号高度的信息性，探查和干预图像背后的心理意义，并根据具体情况，运用语言的意象投射技术辅助交流的一种治疗手段。绘画技术主要有命题绘画、互动绘画和自然绘画。

（1）命题绘画技术是让智力障碍儿童按照咨询师给出的要求进行绘画组织和创作，完成创作后，咨询师以作品为媒介与智力障碍儿童形成治疗关系，展开心理分析或干预以实现治疗目的。命题绘画的要求包括题目、画中应该出现的内容、内容出现的前后顺序等，让智力障碍儿童在一定时间内完成。命题绘画技术可以分为指定命题绘画和自选命题绘画，指定命题绘画是智力障碍儿童根据咨询师直接给出的题目和要求进行创作；自选命题绘画则是由咨询师告知命题范围，儿童自己决定创作的具体题目和内容。

（2）互动绘画技术是以绘画表达作为干预工具，以创作的互动过程作为调解冲突和升华情感的手段，将绘画过程作为探查和治疗过程的一种行为治疗技术，它也是动力式的绘画治疗方法。互动绘画的过程即是治疗，通过绘画行为建立治疗关系，强调非语言的沟通，借助绘画媒材传达支持和探寻，需要咨询师具有一定的图像表现力、敏锐的觉察力、应变能力等。

（3）自然绘画技术是通过绘画促进智力障碍儿童心智成长，增强积极生命信息，推进智力障碍儿童整体感知和领悟的自性化进程，实现升华和潜能开发的康复干预技术。它具有多维和灵活的特性，是心理支持疗法和认知能力训练的主要手段，也是一种发展式的绘画治疗技术。自然绘画包括自发创作式自然绘画和指导式自然绘画，是以绘画协助智力障碍儿童实现自性化领悟的支持技术，可以促进儿童直接参与到感知环境和自我的绘画活动，有助于处理心理干预中的移情问题，增进他们的理解力和洞察力，调适情绪，提高其社会适应能力。

### （三）绘画疗法在智力障碍儿童心理康复中的应用

#### 1.正确选择绘画材料

绘画材料是进行绘画治疗的重要媒介，咨询师要根据智力障碍儿童本身的特点来选择绘画材料。例如，情绪波动较大的智力障碍儿童需要使用容易握住的铅笔、彩色笔、蜡笔等干性、固态材料，咨询师应减少难以操控的流质性材料如水彩等的使用，以避免他们因为难把握材料而使情绪受到影响，导致与咨询师的治疗关系终止或对其作品加以损坏，影响心理康复的过程和成效。

#### 2.无条件地接纳儿童及其作品

绘画疗法强调咨询师无条件地接纳智力障碍儿童及其创作的作品，要求咨询师具备相关的职业资格与伦理道德观。由于绘画是儿童向外表达自我的一种有效方式，因此咨询师在干预过程中应让智力障碍儿童充分作画以表达自我，作画完毕后应无条件接纳他们在作品中所反映出的情感，干预结束后妥善保存作品。咨询师在绘画治疗过程中不能将自己的意识强加于智力障碍儿童的作品之中，要充分尊重他们的画作，使他们的想法成为完成画作的唯一动力，这样才能让智力障碍儿童充分体验到自由、安全与信任，以消除其对咨询师的防御和抵触情绪，更好地通过绘画创作表达潜在的情感。

## 四、戏剧疗法

### （一）戏剧疗法的概述

戏剧疗法运用戏剧的形式和要素对儿童进行心理治疗，使儿童通过戏剧创作和表演过程，整理自己的独特经验，解决角色所面临的困境与问题，增进自我体验和观察能力，从而达到减轻症状、整合情感、促进身心发展的目的（杨广学，2011）。戏剧可以使虚构和现实找到最佳的结合点，具有"疗心"作用。戏剧疗法是表达性艺术治疗的新模式，是一种有意向地采取戏剧程序的活动方法，能够促进严重障碍与残障者，如特殊教育学校学生等特殊人群产生积极的改变（蓝迪，2010）。

与传统的心理治疗方法相比，戏剧疗法有其独特的表达方式和咨询形式。在表达方式上，戏剧疗法借助戏剧表演的形式，让来访者将潜意识里被压抑的内容展现出来。由于戏剧角色与真实自我之间存在一定的距离，来访者更容易接受此种方式。在咨询形式上，戏剧表演的形式既可以个别咨询，又可以团体辅导，能克服不同来访者在语言、职业、智力、价值观等方面的差异，操作灵活，易于实施，提高了治疗的效率（李晓辉，张大均，2012）。

戏剧疗法重视智力障碍儿童个人与情感、经验或生活有关的心理成长层面，可以为他们提供经验统整与内化过程，提供全方位学习和成长的机会，并且还可以将虚拟与现实、体验和象征、行动和反思结合起来，给智力障碍儿童带来深刻的影响。因此，戏剧疗法在智力障碍儿童心理康复中具有较好疗效。

### （二）戏剧疗法的具体方法

戏剧疗法可以运用角色扮演、戏剧游戏、儿歌表演、手偶剧、模拟笑剧、木偶剧、童话剧、默剧或其他表演等多种技巧来展开治疗过程，其中比较适合智力障碍儿童心理康复的常用方法主要有以下四种：

#### 1. 角色扮演

角色扮演是将来访者暂时置身于相关人物的社会位置，按照这一位置所要求的方式和态度行事，即兴或者根据剧本表演一个真实或虚拟的角色，以增进来访者对他人社会角色及自身原有角色的理解，从而学会更有效地扮演自己的角色。来访者在角色扮演中进行模仿，可以选择常见的人物角色，如父亲、母亲、教师或同学等，加深他们对现实中人物角色的思考和理解，也使其体验新角色（兰格利，

2016）。角色扮演可以协助智力障碍儿童修正对自己和他人的了解，宣泄情绪，澄清对他人的感受，预演与学习新的行为和想法。

### 2. 戏剧游戏

戏剧游戏是指儿童通过游戏的形式来探索戏剧的表达内容和形式，戏剧游戏的侧重点在于游戏。儿童从 2 岁开始，会出现大量自发性戏剧游戏，通过借助身体的表演来再现不在眼前的事物和生活场景。例如，张开双臂，说自己在"开飞机"；小朋友"过家家"；模仿护士阿姨打针等。咨询师通过儿童这些自发性戏剧游戏，让儿童根据自身的生活经验和知识自己创作戏剧的内容，可以更加深入地了解到儿童的性格特点和价值取向，并且使儿童在这种游戏的探究过程中逐渐解放天性，培养自身的创造能力（郑悦，2019）。

### 3. 场景表演

场景表演是指咨询师引导儿童运用语言、动作、表情、道具等创造性地再现儿童现实生活或者文学作品中的某个场景片段，可以采用的形式有命题场景表演、即兴场景表演、无实物场景表演等。场景表演是有计划、有角色的，每个小组成员都有可以选择的角色，然后一起讨论要表演的场景，最后合成一幕演出剧（兰格利，2016）。例如，让智力障碍儿童表演开学第一天的场景，发展他们的学校适应和交往能力。

### 4. 心理剧

心理剧属于治疗性戏剧，是指来访者将自己的心理问题通过戏剧表演的方式展示给咨询师，表达出自己的内心感受，培养和提高自己的洞察力，借此走出困境，实现自我整合和人际关系的和谐（杨广学，2011）。心理剧是一种可以使来访者的感情得以宣泄，从而达到治疗效果的戏剧，具有参与性、自创性、体验性、直观性、启发性等特点。在心理剧中，智力障碍儿童可以扮演自己家中的一位成员、班上的一位同学、餐厅里的一名服务员等，剧情可以是一般性的内容（如母子冲突、考试失败、遭受歧视等），也可以是与儿童生活中的实际情况相近的内容。心理剧能够把复杂难懂的问题简单化，把生活中的问题行为视觉化，易于轻度智力障碍儿童理解（张国涛，2017）。智力障碍儿童通过扮演某一角色，可以体会角色的情感与思想，感悟到自身存在的问题，再借助分享、角色互换等手段找到解决问题的办法，逐渐改善自己以前的行为问题。

心理剧与角色扮演在表现上有某些相似之处，角色扮演既可以是戏剧治疗的一种方法，同时也是心理剧的一种治疗技术或手段。心理剧与角色扮演有着明显的区别：首先，角色扮演强调对某个社会角色的模仿和体验，侧重于演绎与该角色相关的情节片段；而心理剧通常要演绎一个完整的故事，包括情节开端、发展、高潮和结局的整个过程。其次，角色扮演在实施的难度水平上相对较低，甚至是在心理咨询室里就可以开展；而心理剧通常需要有更多的演员、服装、道具、灯光、音乐等，对表演者和咨询师的要求更高，实施难度也更大。此外，相较于角色扮演，心理剧更重视戏剧的元素，突出来访者对情感的体验以及宣泄后的整合。

（三）戏剧疗法在智力障碍儿童心理康复中的应用

1. 戏剧治疗开始前要进行身心放松的练习

戏剧治疗包括暖身、聚焦、主要活动、闭幕与去除角色、结束五个阶段（李晓辉，张大均，2012），在戏剧治疗开始前要帮助智力障碍儿童进行身心放松训练、消除紧张情绪、稳定心神、增强自信心、做好准备。

2. 咨询师设计戏剧治疗的剧本内容要现实化

咨询师要将戏剧表演的剧本内容与智力障碍儿童的日常学习和生活结合起来，设计儿童熟悉的、与其心理健康问题密切相关的剧本情景。通过对剧本的演绎，可以让智力障碍儿童学会与人相处、互动，以及问题解决的方法。

3. 戏剧治疗的场地选择自然化

咨询师在选取戏剧表演的场地时，尽可能接近智力障碍儿童平日里接触最多的地方。例如，教室就是比较自然的一个场地，可以让智力障碍儿童在一种相对放松的状态中进行戏剧表演，展现最真实的自己。

4. 戏剧治疗过程中遵循儿童主导原则

在戏剧治疗过程中，儿童占据主导非常重要。咨询师只是一个引导者的角色，要让智力障碍儿童在戏剧表演中学会自己面对和解决问题，并迁移到现实生活。顺应智力障碍儿童的意愿，遵循他们的兴趣来发展情景，也有利于培养他们的主动性，多方面发展其能力。

## 第四节　认知行为疗法干预轻度智障儿童攻击行为的康复实例

攻击行为是智力障碍儿童常见的一种问题行为，是指以直接或间接的方式故意伤害他人的心理、身体、物品、权益等，并引起他人痛苦、厌恶等反应的行为（姚俊，2010）。智力障碍儿童的攻击行为主要有击打他人面部、向他人投掷物品、拳打脚踢、撕扯衣服和头发、推撞他人、用牙齿咬、用指甲抓等行为（闫燕，汪斯斯，雷江华，2009）。智力障碍儿童的攻击行为不仅损害他们自己的身体和心理健康，还会对周围的环境以及人际交往等产生不利影响，因此对攻击行为的矫正康复是非常有必要的。我们主要使用了认知行为疗法，结合功能性行为评估，对一名轻度智力障碍儿童的攻击行为进行心理康复。

### 一、心理康复对象的基本情况

心理康复对象为一名 8 岁的男孩，化名小叶，2 岁时经医院检查为轻度智力障碍，家庭无遗传病史，在 4 岁前常常摔跤，父母均是正常人，出生过程中没出现任何意外。其入学时间已经有 6 年，于 2011 年转入现在就读的特殊教育学校读书，在学校的学习成绩比较好，其他各方面的能力也比其他孩子更好，因此常常有一些骄傲。

小叶在学校经常出现攻击他人的情况，班主任老师对其攻击行为进行管理，也没有取得多大的效果。他在父母面前比较听话，在家里很少有攻击行为，但在学校基本上每天都会出现攻击行为，而且有时候还会攻击老师。小叶在外人面前比较霸道，别人没有满足他的要求，他就会打人家，特别是在与同伴的交往中表现得尤为突出。

### 二、干预方法

#### （一）功能性行为评估

儿童的问题行为集中表现为三种功能，即正强化功能、负强化功能和需求刺激功能，智力障碍儿童的问题行为分析也符合这三种功能。其中正强化功能是指问题行为主要由正强化结果来维持，儿童主要获得社会性、物质和活动这三方面的强化；负强化功能则与正强化功能相反，问题行为由负强化结果来维持；需求刺激功能指问题行为主要是由刺激来维持，包括增加刺激和减少刺激两种功能（马占刚，2012）。

我们运用访谈、观察的方法了解小叶在家中以及学校的表现，不仅对小叶的监护人以及教师进行访谈，而且还对小叶在学校期间的攻击行为进行观察记录，并分析其攻击行为产生的原因。结果发现，小叶的攻击行为主要表现为抢东西、打人和咬人。根据教师、家长的访谈以及观察的资料来看，小叶出现攻击行为的原因主要是他因为认知能力比较好，就喜欢去管其他同学，当同学不听或没有达到其意愿的时候，他就会攻击他人。并且小叶的自我控制能力比较差，往往直接将不满情绪发泄出来，没有考虑自己这样做带来的后果，常因一些小事情而出现攻击他人的行为。

（二）干预方法

基于以上功能性行为评估的结果，我们针对小叶的攻击行为提出如下矫正策略：

### 1. 环境调整

要矫正儿童的攻击行为，教师应为儿童创造适宜的环境，提供一些正确的行为模式供其选择（丁新胜，2004）。我们对小叶周围的环境进行调整，努力为其提供一个避免冲突发生的游戏和学习场所，使他感到舒适、和谐。在参加集体活动的时候，大家多和他一起分享快乐，让他知道一起分享的乐趣。在玩玩具的时候，禁止大家一哄而上抢玩具，而是把玩具分好，围坐在一起玩，并且中间有足够的空间，防止接触碰撞。玩一段时间后，提议交换玩具，防止小叶因厌倦而产生抢夺别人玩具的想法。另外，还教给大家合作玩玩具，尤其是请大家要邀请小叶参与，并且做好分工，在此过程中注意观察小叶的行为和心情，及时反馈。

### 2. 示范模仿

观察学习理论认为，个体可以通过观察他人在特定情境中的行为及行为结果，改变对自己行为的认识，进而模仿他人的行为。模仿可以巩固或改变原有行为，也可以使原来潜在的行为得以表现，还能学到新的行为。对别人良好行为的模仿，可以帮助有不良行为的人以适当的反应代替不适当的反应，习得良好行为以代替不好行为。为了促使小叶模仿他人的良好行为，可以安排性格温和的同学坐在他的旁边，当这位同学做出正向行为反应时（如不抢东西、不打他人等），老师就及时给予奖励，并常常请表现好的同学做出示范行为，再让小叶来模仿这一行为，以便于他更好地学习和掌握良好行为。例如，在大家一起玩玩具的时候，老师及时奖励把玩具给别人玩的同学，并鼓励那位同学下次继续这么做；然后请小叶把他的玩具和别人分享，当他这么做的时候，老师就给予表扬；如果没有这么做，老师就撤出奖励物。

### 3. 行为疗法

通过使用强化和惩罚的方法，利用小叶的兴趣爱好，创造积极的社会学习结果，其最终的目的在于系统有效地减少小叶的行为问题。整个干预过程中采用了先强化后强化与惩罚交替实施的策略，还运用了代币法。当小叶在学习和生活中的一个时间段内没有出现问题行为时，老师或父母就立即给予强化物和表扬。在强化物的选择上，首先选择他喜欢的原级强化物，包括糖果、玩具等，其次还有次级强化物，包括五角星等，以及他所喜爱的社会性强化物，如握手、微笑、表扬、鼓励等。在实施一段时间并有一定的效果后，强化物逐渐由强到弱。例如，刚开始当他某一时段没有出现攻击行为，使用糖果奖励或者奖励他去玩自己喜欢的玩具，从而强化他的良好行为；后来慢慢用其他强化方式来代替，经常性地向其他同学表扬其良好的行为，并呼吁其他同学向他学习，巩固其良好的行为。同时，在强化的过程中，采用一定的消退或惩罚方法，在小叶出现攻击行为时，不予满足其"要物品或食品"的需要，或撤出以前给予的奖励。

## 三、干预效果及原因分析

### （一）干预效果

我们对小叶攻击行为的心理康复过程共历时 14 周，其中干预 8 周，前期准备观察 4 周，追踪观察 2 周。康复效果比较显著且稳定。

### 1. 观察记录结果

通过观察记录，结果显示康复训练后小叶的攻击行为出现次数比康复之前有了明显减少。在准备观察阶段，即第 1 周到第 4 周，小叶的攻击行为每周出现次数为 19~23 次，总共发生 84 次，平均每周 21 次。在干预阶段，即第 5 周到第 12 周，使用环境调整的第 5 周到第 8 周，小叶的攻击行为每周出现次数为 11~17 次，共计发生 57 次，平均每周 14.25 次；在 9 到 12 周，增加示范模仿和行为疗法后，其攻击行为每周出现的次数锐减为 5~7 次，共计发生 23 次，平均每周 5.75 次。在最后的追踪观察阶段，即第 13 周到第 14 周，小叶的攻击行为每周出现次数分别是 4 次和 3 次，共计发生 7 次，平均每周 3.5 次。由此可见，小叶的攻击行为次数呈现出比较稳定的持续减少趋势，表明康复效果及其维持都比较良好。

### 2. 访谈结果

在干预过程中，我们一直与老师和家长保持联系，通过访谈了解小叶的变化。访谈发现不仅小叶的问题行为减少，而且还出现了主动回答问题等良好行为。在干预前期，他为了得到老师的奖励，经常积极主动地去做事情，和其他同学一起玩的次数也变多了。但是长时间的单一强化模式，令其不再那么有兴致，老师给予的强化不像以前那么有效。在干预后期，强化与惩罚交替使用，再加上示范模仿，小叶的攻击行为明显减少。这是因为他很喜欢五角星，会为了得到五角星，上课主动举手，课堂上坐得很端正，下课后也不和其他同学抢东西，希望得到老师的关注和表扬。

### 3. 效果追踪

在干预结束后，继续进行了两周的追踪观察。家长和老师不再运用行为矫正策略，而是给予其较为自然的环境，观察他在多种情境下的行为表现，特别是在遇到冲突的情况下，观察他是如何解决的，老师和家长对其行为表现做观察记录。从干预后的日常观察来看，小叶的攻击行为明显减少，在与同学的交往过程中能很好地使用正常的交往和表达方式。另外，老师还发现他的语言能力、动作表达、交往能力都有了提高。

### （二）原因分析

#### 1. 干预方法的合理性

整个康复训练的过程主要采用了认知行为疗法，结合了认知疗法与行为疗法的优势，在智力障碍儿童心理康复中的效果明显。一方面，行为疗法具有操作性强、针对性强、疗程较短以及见效快的优点。另一方面，榜样示范法的心理机制涉及对榜样表现出的良好行为的注意、保持、动作再现和动机激发过程。这些与个体认知活动相关的内部心理机制，有助于小叶更好地理解别人示范的良好行为，比较自己的不当行为，再配合不同类型和层次的行为强化，使得针对小叶的攻击行为所实施的心理康复效果显著。

#### 2. 功能性行为评估的重要作用

功能性行为评估是整个康复训练的基础，是我们探寻小叶攻击行为出现以及背后原因的一个有效的手段。通过对搜集的资料进行分析，确定小叶攻击行为的前奏事件（A）、行为表现（B）、行为结果（C）之间的关系，判断其攻击行为的功能及合理性，为有效地制订矫正方案和选择矫正策略奠定基础。功能性行为评估强调对问题行为的功能、引发和维持问题行为的个体和环境因素的分析和判断，不是简单地惩罚，而是提供积极行为的支持，更有助于从根源上消除或者减轻问题行为，能够取得显著而持久的心理干预效果。

### 3. 多种干预方法的联合效应

在对小叶的心理康复过程中采用了认知行为疗法以及环境调整策略，努力减少小叶所处的物理环境和人际环境中可能导致他出现攻击行为的环境因素。干预方法的多样性也是取得良好干预效果的原因之一，多种方法相结合，将每种方法的优势发挥出来，弥补各个方法的局限，能更加有效地改变问题行为。

### 四、建议与反思

#### 1. 心理康复方案的设计要适合智力障碍儿童的特点

智力障碍儿童的注意范围和稳定性都有限，如果长时间地运用单一的强化模式，会让儿童厌倦、疲惫，可以结合其他方法来辅助消退儿童的问题行为，所用的强化物也可以丰富而多样。智力障碍儿童由于认知上的不足，在矫正过程中采用比较直观的、能让儿童直接体会到的矫正方法是比较有效的，如使用强化让儿童逐渐增加良好行为，使用惩罚直接促使儿童消退问题行为。感官上的直接体会能更有效地达到矫正的目的。

#### 2. 减少环境带来的消极影响

许多智力障碍儿童问题行为的产生与环境有关，环境所带来的氛围对儿童的情绪有一定的影响，包括一些具有攻击性的物品。撤除环境中具有攻击性的物品、营造和谐的环境氛围，可以在外界条件方面减少儿童攻击行为的可能性，对儿童攻击行为的矫正起到辅助的作用。如果儿童的情绪受到环境的不良影响，就会变得比较烦躁，攻击行为也会相对增多，这时教师可以用做游戏、唱歌等方式来改变儿童周围的环境氛围，使他们变得快乐。

#### 3. 通过示范模仿，学习好的行为

在攻击行为的干预过程中，可根据儿童不同的特征，使用示范模仿的策略。儿童是比较敏感的，他们出现的许多行为都是希望引起注意，可以利用这个特点进行干预，如当其出现问题行为时，就故意忽视他的一切表现，并且表扬其他的

小朋友并说明原因（是因为没有打人或抢人家的东西），让有行为问题的小朋友知道自己打人或抢东西的行为是不对的。在平时的学习中，当其周围出现好的行为时，如帮助他人、主动和别人分享玩具等，应立即表扬或奖励，通过示范模仿减少问题行为。

### 4. 家校合作，全面改善儿童的问题行为

智力障碍儿童的问题行为很多都不是单一因素造成的，家庭和学校是影响儿童心理健康的两个重要环境。作为儿童的抚养者和照顾者，家长是最了解孩子的，家长可以为教师提供许多信息，这是教师准确了解孩子的最好途径。所以家长和教师可以根据智力障碍儿童的特点和困难，一起制订合适的矫正方案，这有助于把握儿童的发展变化，知道在什么样的情况下对儿童采用什么样的方法才是最有效的，全面改善儿童的问题行为。

第十章

# 自闭症谱系障碍儿童的心理康复

【问题导入】

· 什么是自闭症谱系障碍？自闭症谱系障碍的分类有哪些？

· 自闭症谱系障碍的核心特点是什么？

· 自闭症谱系障碍儿童有哪些常见的心理问题？其产生原因是什么？

· 适用于自闭症谱系障碍儿童的心理康复方法主要有哪些？

## 第一节　自闭症谱系障碍的概述

### 一、自闭症谱系障碍概念的提出与发展

自闭症谱系障碍（Autism Spectrum Disorder，简称 ASD）是一种发展性障碍，主要是个体发展过程中在社交、沟通及行为方面表现出来的严重障碍，它对儿童的语言性和非语言性的交流及社会化发展都造成了显著的负面影响。

"自闭症谱系障碍"这一名词的出现，相较于"自闭症""阿斯伯格"晚了30 多年。英国医生、自闭症研究专家罗纳·温（Lorna Wing）根据 1977 年世界卫生组织制定的《国际疾病分类·第九次修订本》（ICD-9）和 1980 年美国精神病学会制定的《精神障碍诊断与统计手册·第三版》（DSM-Ⅲ）中的诊断标准，将卡纳（Kanner）型自闭症（即我国所说的"经典自闭症""儿童孤独症""儿童自闭症"）与阿斯伯格综合征一起纳入自闭症谱系障碍（周念丽，2011b），认为那些具备"在社会性互动、人际交流方面有欠缺，并在行为和兴趣上有着固着性与反复性"特征的儿童，均属于自闭症谱系障碍儿童（Wing，1981）。

在 2000 年美国精神病学会制定的 DSM-Ⅳ修订版，自闭症谱系障碍归入广泛性发展障碍（pervasive developmental disorder，即通常在婴儿、儿童或少年

期被首次诊断的障碍）中，包括自闭症（autistic disorder，即典型自闭症）、阿斯伯格综合征（Asperger's syndrome）、瑞特综合征（Rett's syndrome）、儿童期崩解症（childhood disintegrative disorder）和其他未确定的广泛性发展障碍（pervasive developmental disorder not otherwise specified，PDD-NOS）五种类型（American Psychiatric Association，2000）。

2013 年 5 月，美国精神病学会颁布的 DSM-5 对自闭症谱系障碍的定义和分类又做了较大的调整，虽仍然保留了"谱系"的用法，但排除了瑞特综合征和儿童期崩解症，如此，自闭症谱系障碍便包含自闭症、阿斯伯格综合征和其他未确定的广泛性发展障碍三个类别（陈冠杏，朱宗顺，2013；American Psychiatric Association，2013）。

## 二、自闭症谱系障碍的分类

自闭症谱系障碍实质上是一种症候群，根据不同的标准可以分为不同的亚型：

### （一）DSM-5 中自闭症谱系障碍的亚型

#### 1. 自闭症

这里是指自闭症谱系障碍中的亚型，即典型自闭症，其主要的特点是社会交往、语言交流显著异常或发展迟滞，且兴趣狭窄、行为刻板重复。在各种自闭症诊断工具中，诊断指标都集中指向这三个典型的障碍特征。典型自闭症的这三个障碍特征通常在 3 岁之前出现，具体表现为：没有能力发展人际关系，缺乏社会互动和情感交流；语言发展迟缓，刻板和重复地使用语言或特异的语言，缺乏符合发展水平的、自发的假装游戏或社会模仿游戏；狭窄的、重复的、刻板的行为、兴趣和活动模式，持续地专注于物体的某个部分（休厄德，2007a）。

#### 2. 阿斯伯格综合征

1944 年，汉斯·阿斯伯格（Hans Asperger）首次描述了这一障碍，它的主要症状是严重而持续的社会交流障碍，逐渐发展的重复刻板行为、活动和兴趣模式。阿斯伯格综合征以男孩多见，一般 7 岁左右症状会表现得比较明显。阿斯伯格综合征儿童的智力水平多在正常范围之内，有些可以完成高水平的教育，甚至在某一领域做出杰出的贡献。他们没有明显的语言发展问题，也愿意主动向别人阐述自己的想法，尽管对方表示没兴趣。他们在社会交往方面是有兴趣的，喜欢进行主导性的对话，但却不能很好地注意场合。其特殊兴趣和刻板行为可能出现较晚，但比自闭症儿童更为明显，并且攻击行为的出现率也较自闭症儿童高。此外，他们缺乏对他人的社会同情，行动迟缓，具有记忆大量相关事实的能力。

### 3. 其他未确定的广泛性发展障碍

其他未确定的广泛性发展障碍（PDD-NOS）主要是指具有自闭症或阿斯伯格综合征的一些症状，但又不符合自闭症或阿斯伯格综合征的全部诊断标准，且排除诊断为已确定的广泛性发展障碍、精神分裂症、分裂型或回避型人格障碍，也被称为"非典型自闭症"（atypical autism）。PDD-NOS 可以说是"阈下自闭症"（subthreshold autism），换言之，其症状相对较轻，例如，患儿可能在社会交往上存在严重缺陷，但在限制和重复行为上却症状很轻甚至没有症状。Walker 等人（2004）的研究发现，与典型自闭症和阿斯伯格综合征儿童相比，PDD-NOS 儿童表现出较少的自闭症症状，尤其是刻板和重复行为更少。他们中有的具有类似于阿斯伯格综合征的高功能，但不同的是伴有语言发展的延迟和轻度认知障碍；有的具有类似于典型自闭症的症状，但又不能完全满足其所有诊断标准，如发病年龄晚或认知缺陷过重等；更多的则是因其刻板和重复行为很少，而不能诊断为典型自闭症。

### （二）"分类式"评估中自闭症谱系障碍的类别

自闭症谱系障碍概念的提出，省去了区分阿斯伯格综合征与高功能自闭症之间的烦琐问题，但是却对仔细判定儿童的功能发展水平带来了更大的难度。周念丽（2011b）结合我国实际情况与自闭症谱系障碍儿童的独特认知特征，开展了综合性评估的实践。该评估模式具有"会聚式""分层式""分类式"三个特点。所谓"分类式"评估，是根据自闭症谱系障碍儿童的心理发展水平，切割成不同水平类型的评估方法，该评估将自闭症谱系障碍分为低功能、中功能、高功能三种类型。

### 1. 低功能自闭症谱系障碍

这类儿童几乎没有口语能力或只有极为简单的口语能力，情绪理解和表达能力均很薄弱，有十分显著的刻板行为，在绘画中只能信笔涂鸦，在沙箱游戏中不能按照一定的规则和情景摆放玩具，在心理测评中心理年龄和实际年龄落差大。

### 2. 中功能自闭症谱系障碍

这类儿童具有简单的口语能力，且能与人进行简单的应答性对话，能理解喜、怒等基本情绪，也能表达自己的基本情绪，有显著的刻板行为，在绘画中能画出人的眼睛、嘴巴等部位，在沙箱游戏中能摆放玩具进行 5~10 分钟的游戏，在心理测评中心理年龄与实际年龄的落差不是很大。

### 3. 高功能自闭症谱系障碍

这类儿童具有正常的口语能力但很难与人维持"接球式"的会话，能理解基本情绪和社会情感，知道准确表达自己的基本情绪但常常情绪失控，有一定的刻板行为，在绘画中不仅能完成自画像，而且能完成准确表达与家人关系的家庭画；在沙箱游戏中能根据规则设置游戏情景，并能有想象地进行长达 1 小时左右的游戏；在心理测评中心理年龄与实际年龄完全一致，在数学、言语等方面可能超出实际年龄。

### 三、自闭症谱系障碍的核心特点

在概括自闭症谱系障碍的特点时，DSM-5 对 DSM-Ⅳ 中的"三联症"——社会性、语言沟通、行为 / 兴趣上的特点做出部分调整，在社会性中增加了口语和非口语的交流，并将社会性与语言沟通整合为社会交往领域（陈冠杏，朱宗顺，2013）。下面我们结合国内外的相关研究成果与 DSM-5 的内容，主要从社会交往、语言交流、兴趣和行为三个方面介绍自闭症谱系障碍的核心特点。

#### （一）社会交往特点

自闭症谱系障碍儿童在社会交往中通常表现得比较冷漠、被动及异常。首先，该类儿童喜欢独处，对熟人和陌生人都表现得比较冷漠，似乎其他人不存在一样，倘若有人靠他们太近，他们甚至会感觉不舒服。同时，他们也缺乏对父母的依恋，而这无疑让许多父母感到很难过。在同伴交往中，他们往往也喜欢自己独自游戏，只专注于自己的活动。他们对同伴没有任何兴趣，漠不关心的态度使他们缺乏朋友，常常让身边的人觉得他们似乎是与世隔绝的，给人一种高冷的感觉。

其次，自闭症谱系障碍儿童在与人互动的过程中，会因其障碍的程度而表现不同，几乎不会主动发起交往互动行为。他们在整个过程中都表现得比较被动，有的能够接受社会性的亲近，部分语言能力较好的儿童还可以进行"接球式"的交流。例如，妈妈问孩子："宝宝，今天中午吃什么了？"孩子可能会说："米饭、蔬菜、排骨。"但是他们却不会深入话题，或者"抛给"对方一个"球"。交往过程中缺乏目光的主动接触，也是自闭症谱系障碍儿童的一个明显特征。

最后，一些自闭症谱系障碍儿童可能会有主动行为，但是却表现得很异常、很古怪。例如，某个儿童对汽车轮胎很感兴趣，他或许会主动拉着爸爸的手走到放轮胎的地方。他们常常会在不恰当的时间和场合说一些奇怪的话或表现出不适宜的行为，有的自闭症谱系障碍儿童可能会不停地对照料他的人提问，然而却并不关心对方是否对这个问题有兴趣，也不关心对方的答案正确与否，似乎只是另一种形式的自言自语。

（二）语言交流特点

交流可以实现个体在安全感、自尊、自我实现上的心理需求，也是个体生存最基本、最重要的人际互动行为，它包含使用非语言、语言编码与解码两种方式，即非语言交流和语言交流（锜宝香，2006）。自闭症谱系障碍儿童在非语言交流和语言交流方面均表现出不同程度的障碍，这些在不同障碍程度的儿童个体身上的具体表现会有差异，但仍然存在着某些共同的特点。

自闭症谱系障碍儿童在理解和使用非语言符号上存在明显不足，如在视线接触、面部表情、身体姿势、手势及躯体动作方面均有显著障碍。他们也许会有一些简单的非语言沟通行为，如推、拉某人的手来表示想要某种物品，但这些行为实际上是将他人当作一种达到目的的工具，而不是真正意义上的沟通。他们也许会使用点头、摇头来表示同意或不同意，但却没有更为复杂的要求性动作（表示自己想要获得或达到的目的）和表白性动作（表示对某种事物的评价及体验）。

在语言交流方面，自闭症谱系障碍儿童普遍发展迟缓。普通儿童一般在 3 岁可习得母语的全部发音和简单的语法规则，而自闭症谱系障碍儿童却表现出滞后现象。自闭症谱系障碍儿童的语言能力差异显著，他们中约有 50% 的儿童没有沟通性语言（刘学兰，李艳月，2014）。典型自闭症儿童通常要到 5 岁左右才能有简单的口头语言，有的甚至终身没有语言，一些语言能力较好或者经过干预习得了口语的自闭症谱系障碍儿童还是会在发音、语言理解、语言表达上有着不同的困难。在发音上，他们不懂得如何控制好音高、语速和语调，音量要么过高，要么过低，语速有的非常慢有的又极快，语调单一，听起来很古怪。他们在语言概念的抽象化处理上能力不足，如有些自闭症儿童可能会认识"苹果""梨""香蕉""草莓"，却没有办法概括出"水果"。并且他们在语言表达上也经常表现出特异的形式，主要有回声式语言、重复性语言、不合时宜的语言或独占式语言。

（三）兴趣和行为特点

大量的自闭症谱系障碍儿童诊断工具都将兴趣狭窄、行为刻板作为一个重要指标，可见这一点也是他们的主要特征。自闭症谱系障碍儿童往往有极其狭窄的兴趣，有些兴趣甚至很奇怪，不被他人接受。他们可能会对某一种物品或某类事物十分迷恋，如汽车模型、灯泡、一切旋转的东西、女士的丝袜，甚至可能是下水道的气味等。

自闭症谱系障碍儿童经常表现出一些重复刻板的行为，这些刻板行为在不同儿童身上体现不同。例如，有的一定要将家里所有的东西都放在固定的位置，如果位置发生变化就一定要放回原处才会安静；有的一定要经过同一条路线，数路边的路灯；有的每天重复看同样的天气预报，乐此不疲。他们的这些刻板行为一旦受到干扰或打乱，就会出现情绪问题，大哭、大叫或者从头再来一次。此外，他们在行为上的特点还表现为行为缺失，如缺乏交流行为和功能性语言等，或者行为过度，如自我刺激、怪异和挑衅行为等。

# 第二节　自闭症谱系障碍儿童的心理问题及其产生原因

## 一、自闭症谱系障碍儿童常见的心理问题

发展是个体通过与当下环境中的人和事物之间持久、复杂的交互作用而实现的，当自闭症谱系障碍儿童在成长过程中不得不处理"自我"之外的事物关系时，他们的特征常常会带来各种障碍，不仅在教育上需要给予他们特殊的支持，而且也会使其在心理健康上出现更多的问题。虽然社交障碍是自闭症谱系障碍儿童的核心特征，但我们不能忽视其心理健康，他们同样存在抑郁、焦虑、羞耻等心理问题（杨文峰，2019）。据有关研究显示，多达70%的自闭症谱系障碍儿童伴随有心理健康问题（Williams & Haranin，2016），自闭症谱系障碍儿童比普通儿童更容易出现抑郁、社会退缩、攻击行为等情绪行为问题（王菲菲 等，2019）。如果不能很好地对其进行心理康复治疗，那么自闭症谱系障碍儿童的心理问题会加重其社会交往障碍。综合现有研究成果和实践经验，自闭症谱系障碍儿童常见的心理健康问题主要表现在情绪、行为和社会适应等方面。

（一）情绪问题

1. 抑郁

抑郁是长期处于负性情感体验的一种状态，其主要特征为情绪低落，过于低估自我，缺乏积极的情绪，意志活动减退，思维变慢，言语动作减少。研究发现，抑郁是自闭症谱系障碍儿童最常见的心理健康问题之一，不同文献报告的自闭症谱系障碍儿童抑郁的发生率变化范围较大，从 4% 到 58% 不等（Fung，Lunsky，& Weiss，2015）。自闭症谱系障碍儿童的自伤行为在抑郁得到治疗之后有所减少，表明他们可能存在抑郁的特质。自闭症谱系障碍儿童有很高风险患上抑郁，并且他们的抑郁特征会因为其社交、沟通、认知缺陷而变得更加复杂。自闭症谱系障碍儿童的抑郁特质还可能与他们的年龄、同伴关系、核心障碍等多种因素有关，如有研究显示同伴关系越差，阿斯伯格综合征青少年自我报告的抑郁特征就越突出（Whitehouse et al.，2009）。

2. 焦虑

焦虑是指个人对不确定情境或可能会出现的危险和威胁所产生的紧张、不安、忧虑、烦恼等不愉快的复杂情绪状态，它与危急情况和难以预测、难以应付的事件有关。很多研究表明自闭症谱系障碍儿童除了核心的社会交往障碍之外，还容易并发焦虑障碍。据国外的一项调查研究，社交焦虑障碍在自闭症谱系障碍儿童常见的心理疾病中排列第一，约占 29.2%（Simonoff et al.，2008）。国内的有关综述研究也显示，自闭症谱系障碍儿童焦虑的发生率为 11%~84%，主要表现为特定焦虑症、强迫症和社交焦虑症（李艳，徐胜，2019）。焦虑与抑郁都是自闭症谱系障碍儿童与核心障碍共患的最普遍的心理疾病。自闭症谱系障碍儿童的焦虑症状与其核心障碍有关，焦虑作为一种适应不良的应对机制，可能是其重复刻板行为产生的原因，有研究者的确发现高焦虑的自闭症谱系障碍儿童表现出更多的重复刻板行为（Rodgers et al.，2012）。他们的焦虑症状还与其易怒、睡眠障碍、破坏性行为、注意力不集中等问题有关，这大大削弱了他们在家庭、学校、社会环境中的适应功能，比如焦虑对自闭症谱系障碍儿童及其家庭的幸福和生活质量所产生的负面影响，甚至可能比自闭症谱系障碍儿童的核心症状还要严重（刘春燕，陈功香，2019）。

3. 冷漠

自闭症谱系障碍儿童体验的情绪简单，多停留在喜、怒、哀、惧等几种基本情绪上，主要是源于其生理需要满足与否，缺乏高级和复杂的情绪，且主观体验简单、匮乏，因此他们难以与其他人产生共鸣，常常显得情绪冷漠。例如，他们很难会因为自己能背诵许多诗词而感到自豪或者骄傲，也很难会因为伤害了同伴而觉得内疚和懊悔。大部分的自闭症谱系障碍儿童不会因为父母的离开而表现出紧张或者害怕，也不会因为见到父母而表现出欢欣。他们难以与父母形成稳定的依恋关系，同样难以与同伴产生持久的友谊。

### 4. 情绪失控

自闭症谱系障碍儿童在情绪上的问题还表现为喜怒无常，非常暴躁，不受控制。因为他们缺乏有效的沟通方式和交往能力，当面对一些改变或场面不如其愿时，通常会以哭闹、叫喊、发脾气甚至自伤或攻击他人等冲动的方式来表达他们的情绪，并且这种表达方式往往不受外力的控制，难以停止。自闭症谱系障碍儿童的情绪变化不同于常人因为特定的刺激对象而引起，他们的情绪变化可能是没有特定对象的，时常让人猝不及防。

### （二）行为问题

### 1. 自我刺激行为

相对于其他群体，自闭症谱系障碍儿童更容易出现自我刺激行为，且程度更加严重，行为表现更加复杂，持续时间更长。他们的自我刺激行为表现得非常多样化，例如，摇头、点头、抓头发等头部自我刺激行为，盯视、痴笑、伸舌等脸部自我刺激行为，不断地搓手、摆手、洗手、转动手臂等手部自我刺激行为，摇晃身体、旋转、怪异地跳动等身体自我刺激行为，还有尖叫、呆望天空、闻某种特殊气味的物品等其他形式的自我刺激行为（王志琴，2015）。过多的自我刺激行为会干扰自闭症谱系障碍儿童参与交流、学习和互动的机会，妨碍新技能的获得，通常使儿童在当前环境里表现出不适应性，不利于他们社会交往能力的发展（张静，杨广学，2015）。

### 2. 重复刻板行为

重复刻板行为是指一系列高频率、无明显社会意义和目的，且以一种不变的方式重复发生的行为，其特点还包括狭窄的兴趣、拒绝接受事物的变化等。重复刻板行为是自闭症谱系障碍儿童比较常见的一种问题行为，在自闭症儿童中的表现形式也是多方面的。例如，感官的重复刻板行为可能表现为反复地听同一种声音或同一首歌曲，注视、抚摸同一样东西，认定某一种颜色或式样的衣服等；学习的重复刻板行为有可能表现为学习范围十分狭窄，长期只喜欢某一种学习活动，如看卡片、计算数字等。不少自闭症儿童常常会要求固定环境中的家居陈设，固定走同一条路，固定吃某种食品，固定坐在某个地方，容易导致对某一对象产生依赖，一旦固定的行为模式或者环境里的事物发生改变，他们就会感到极度不安并抗拒。自闭症儿童感觉调节障碍的异常生理唤醒水平可以致使其出现重复刻板行为，重复刻板行为很有可能是他们保证自身适度唤醒状态的补偿性策略（张永盛 等，2015）。事实上，自闭症谱系障碍儿童重复刻板行为的潜在引发因素较多，比如焦虑或沟通困难产生的适应不良、受限制的环境、自我调控缺陷、内在生理机制的触发等（宁宁 等，2015）。

### 3. 妨碍行为

妨碍行为是指自闭症谱系障碍儿童表现出的妨碍自己或者他人正常的学习、生活和人际交往的行为，通常包括自伤行为、攻击行为、破坏行为等（特恩布尔 等，2004）。有的自闭症谱系障碍儿童伴有明显的自伤行为，例如，打自己、咬自己、掐自己、抓自己、用自己身体撞击地面或物体、撕扯头发或皮肤、拔头发等，还有吃烟头、废纸、铅笔等非食物的自伤行为。其中，打自己和咬自己的发生率很高。自闭症谱系障碍儿童的适应性差，他们有意无意的破坏行为较多，表现形式也多种多样，轻则发脾气、不服从、尖叫、撕东西、推翻桌椅等，重则砸东西、故意毁坏物品。自闭症谱系障碍儿童除了有对物的破坏行为之外，还会有对人的攻击行为，常常表现为向他人发动伤人的言语或行为，如骂人、打人、抓人、撞人、咬人、向他人扔东西等。研究发现，高功能自闭症儿童的言语攻击明显多于典型自闭症儿童，但不同性别和年龄的自闭症儿童在攻击行为上却没有显著差异（林云强，张福娟，2012）。对于自闭症谱系障碍儿童来说，妨碍行为是具有某种功能的，他们会通过妨碍行为来引起关注、表达焦虑和不安、逃避或拒绝任务等。

### （三）社会适应问题

#### 1. 同伴交往困难

自闭症谱系障碍儿童在社会交往上表现出低主动性，缺乏社会交往技能，沟通交往兴趣狭窄，存在明显的社会交往障碍。例如，他们不会使用面部表情、眼神，回避交往中的目光对视；在集体活动中出现关注点偏差，而忘记活动的规则与要求。这种社会交往障碍尤其突出地反映在同伴交往困难上，与普通儿童相比，他们更少主动参加社会活动，更多地处于社交的边缘地位，并且受到同龄儿童的排斥（Kasari et al.，2011）。一项以杭州市小学随班就读自闭症谱系障碍儿童为对象的调查研究也发现，他们的朋友数量少，友谊关系欠佳，同伴接纳水平较低，班级社交地位不高，普遍受到普通儿童的忽视与拒绝，在班级中社会网络参与度低，基本上处于班级社交网络的边缘（张珍珍，连福鑫，贺荟中，2019）。

### 2. 社会退缩

社会退缩是指个体在社交场合主动避开同伴，或主动选择独自生活以回避人际关系的建立和维持。自闭症谱系障碍儿童因为在社会交往和沟通上存在障碍，他们在社会情境中很少参与同伴交往或游戏活动，而是更愿意一个人独处或独自玩耍，表现出较多的社会退缩。自闭症谱系障碍儿童的社会退缩与焦虑情绪相关，有研究表明，当自闭症谱系障碍儿童面临社交场景所带来的压力和焦虑时，很难建立起有意义的社会关系（Bellini，2006），久而久之可能导致他们被同伴排斥或者自己主动与外界隔离，出现社会退缩行为。王薇等人（2019）的研究发现混龄教育（即把年龄相差 12 个月以上的儿童编排在一个班级里共同学习）能够减少自闭症谱系障碍儿童的社会退缩行为，这可能是因为混龄教育丰富了自闭症谱系障碍儿童交往的内容和形式，有利于激发他们的社会交往积极性。

### 3. 亲社会行为匮乏

亲社会行为作为社会性发展的一个重要方面，对儿童的社会适应和心理健康具有深远的意义。自闭症谱系障碍儿童受其核心障碍的影响，亲社会行为匮乏且水平偏低，这主要表现在：第一，他们很少主动与别人进行合作（李晶，朱莉琪，2014），当同伴遇到困难时不会主动提供帮助，自己遇到困难时也很少寻求帮助；第二，自闭症谱系障碍儿童的分享行为存在障碍，比如他们很少与其他小朋友分享食物，当高功能自闭症儿童作为分享主体时，他们多为被动分享，且利己倾向明显（徐璐，2016）；第三，自闭症谱系障碍儿童存在心理理论的缺陷，导致他们不能推测他人的心理状态（Hutchins et al.，2016），因此当他们看到同伴伤心时，他们很难对其产生相同的情绪反应并进行安慰。

### 二、自闭症谱系障碍儿童产生心理问题的原因

虽然目前关于自闭症谱系障碍儿童心理问题形成的基本机制尚需进一步探索，但与之相关的影响因素已有较多的报告。总的来说，导致自闭症谱系障碍儿童出现心理问题的原因主要来自个体自身因素和环境因素两个方面。

（一）个体自身的因素

### 1. 感知觉失调

自闭症谱系障碍儿童有明显的感知觉障碍，存在着感知觉上的唤醒不足或过度敏感，并且发展不均衡，难以综合运用多种感觉通道来完成一项任务。他们常常对某一感觉刺激表现出漠不关心、迷恋或苦恼三种形式，例如，某位自闭症谱系障碍儿童可能对父母的呼唤充耳不闻，但却十分迷恋两种物体不停摩擦发出的刺耳声，且对鞭炮的声音非常反感。他们可能对疼痛没有正常儿童那般敏感，以至于摔伤了也不会哭泣，或者需要通过大力的自我伤害才能体验到疼痛感。这些感知觉发展上的失调，会使自闭症谱系障碍儿童难以对外界的感官刺激进行积极有效的组织，导致他们意识不到危险或者过度沉湎于某种特定的、相同的重复性感觉刺激。如果他们过度沉湎于某种感觉刺激，就会做出一些不符合社会规范的行为，给身边的人带来困扰，如一位对女性丝袜的触觉着迷的自闭症儿童，很有可能毫无顾忌地在公共场合去摸女性的丝袜。如果他们对某一感觉刺激过于苦恼，则可能在接触到刺激的那一刻便爆发出行为问题，要么大哭大叫、伤害自己，要么攻击他人、乱扔东西。已有研究证实，自闭症谱系障碍儿童的感觉异常的确可以预测其情绪行为问题（鲁明辉 等，2018）。

### 2. 认知缺陷

除了感知觉失调，自闭症谱系障碍儿童在注意、记忆和思维上都存在着某些缺陷，这些缺陷也是导致他们产生情绪和行为问题的原因。自闭症谱系障碍儿童不能将注意力集中在自己兴趣之外的事物或活动上，注意范围有限、注意转移困难、注意分配异常、注意优先集中于局部细节，在同时应对多人或处理多种任务时，会表现得紧张不安。他们以机械记忆见长而意义记忆不足，在记忆过程中通常以整体搬移的形式收集信息素材，却很难对这些信息进行编码、归类和有效的整合。他们的思维具有直观性，其表象是具体的，逻辑推理和理解力发展不足，不能像普通儿童一样发展出装扮游戏以及各种想象性活动。这些认知缺陷使得自闭症谱系障碍儿童对周围事物表现出冷漠和忽略，不能完整地接收和有效处理环境中的所有信息，从而对事物或要求的理解倾向于狭窄和局限，尤其是他们在共同注意、执行功能、心理理论等社会认知能力的发展上存在障碍，使其在社会交往中容易遇到困难，从而引发情绪和行为问题，妨碍其适应行为和社会性的发展。

### 3. 智力水平

自闭症谱系障碍儿童的智力水平分布很广，他们既可能伴随严重的智力残疾，也可能具有天才的智力。智力功能的发展是自闭症谱系障碍儿童出现心理健康问题的一个重要的影响因素，但有关智力水平的具体影响情况，却有着不同的研究结论。有研究者追踪调查了 81 名从 12 岁到 16 岁的自闭症谱系障碍儿童，发现智力发展和适应功能较差的儿童表现出更高水平的多动等情绪行为问题（Simonoff et al., 2013）。国内的研究同样表明，智力水平越高，自闭症儿童的整体适应行为以及适应行为中的独立功能、社会 / 自制功能和认知功能的发展越好（赵梅菊，肖非，邓猛，2015）；智力程度越好的自闭症幼儿，在适应行为的发展上更有优势（许则人，2019）。但国外有研究结果却显示，处于平均及以上智力发展水平的自闭症谱系障碍儿童报告有更多的抑郁症状（Fung et al., 2015）。他们认为高功能的自闭症谱系障碍儿童可能会更多地意识到自己的障碍特征和社会交往困难，容易形成心理发展上的落差，导致自卑、退缩，进而产生寂寞感和焦虑、抑郁等心理问题。不过，的确也有研究证实，自闭症儿童的适应行为与智力水平之间仅有较弱的正相关关系，高功能自闭症儿童的适应行为商数仍处于轻微缺损状态，提示自闭症儿童的智力和社会适应能力的发展可能并不一致（贾美香，王力芳，2010）。可见，智力水平对自闭症谱系障碍儿童心理健康的影响机制和结果是比较复杂的。

### 4. 年龄

关于年龄对自闭症谱系障碍儿童心理健康的影响，研究者们得出的结论并不一致。有的研究结果显示，自闭症儿童的焦虑和抑郁会随年龄而加重（Mayes et al., 2011），其适应行为的整体发展水平也会随年龄增长而下降（赵梅菊 等，2015）。随着年龄的增长，个体在社会情境中活动的复杂性就会增加，需要具备更多的知识和技能，同时他们对于自己的差异认知、社会性体验也会更多，并且个体与环境的冲突内化为心理问题也需要一定程度的认知能力和社会意识，因此焦虑、抑郁等情绪问题可能更多地出现在儿童晚期至青春期，在婴幼儿期和儿童早期较少出现。但另有研究者发现，年龄较小的自闭症谱系障碍儿童反而有着更高水平的抑郁（Fung et al., 2015）。这种研究结论的不一致，可能是因为年龄大的自闭症谱系障碍儿童比年幼的更有能力表达他们的情绪困扰，父母更容易得到他们心理健康状态的相关信息，所以在父母他评的调查中会报告得更多。

（二）环境因素

### 1. 社会因素

社会环境是影响自闭症谱系障碍儿童心理健康的外部条件之一，虽然自闭症谱系障碍儿童的主要活动区域在家庭、学校或康复机构里，但融入社会始终是他们接受教育和康复的一个重要目标。由于自闭症谱系障碍儿童的社会互动和语言沟通受到质的损伤，难免会使他们在社会交往上遇到更多困难，经历更多的挫折，导致心理问题的产生。并且当前社会大众缺乏对自闭症谱系障碍的科学认识，要么不理解，要么过分好奇，不能接纳和正确对待自闭症儿童，容易给他们造成心理压力而引发心理问题。虽然社会上有不少心理咨询和治疗的专业机构，但针对自闭症谱系障碍儿童的心理健康服务机构和专业人员还是相当缺乏。国外一项研究调查了在 21 个公立心理健康机构中工作的 64 名临床医生，结果表明他们多数觉得并未准备好为自闭症谱系障碍儿童提供心理健康服务，其中只有一半的临床医生接受过自闭症方面的专业培训，仅有 16% 的心理治疗师得到了有关自闭症的专家督导（Williams & Haranin，2016）。国内同样存在类似情况，致使自闭症谱系障碍儿童的心理问题在一定程度上得不到有效的解决。

### 2. 学校因素

自闭症谱系障碍儿童同样具有接受教育的权利，但与普通儿童不同的是他们需要更多的个别化教育支持，如果学校里不能给自闭症谱系障碍儿童提供友善、安全的环境氛围，教师不能根据他们自身的障碍特点为其定制个别化的教学计划和支持体系，不能为他们创设更多的交往活动和机会，那么自闭症谱系障碍儿童就很有可能在学校环境里遭遇较多的挫折和压力，表现出日益增多的情绪或行为问题。正常的同伴关系是儿童心理健康发展的重要条件之一，但自闭症谱系障碍儿童不擅社交，导致他们的同伴关系非常糟糕，难以建立友谊，有时候甚至遭到同伴的嘲笑和冷落，他们可能会更加退缩和封闭自己，进而引发更多的心理问题，危害到他们的心理健康。在学校环境的众多影响因素中，教师对儿童的态度、教学能力和自身的心理健康水平起着关键的作用，教师对不同类型自闭症儿童的了解和接纳，采用有利于自闭症儿童学习的教学方法，促进班级里自闭症儿童与普通儿童的相互交往，营造融洽友好的班风，都能有效预防自闭症谱系障碍儿童心理问题的发生。研究发现，教师的教育背景越专业，掌握越多有关自闭症教育的知识和技能，对自闭症幼儿适应行为发展的促进作用就越大（许则人，2019）。

### 3. 家庭因素

现有研究显示，家庭环境因素在自闭症谱系障碍儿童的心理健康发展中起重要作用，尤其是父母的心理健康状态可以被认为是预测自闭症谱系障碍儿童心理健康问题发生的一个高相关的影响因子（Fung et al.，2015）。国内研究发现，母亲的焦虑和抑郁与学龄前期自闭症谱系障碍儿童的攻击性等多种情绪行为问题存在显著的正相关关系(高紫琳 等，2019)。父母的身体和情绪困扰、生活满意度、主观幸福感及教养态度等，都对自闭症儿童的行为和情绪问题有着明显的影响。如果父母对自闭症谱系障碍儿童的教养态度过于严苛、约束，或者因内疚、自责而溺爱、纵容，或者因担忧而急于求成，抑或因不知所措而拒绝、忽视等，都不利于儿童心理的健康发展。此外，家庭环境的变化，如父母离异、搬家、经济条件变差等，也会成为引发自闭症谱系障碍儿童心理健康问题的负性生活事件，由于自闭症谱系障碍儿童通常会有适应上的障碍，家庭环境的改变往往给他们带来巨大压力，他们难以适应，从而导致焦虑、抑郁等情绪障碍以及攻击、破坏等行为问题的出现。

### 4. 自然环境

自闭症谱系障碍儿童具有视觉搜索、视觉空间构建等方面的优势，他们对物体的形状和颜色很敏感，因此物理环境同样会影响他们的心理健康。甚至是天气变化都可能导致自闭症谱系障碍儿童的情绪状态发生波动，例如，有的自闭症儿童在春秋季节转换的时候，情绪很不稳定，大声喊叫，乱跑乱跳，情绪行为问题出现得更为频繁。于红霞等人（2019）认为空间活动范围、光照、色彩都会影响自闭症儿童的心理，通过人性化的健康照明设计，在自闭症儿童的生活空间中展现一些模拟大自然的场景，如雨、云、星、月等，利用视觉干预有助于引起自闭症儿童的兴趣，调节他们的情绪，改善人体生命节律，能使其感到更加放松，进而减少情绪和行为问题的发生。

## 第三节　自闭症谱系障碍儿童的心理康复方法

当前对自闭症谱系障碍儿童的干预主要聚焦于自闭症的三大核心障碍特征，干预的内容涉及其社会交往、沟通技能和行为模式等方面的缺陷或异常，干预的方法包括应用行为分析、感觉统合训练、社会故事、同伴介入、游戏治疗、音乐治疗等多种方法，并且随着信息科学的发展，虚拟现实、平板电脑、人机交互等信息通信技术也被应用于自闭症谱系障碍儿童的干预（宿淑华，胡慧贤，赵富才，2019）。由于自闭症谱系障碍儿童的障碍特征与他们的情绪行为问题、社会适应困难密切相关，存在自闭症和心理疾病的共患现象，因此对自闭症障碍特征的干预也会在一定程度上减轻自闭症谱系障碍儿童的心理健康问题。下面我们重点讨论适用于自闭症谱系障碍儿童心理康复的几种常见方法：社会故事法、应用行为分析法、媒介干预法和游戏干预法。

### 一、社会故事法

#### （一）社会故事法的概述

社会故事是由美国密西根社会学习和理解中心的卡罗·格雷（Carol Gray）女士提出的帮助自闭症谱系障碍儿童了解社会情境并支持他们做出恰当反应的一种干预方法。她将社会故事法定义为：根据自闭症谱系障碍儿童的需要，由其父母或相关的专业人士撰写描述一个简短的社会情境的故事，该情境中涉及相关社会线索及适宜的应对行为，并向其讲解故事以达到提高自闭症谱系障碍儿童交往和沟通的能力。一个社会故事需要描述事件发生的时间、地点和人物等信息，说明人们在事件中通常会怎么做、有什么想法或感觉等，同时强调重要的社会线索，并以接受干预的儿童所能理解的语言说明与此情境相适应的行为方式（Gray，1995）。整个故事由描述句、观点句、指导句、肯定句四种基本句型，以及控制句、合作句两种较为复杂的句型构成。

我国学者认为社会故事法是基于心理理论和"感情认知障碍说"提出的（李晓，尤娜，丁月增，2010），而国外的学者则认为它是基于心理理论和弱中央统合理论提出的（Kokina & Kern，2010）。虽然在其理论基础上存在某些分歧，但研究者们普遍认为社会故事可以满足自闭症谱系障碍儿童的视觉偏好及对事件发展预测性的需要，促进其对社会环境的理解，有助于社会认知的发展。大量研究显示，社会故事法对自闭症谱系障碍儿童的社会适应能力具有促进和改善作用，特别是能够消除儿童的不适应行为以及建立新的适应行为（孙玉梅，邓猛，2010），在社会交往技能的获得、问题行为的控制上都存在显著有效性（Scattone，Tingstrom，& Wilczynski，2006；Brownell，2002）。

### （二）社会故事法的应用步骤

#### 1. 确定社会故事的创编目标

创编一个社会故事前，创编者必须明确创编这个社会故事的目的是什么，即孩子需要了解什么样的情景，进行什么样的适宜行为反馈。社会故事是个别化的，针对不同自闭症谱系障碍儿童所在的环境和其自身发展的状况，故事的内容会有所不同。此外，创编者需要了解到即便是在和故事中完全一样的社会情境里，实际的社交信息及周围人的反应也不一定会和故事设定的一样，所以在创编故事的时候要尽量遵循描述性的原则，以提升自闭症谱系障碍儿童对特定情境的理解。例如，确定创编目标是在幼儿园里儿童听到老师弹奏的"集合"钢琴声时，要自己去搬来小椅子坐下，等待老师。

#### 2. 收集相关的故事资料

当创编目标确定好以后，创编者就要开始通过观察、访谈来收集与儿童及特定环境有关的基本信息。这些信息包括该儿童的学习方式、学习能力、注意力持续时间、个人兴趣及爱好等，关于故事情境发生的时间、地点、相关的人物、为什么会发生、情境中可能发生的变化等信息。例如，根据前面例子中提到的创编目标，我们了解到该儿童的信息有：更善于视觉通道的学习，语言和阅读能力强，能理解文字中的信息，注意持续时间不足 5 分钟，喜欢自己在安静的环境中，喜欢红色；而环境的信息包含：教师的钢琴声、音乐教室、教师、班级中的全体同伴、儿童的椅子、坐下的位置、教室里的干扰玩具和区域设置等；需要解释清楚为什么听到钢琴声要回去坐好，情景中可能会出现同伴争执、抢椅子、自己的事情没有完成等问题。

#### 3. 创编社会故事

当目标和所需信息都准备好了，就需要利用前面提到的几种句型及逻辑顺序对故事内容进行加工，通常控制句和合作句用于较高级的社会故事中，使用频率不及基本句型。一个简单社会故事的句型分配有一定比例：2~5 句描述句或观点句，0~1 句指导句。创编故事的时候需要注意：首先，以儿童的能力需要及环境要求为依据；其次，可使用图片、照片等视觉提示线索辅助儿童的学习；再次，以积极行为替代消极行为，即尽可能告诉儿童怎么做，而不是描述什么不能做、做什么不好。

（1）**描述句** 社会故事中的描述句是与某一个特定社会情境相关的信息，一般涉及什么事、发生的时间、谁参与、事件发生的原因，它可以帮助自闭症谱系障碍儿童辨识环境，提高注意和观察能力。如果故事内容是一种假设的情境，那么在使用描述性词汇的时候要注意避免过于绝对化的词汇，如"总是""一定"等，因为描述的生活情境与实际状况可能会存在一定的差异。如果故事内容来源于实际生活，如前面提到的钢琴声的例子，我们在故事中就可以使用以下的语言进行描述："当听到老师弹奏的钢琴声时，大家都收拾好玩具，然后搬着小椅子在红色的线上坐好。"

（2）**观点句** 观点句是用文字对特定情境下其他人可能的反应进行解释，主要是表述他人可能产生的内心想法、心理状态，并向自闭症谱系障碍儿童解释引发他人在这个特定情境下做出的反应的简单原因。例如，"老师看见我搬来椅子和其他小朋友坐得一样好会很喜欢我。"

（3）**指导句** 指导句是用文字指示自闭症谱系障碍儿童个人在特定情境下应该如何做才能达到目标行为的语言，它清晰地告诉障碍儿童应该做什么、说什么。例如，"我将尝试着去搬椅子到红线上坐好。"或者"我会努力做得和其他小朋友一样。"

（4）**肯定句** 肯定句是一种评论性句子，主要是为了帮助自闭症谱系障碍儿童进一步明确社会规则和要求，并带给他们一种正向情绪体验。例如，"我这样做了，感觉到老师很喜欢我。""这种感觉很好！"其中，后面一句就是一种肯定句。

（5）**控制句** 控制句是为了给自闭症谱系障碍儿童提供策略，帮助他提取出特定情境中的相关线索，并使用其中提供的社会技能，鼓励他去思考这个策略的下一步可以怎么做。例如，"当我做得好，老师高兴了，我可能会获得表扬。""当妈妈和老师说话的时候，我可以想象成'老师在向妈妈表扬我。'"

（6）**合作句** 合作句主要用以说明特定情境中出现的其他人物及他们在该情境下会如何帮助自闭症谱系障碍儿童。例如，"当我坐下的时候，杨老师会坐在我的后面陪着我。""当我离开座位的时候，琪琪会跟着我离开，并牵我的手带我回去坐下。"

### 4. 讲解社会故事

在讲解社会故事时，首先，注意环境的选择，一个轻松自然的环境，能帮助自闭症谱系障碍儿童放松身心，更好地理解故事内容。其次，不要急功近利，一次只讲一个故事，要尽可能让儿童理解故事内容并应用于实际生活中。再次，根据儿童的具体情况选择具体的讲解方法。例如，让儿童反复地诵读故事；成人陪伴他带着他一起反复读；利用音频、视频信息将故事内容录下来，让其观看。此外，还需要注意对故事内容的正确示范和及时强化。

## 二、应用行为分析法

### （一）应用行为分析的概述

应用行为分析（Applied Behavior Analysis，ABA）是将行为分析科学的原理运用到社会实践中的一门应用学科，是运用行为假设原理改变特定行为，同时评估这些改变是否对行为的实际运用有益的过程，其中"应用"是指改变后的行为要具有社会意义，"行为"是指可以观察测量的外显活动或反应，"分析"是指分析行为问题产生的原因和评量行为干预方案的效果（李芳，李丹，2011）。目前已有大量文献证实应用行为分析对自闭症谱系障碍儿童的干预具有显著的效果，并且在应用行为分析的基础上，结合儿童的实际需要发展出更为具体的方法，如直接教学法（Direct Instruction，DI）、回合式教学法（Discrete Trial Teaching，DTT）、关键反应训练法（Pivotal Response Treatment，PRT）、语言行为法（Verbal Behavior，VB）等，丰富了自闭症谱系障碍儿童应用行为分析的干预方法。

### （二）应用行为分析法的步骤

应用行为分析的干预方法强调改变行为包含行为的三个要素，即行为前因（刺激S）、个体、行为后果（反应R），行为观察和分析是运用该方法的重点，并一直贯穿全程。在收集到大量行为数据之后，先要进行行为分析，了解行为功能，接着做出行为假设，制订行为干预计划，并追踪检验行为假设正确与否，修订计划。具体而言，其步骤大致如下：

#### 1. 确定目标行为，进行行为观察与记录

这里的行为观察远比使用相机拍照或者使用录像机记录要复杂得多，它是有目的地获取儿童行为中的信息，运用一定的方法和程序对所定义的行为进行量化的过程。通常在使用应用行为分析之前，咨询师已经通过访谈、问卷、筛查信息等了解到自闭症谱系障碍儿童初步的行为状况，但是为了确保儿童行为表现的准确性、行为发生的客观性，在自然或专门设计的情境中进行行为观察是十分有必

要的。通过观察所得的数据不仅能为行为分析提供科学的依据，帮助咨询师更准确地确定行为功能、强度、时间、频率等，明确干预方向和目标，甚至还有助于咨询师确认干预效果。

行为观察要收集的信息通常包括时间、地点、场所、行为发生次数、行为持续时间、行为表现强度、行为发生间隔、行为发生后处理结果等。有些行为的次数界限明显，比如，上课举手多少次，扔玩具多少次，大声叫喊多少次等，这些行为可以采用次数记录；有些行为可以清晰地记录初始时间和结束时间，即每次行为持续的时间，如躺在地上不起来持续20分钟，这样的行为可以记录下持续时间；有些行为可以准确地记录下在特定时间单元里发生的次数，例如，以一分钟为一个时段，记录10分钟里上课讲话行为出现的次数。

行为观察常用的记录方法是ABC法。要想找到或者确认目标行为的意图，最好的办法就是观察和记录行为的先行事件与结果（泽波利，2004），ABC法就是这样一种提供行为发生前因、后果和行为本身的记录方法。它包含三个主要部分：A（antecedents event），前提事件，也就是行为发生的前因；B（behavior），个体所表现出来的行为；C（consequent），行为之后所伴随的后果，或者他人的具体处理方式。

例如，一段轶事性文字记录为：上课开始了，老师说："请小朋友们把图画书翻到第5页，我们一起来看看今天的故事是关于什么动物的呢？"小S立即大叫："不要。"并把图画书扔到角落。小伙伴们都转头看他，老师把他叫到自己面前，让他和自己一起看教师用书。这样的一段文字如果使用ABC法记录就会很清晰地看出前因和后果，有利于观察者分析儿童行为背后的功能，详见表10-1。

表10-1　ABC行为记录表举例

| A：前提事件 | B：行为表现 | C：行为后果 | 行为功能 |
|---|---|---|---|
| 老师请小朋友们翻开图画书第5页，并提出问题："今天的故事是关于什么动物的？" | 小S大叫"不要"，将图画书扔到角落。 | 同伴们转头看着他；老师叫他到自己跟前，让他和自己一起看教师用书。 | 正强化 |

### 2. 分析行为功能

一般对于单一的行为，咨询师可以通过分析其行为模式和发生的情境找到影响行为的因素，不需要功能性分析的帮助，然而如果持续一个星期的直接观察依然无法发现行为的功能，那么就需要借助功能性分析的方法。功能性分析是一种行为分析的程序，用于判定行为的发生与某种事件之间的关系，进而找出个体进行某种行为的目的。功能性行为分析主要是针对问题行为的功能提出假设，然后通过实验的方式，系统地操作或者控制可能出现的变项，观察行为发生前或发生后的变化，来验证问题行为的功能（李芳，李丹，2011）。

首先，对行为的前提事件和行为结果进行全面分析，提出功能假设。其中前提事件分析包含物理因素、社会因素的影响力分析，比如任务的难度、环境中分散注意力的因素、儿童在环境中是否获得接纳感、同伴关系等均在考虑范围；对行为结果的分析，要注意明确行为结果对自闭症谱系障碍儿童自身而言有何意义，达到了什么功能。一般来说，问题行为具有三大功能：一是满足个体的欲望或得到自己喜欢的刺激物，即正强化；二是逃避令个体感到厌恶的刺激物，即负强化；三是获得内部感觉调整或感觉刺激（Chandler et al.，1999）。

其次，对分析出来的可能因素及功能进行验证。常用的做法是改变其中一个变量，使其他因素保持不变，观察行为的变化，以确定该因素是否对儿童的行为具有影响力。然而在自然的教学环境中有些变量并不能完全区分开，因此系统地操作一系列相关的变量或者同类变量也是可行的。在验证过程中可以使用操控前提事件、操控行为后果、同时操控前提事件和行为后果三种方法，具体选择需要根据环境状况和自闭症谱系障碍儿童的特质做出调整。

### 3. 制订并实施行为干预计划

一份完整的行为干预计划主要包括：①个案的基本描述；②目标行为的评估结果，包含环境的分析、目标行为的描述及其功能评估等；③目标行为的基线资料；④行为干预的目标；⑤行为干预策略，包含选择这些策略的原因以及干预策略的内容等；⑥行为干预效果评价计划；⑦执行人员等（李芳，李丹，2011）。干预计划的主要部分是根据行为的功能、引起行为发生的因素，有针对性地选择适宜的策略以减少或消除不恰当行为，增加良好行为的发生，最终促进自闭症谱系障碍儿童能力的发展。干预计划中策略的选择十分重要，通常会根据前提事件和行为后果有针对性地选择策略，即前因控制策略和后果处理策略。除此之外，计划中还可以有新行为塑造策略、危机处理策略、行为类化策略等。

前因控制的干预方法不仅有着预防性的作用，而且还有简单易行的特点，主要包括刺激控制、环境要素的调控、控制生理性因素、给儿童以选择机会、个别化的课程调整、无条件强化和功能性技能训练等。而后果处理是指在目标行为出现之后安排立即的后果，通过给予强化物以增加良好行为，或者通过施加厌恶刺激与取消强化刺激以减少不良行为，其常用的干预方法包括正强化、负强化、消退、惩罚、行为契约、代币制等。

### 4. 修订行为干预计划

干预计划执行一段时间后，应根据期间观察所得数据分析自闭症谱系障碍儿童行为发生的变化，及时调整方案。例如，若有新的良好行为出现，计划中就要重新加入积极塑造这一干预策略；原有问题行为发生频率降低，则要及时调整强化的频率等。只有根据自闭症谱系障碍儿童的变化及时地改进干预计划，才能更有效地发展儿童功能，提高其社会适应能力。

### 5. 行为泛化与维持

自闭症谱系障碍儿童获得一个良好的行为，或者问题行为不再发生了，自然是一件可喜之事，但是这并不意味着他们的适应能力有了实质性的提高。他们还需要在不同时间、地点中表现其良好的行为或者该行为的变式，同时不再发生同样的问题行为，也就是干预效果需要泛化到其他环境，并维持一个较长的时间。

## 三、媒介干预法

### （一）辅助沟通系统

辅助沟通系统（AAC）是由扩大性沟通系统和替代性沟通系统组成，包括了任何能帮助说话和写作的沟通方式，是一种能突破自身能力限制的辅助手段。自20世纪70年代以来，AAC的临床应用取得丰硕的成果，对于存在语言交流障碍（包括自闭症谱系障碍、脑瘫、语言障碍、失语症等）儿童的语言发展和交流沟通具有明显的促进作用。AAC通过使用辅助的或非辅助的符号来扩大或代替自然语言和书写技能，AAC的扩大性输入策略有助于促进自闭症儿童理解接受性语言，增强他们的自我控制和自我选择能力；而替代性输出策略则可以激发自闭症儿童的沟通动机，发展他们的主动沟通技能，进而减少其问题行为（魏寿洪，2006）。国外研究者曾对24个有关自闭症谱系障碍的辅助沟通系统的研究进行元分析，发现AAC干预能改善自闭症谱系障碍儿童的沟通技能、社交技能和拼写能力，在减少攻击等问题行为上也有显著效果（Ganz et al., 2012）。

### 1.辅助沟通系统的组成

辅助沟通系统（AAC）是一种帮助沟通障碍者编码和解码的沟通媒介，它由沟通符号、沟通辅具、沟通技术和沟通策略四大要素构成（徐静，彭宗勤，2007）。其一，沟通符号是指利用视觉、听觉、触觉等感官及抽象符号等符号系统来表达概念（肖菊英，2011），包括用身体以外的对象来完成沟通的辅助性沟通符号（如文字、图片、模型、实物等），以及由身体本身来完成沟通的非辅助性沟通符号（如手势、面部表情、肢体动作等）。其二，沟通辅具是指利用电子化或者非电子化的装置传输或接受沟通信息，分为打印材料的低科技沟通辅具（图10-1）和音频输出的高科技沟通辅具（图10-2）两大类。其三，沟通技术是指传输沟通信息的方法，即描述沟通障碍者如何利用沟通辅具的方法，可分为直接选择和间接选择两类（李晓燕，2008）。其四，沟通策略是指沟通符号、沟通辅具、沟通技术整合成为一个特殊的沟通训练方案，协助沟通障碍者更有效地完成沟通交流（Toth et al.，2006）。

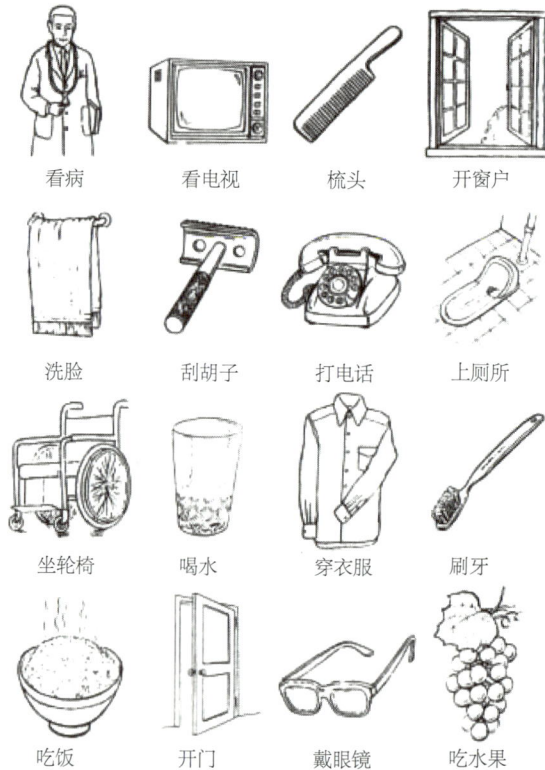

| | | | |
|---|---|---|---|
| 看病 | 看电视 | 梳头 | 开窗户 |
| 洗脸 | 刮胡子 | 打电话 | 上厕所 |
| 坐轮椅 | 喝水 | 穿衣服 | 刷牙 |
| 吃饭 | 开门 | 戴眼镜 | 吃水果 |

图 10-1　低科技沟通辅具：图片沟通板

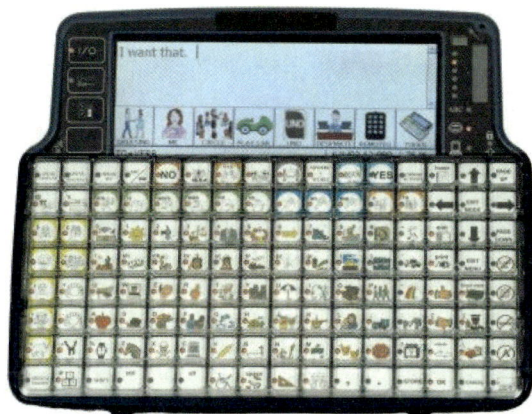

图 10-2　高科技沟通辅具：语言交流辅助器

### 2. 辅助沟通系统的应用步骤

辅助沟通系统的应用需要考虑活动、人、沟通辅具和情境。一个活动通常包括一系列的步骤，如去商场购物，这个过程可能包含挑选商品、询问商品信息、排队结账等。而人是活动的执行者，为需要者设计沟通系统要充分考虑其本身的基本能力。因此，使用辅助沟通系统干预自闭症谱系障碍儿童时应遵循一定的步骤：

①评估自闭症谱系障碍儿童的各方面能力。评估主要是了解儿童目前的沟通方式、各发展领域的能力和主要沟通内容，了解他们当前以及未来对沟通系统的期望。

②根据自闭症谱系障碍儿童的需求确定目标，制订个别化计划。

③根据特定的环境、活动、个别化计划设计沟通系统。沟通系统中的符号、策略、技术都是根据每一位儿童的能力水平和需要而特别设定的，不同儿童的沟通系统是不同的。

④评定和测量制订好的沟通系统。使用沟通系统的儿童是不断发展的个体，他们的能力在逐渐提高，需要随时评估不断变化的因素以确保沟通系统的应用策略具有针对性。

⑤教导沟通系统中使用的符号与意义的联结。首先，将图片、文字等符号与其所代表的实际物品放在一起，让自闭症谱系障碍儿童配对；其次，将符号系统应用于活动中，要进行活动时，先出示相应的符号再开始动作，让儿童理解配对；最后，将符号系统与其代表的意义泛化到其他活动，让儿童离开原来的活动空间

继续做配对。

⑥建立主动沟通行为。当自闭症谱系障碍儿童理解了符号系统的意义，就要帮助他们建立主动表达的行为，要求他们在希望做什么活动时使用相关的符号来进行表达。

⑦在具体情境中示范如何使用沟通系统。不要刻意去强调或提醒儿童在使用中的不足之处，要充分相信他们，用发展的眼光引导他们在具体的情境中使用辅助沟通系统。

⑧创设良好的沟通情境，制造沟通机会。通常先从自闭症谱系障碍儿童感兴趣、需求性强的方面入手，制造机会让其了解和掌握沟通系统。

⑨根据观察信息、儿童的进步情况调整和提升语言的内容、形式及功能。

（二）同伴介入法

同伴介入法是指由干预者训练有社交能力的普通儿童，指导他们与自闭症谱系障碍儿童建立恰当的社交模式以强化自闭症谱系障碍儿童合适的社交行为，从而提高其社交能力的一种干预方法。这种方法可以帮助自闭症谱系障碍儿童适应情境转变，增强同伴互动行为，调节他们的情绪和行为问题，促进其社交能力的提高（田金来，张向葵，2014）。同伴介入法是以同伴为媒介来培养和强化自闭症谱系障碍儿童的社会交往技能，多采用一对一的方式，其训练内容主要包括两个方面：一是训练同伴对自闭症儿童的社会交往行为积极反馈，并强化自闭症儿童的社会交往行为与意向；二是训练同伴教给自闭症儿童新的社交技能，以提高自闭症儿童的社会交往能力（黄伟合，2008）。

### 1.训练同伴对自闭症谱系障碍儿童的社会交往行为积极反馈

在同伴介入法的使用中，对同伴的选择、鼓励和指导是重点。首先，要选择愿意接触自闭症谱系障碍儿童的同伴，同伴应该是积极的、爱笑的、乐于合作且年龄与自闭症谱系障碍儿童相差不大，有一些共同爱好，彼此比较熟悉的更佳。

其次，指导我们所选择的同伴掌握与自闭症谱系障碍儿童交往的技能，包括帮助他们了解其自闭症谱系障碍同伴有什么独特的特点，在什么时候、什么情况下对自闭症谱系障碍同伴的行为做出合适的反馈。

再次，在游戏中增加交往的机会，帮助强化社会交往技能。同伴介入法也可以融入游戏之中，干预者要告诉普通儿童如何引导自闭症谱系障碍儿童做游戏，主动邀请干预对象加入，启动他们的互动，并提供自闭症谱系障碍儿童感兴趣的事物作为强化物。

### 2. 训练同伴教给自闭症谱系障碍儿童新的社会交往技能

同伴介入法不仅能强化自闭症谱系障碍儿童习得的社会技能，而且能帮助他们获得新的社会交往行为与技能，而作为同伴的普通儿童是主要的榜样和示范者。美国自闭症研究者皮尔斯（Karen Pierce）等人指出，为了帮助自闭症谱系障碍儿童学习新的交往技能，同伴需要做到以下十点（黄伟合，2008）：①提高自闭症谱系障碍儿童的注意力水平，取得注意的同时就开始了交往；②给予自闭症谱系障碍儿童选择不同活动的机会，以增强其参与同伴交往的兴趣和动力；③依据自闭症谱系障碍儿童的兴趣，为其提供不同种类的玩具；④为自闭症谱系障碍儿童示范适合的社会行为；⑤奖励自闭症谱系障碍儿童的努力，尽管他们表现得不够完美；⑥鼓励语言交流，要求自闭症谱系障碍儿童与自己交流并给予奖励；⑦进行语言对话，主动与自闭症谱系障碍儿童交谈；⑧在游戏过程中提醒自闭症谱系障碍儿童轮换机会，培养其合作与分享的习惯；⑨口头描述正在进行的活动与游戏，为自闭症谱系障碍儿童提供学习社会性语言的机会；⑩帮助自闭症谱系障碍儿童学会关注事物的多种属性，使其能够注意到他们平时忽视的东西。

同伴介入法以同伴为媒介，需要自闭症谱系障碍儿童、同伴、干预者的共同努力。在使用同伴介入法的过程中，干预者要认识到同伴也是一个孩子，需要为这名同伴准备一个教学的蓝本，使其参与训练时有据可依。干预者可以先为同伴示范如何进行教学，让其熟悉游戏程序和规则，然后他再去与自闭症谱系障碍儿童玩该游戏。此外，干预者也不要忽视对选定的同伴进行鼓励和奖励（刘学兰，李艳月，2014）。

### 四、游戏干预法

#### （一）游戏干预法的概述

游戏干预法是以心理咨询理论为基础，以游戏作为交流媒介，运用游戏的治愈性力量来矫治和改善儿童心理与行为问题的一种心理康复方法。在游戏干预中，游戏本身不是干预的目的，只是干预的手段或载体，游戏干预的目标是要解决儿童的心理问题，提高儿童的心理健康水平。游戏是儿童的天性，也是儿童的主导活动，儿童对环境和自我的认知、社会交往、学习、娱乐等都可以在游戏活动中进行，游戏给儿童提供了许多互动机会，能够促进儿童有效地交流，对儿童的心理发展起着重要作用。自闭症谱系障碍儿童在沟通上存在缺陷，难以用语言表达内心感受，而游戏恰好可以成为他们表达感受的一个出口，使其心理压力得以释放，解决情绪上的紧张、不安和恐惧，减少因情绪不良而产生的行为问题，使他们愿意与社会和他人接触，逐渐提高社会适应的能力。尽管自闭症谱系障碍儿童的游戏呈现水平低、象征性游戏少的特点，但他们现有的游戏水平也能为干预提供契机（毛颖梅，2011）。

我们在中国知网分别用"游戏"和"自闭症"或"游戏"和"孤独症"为篇名检索词，发现目前国内研究者对于自闭症谱系障碍儿童的游戏干预，使用较多的游戏形式有沙盘游戏、体育游戏、体感游戏、假装游戏、合作游戏、家庭游戏、音乐游戏、象征性游戏等，其中涉及沙盘游戏和体育游戏的干预研究相对更多。有研究者综述了2012—2019年自闭症儿童干预的游戏治疗研究，结果显示游戏的干预方式能够在一定程度上提升自闭症儿童的社会交往能力，促进持续性注意和共同注意的发展，改善动作技能和运动能力，减少焦虑、多动、不服从、退缩等情绪行为问题（徐勤帅，高麦玲，陈建军，2019）。

### （二）互动游戏干预的作用

互动游戏是指在一定的游戏规则下，由两个以上的儿童参与的游戏活动，游戏中儿童与儿童之间、儿童与干预者之间形成良好互动，且互动行为伴随整个游戏过程，参与者在交互式环境中完成游戏活动。我们采用互动游戏的形式对两名自闭症儿童进行干预，根据他们的问题表现、发展特征及其现有能力设计游戏的主题、目标和内容，撰写游戏活动方案，实施规范化的游戏活动过程，以探究互动游戏对提升自闭症儿童人际交往能力的干预作用。

#### 1. 游戏干预对象

干预对象是2名自闭症儿童，都是男孩，经医院鉴定为自闭症。一名儿童6岁半，有一定的认知能力和语言表达能力，人际交往能力较差，不愿与他人接触交流，有人际交往意愿，但容易害羞且缺乏技巧。另一名儿童5岁，认知程度及语言表达能力较好，人际交往意愿很弱，几乎不与其他小朋友主动交流，喜欢自言自语。使用《4~7岁儿童社会化量表》评估2名儿童的社会化发展情况，结果显示他们的社会化程度均较低，具体表现为对有关的社会规则和规范认识不清，社会认知能力较差，有时不能理解别人的想法，有些害羞、内向，不太愿意和陌生人说话，有时候会无故发脾气，共情与助人的能力较差。

### 2. 互动游戏活动方案

基于我们对特殊儿童心理健康结构的理论思考，分别从认知、情绪情感和意志行为三个维度，采用互动游戏的形式进行干预。根据两名自闭症儿童的量表评估结果以及对其家长和幼儿园教师的访谈结果，设计互动游戏活动方案，最终确定了8次游戏活动主题，并根据游戏实施过程中的具体情况进行调整。

（1）**认知层面**　认知层面的游戏活动主题有两个，分别是认识对方和认识常见的人际角色。认识对方的干预目标是帮助儿童熟悉新老师与新环境，相互认识，掌握加入团体活动的基本方法；认识人际角色的干预目标是让儿童认识我们身边常见的人际关系以及其中的角色。主要的互动游戏活动有我们的故事、小马运粮、猜猜我是谁、绘制家庭树等。

（2）**情绪情感层面**　情绪情感层面的游戏活动主题有两个，分别是人际交往中的情感理解和情感表达。人际交往中的情感理解的干预目标是帮助儿童认识常见的基础情绪，能判别和初步理解不同情境中可能出现的情绪；人际交往中的情感表达的干预目标是让儿童具有表达情绪的意愿和动机，尝试通过表情或语言表达喜好等情绪情感。主要的互动游戏活动有神奇的五官、猜猜我的心情、情绪传声筒、小小生日会等。

（3）**意志行为层面**　意志行为层面的游戏活动主题有四个，分别是人际交往中的沟通技巧、合作、竞争和问题解决。沟通技巧的干预目标是让儿童掌握人际交往中的沟通技巧，促进交流，克服退缩的状态；合作的干预目标是培养儿童的合作意识，在游戏中习得一些合作的技巧；竞争的干预目标是培养儿童正确的竞争意识，处理好合作与竞争的关系；问题解决的干预目标是帮助儿童正视人际冲突，学会一些解决冲突的技巧，如讨论、提出和接受建议、寻求帮助。主要的互动游戏活动有找朋友、手指搬运工、竹篓接球、问题大富翁等。

### 3. 互动游戏干预的效果

我们运用观察和访谈考察了两名自闭症儿童干预前后在人际交往上的变化情况，结果表明互动游戏有助于提高自闭症儿童的人际交往能力。具体表现在：

第一，互动游戏增加了自闭症儿童同伴之间、师生之间的沟通次数。参与干预的两名自闭症儿童及其与干预老师之间的主动沟通和回应沟通次数均有增加，关系逐步加深，干预后期主动夸奖自己的小伙伴，并且还主动去邻居家结交新朋友。

第二，互动游戏有助于自闭症儿童习得人际交往中的沟通技巧。两名儿童学会了在他人讲话时认真倾听、根据情境运用肢体语言、遭遇拒绝怎样处理、如何合作等沟通技巧，他们还能主动向父母求助，合作意识增强，在与小朋友玩耍过程中知道分工和角色分配。

第三，互动游戏提高了自闭症儿童的人际认知能力。他们可以清楚地回答自己与家人、同学和老师的关系，对人际中角色的意义有了进一步理解，在与其他小朋友的玩耍内容中开始涉及规则性游戏和角色扮演游戏。

第四，互动游戏促进了自闭症儿童在人际交往中的情绪表达与理解。两名自闭症儿童开始理解彼此的情感表达，情感的表达方式也由初期的肢体动作逐渐向语言转变，并且由被动慢慢转为主动。他们的情感理解能力有了一定提高，对基本情绪中的开心、生气的反应比较明显，但对复杂情绪的感知和理解依然有待提升。

# 第四节　社会故事法促进自闭症儿童亲社会行为的心理康复实例

亲社会行为是指个体在社会交往中表现出来的有益于他人或者促进与他人融洽关系的行为，通常在婴儿期出现，随年龄增长而发展变化，其中分享、安慰、助人和合作是四种典型的亲社会行为（吴南，李斐，2015）。亲社会行为在社会化过程中产生，是形成和维持良好人际关系的基础，也是衡量个体社会性发展水平的重要指标，有研究者将其视为儿童心理健康的必要成分（A. Goodman & R. Goodman, 2009）。自闭症谱系障碍儿童由于在社会交往和互动功能上具有质的损伤，限制了他们的亲社会行为的发展，往往表现出亲社会行为少且水平低的现状，反过来又会进一步阻碍儿童社会适应能力和心理健康水平的提高，因此亲社会行为的干预应该成为自闭症谱系障碍儿童心理康复的重要内容。我们以陈西梅（2012）在其硕士学位论文《社会故事影响自闭症儿童亲社会行为的成效研究》中报告的个案为例，分析社会故事法在自闭症儿童心理康复中的使用，及其对自闭症儿童亲社会行为的促进作用。

## 一、个案基本资料

小 Z，男，4 岁 7 个月，在 2 岁 9 个月时被医院确诊为轻中度自闭症，就读于某儿童康复中心。在语言沟通方面，小 Z 具备良好的语言模仿、语言理解和基本的语言表达能力，能较好地表达要求和回答问题，但在主动意识、自发性沟通和提问上欠佳。在认知方面，颜色、数和空间概念相对较好，具备简单的推理能力，表征能力较好，但在假想、分类及顺序排列上能力相对较弱。在社会交往方面，经过康复训练后，其社交能力、社交技巧、社交礼仪比以前有了明显提高，但社交礼仪还需加强，在情境的理解与判断、保持合适距离、与人打招呼上表现欠佳。在情绪与行为方面，具备情绪的识别能力，视听觉反应灵敏，会用一定的行动表达情绪，但情绪的稳定性不够且难以调节，容易着急，较少依附情绪行为。

干预者的观察结果：个案在学习的大部分时间注意力能跟着教师的教学，能很好地听指令，偶尔情绪不佳会出现吃手、摇晃身体等行为。为得到奖励（教师表扬或食物），个案会积极地参与课堂活动。在学习技能上，个案识字能力好，拿着幼儿童话书籍基本能顺利流畅读下来。对所教知识能进行比较好的回顾与复述，但多是死记硬背，知识的迁移和变通性较差。个案理解能力欠佳，回答问题时往往需要提示或在旁递词，看图说话多是念图所附带的文字，少有自己的想象和理解。下课时间，基本没发现个案与同伴有自发性的肢体或语言上的互动，大多是做一些教室常规的事情，如喝水、去洗手间，还有空闲时间就在教室里晃来晃去，尤其喜欢趴在教室窗边看楼底下大水池里的金鱼。在教师提示或要求下，个案能完成一定的与他人互动接触的任务，但往往没有眼神的接触与注视，少有语言交流。

## 二、干预方法与过程

### （一）社会故事的创编

#### 1. 目标行为的确定

为选取需要干预的目标行为，干预者通过在自然情境中对小 Z 的观察，以及对其任课教师和家长的访谈，最终确定目标行为包括帮助、安慰、分享、合作四种亲社会行为。其中帮助行为具体是指帮老师和同学拿水，安慰行为具体是指安慰在哭的小朋友，分享行为具体是指与同学和老师分享奶片，合作行为具体是指与大家一起抬垫子。

### 2. 社会故事的创编过程

确定目标行为后，干预者分别依据每个目标行为编写一个社会故事，共创编四个社会故事，每个社会故事的创编过程遵循以下步骤：①根据个案家长、教师的访谈资料以及干预者预先的观察资料，参考 Gray 的社会故事编写原则，创编符合个案需要的社会故事；②干预者依据《社会故事检核表》修改社会故事并完成初稿后，再请个案家长及其所在班级的教师（班主任老师、主题教学老师、个别化训练老师）对社会故事的内容和遣词造句做进一步修改，以符合个案的语言表达习惯及能力，使其能更好地理解社会故事的内容；③干预者根据 Gray 对社会故事的句型界定和句型比例建议，对四个社会故事做句型的分类与修正；④综合整理各修正结果后，完成四个社会故事的创编。

帮助行为的社会故事示例：

下课了，我去喝水。桌子上放着很多有水的杯子，每个杯子都写着名字。老师要求小朋友拿自己的杯子喝水。班上有小朋友不识字，他们找不到自己的杯子。他们要喝水都是老师帮他们找杯子，当老师不在时，他们只能等着。这时我可以走过去帮他们找到杯子并递给他们。如果他们对我说"谢谢"，我要看着他们说"不客气"。老师知道我帮助同学会在班上表扬我。老师希望我还可以帮老师们递杯子。能帮助别人，我很高兴。

### （二）社会故事法的干预实施步骤

#### 1. 阅读社会故事

向个案呈现某一社会故事，先由个案自己独立阅读一遍社会故事，干预者对首次阅读情形进行相关标注。然后要求个案对社会故事进行第二次阅读，在个案阅读的同时，干预者会在一旁辅助，例如，若个案遇到不认识的字词，干预者要讲解给个案听。

#### 2. 理解社会故事

个案阅读完社会故事后，询问个案与社会故事相关的六到八个问题（即社会故事理解测验），以确认个案是否理解社会故事的内容。如果个案无法说出适当的答案，就请个案再回头阅读一次社会故事，并在故事的内容中寻找答案。要是个案仍无法说出适当的答案，这时干预者可以依据社会故事的内容举例讲解给个案听，或是亲身示范给个案看。待讲解或示范完成后，再次询问与社会故事相关的问题。此阶段必须持续进行，直到个案完全答对社会故事理解测验的问题为止，方可进行下一个阶段的角色扮演活动。

### 3. 表演或讲述社会故事

依据社会故事的内容由个案和干预者进行角色扮演，或者邀请班级其他小朋友及教师真人演出社会故事表述的内容，或是画出绘本让个案讲述社会故事的情境。

### 4. 复习社会故事

根据干预者制订的社会故事实施计划，在目标情境发生前让个案复习社会故事。复习时由个案自行朗读一次社会故事，干预者负责记录下个案阅读社会故事的情形。

### 5. 询问目标行为达成情况

待个案完成社会故事的复习后，干预者口头询问个案是否有达成过目标行为，以再次确认个案能够理解社会故事的内容。

## 三、干预效果及原因分析

### （一）干预效果

#### 1. 帮助行为的干预效果

社会故事法对该名自闭症儿童的帮助这一亲社会行为有较快且显著的提升效果，其维持效果也较稳定。个案在干预之前完全没有表现出帮老师或同学拿水杯的行为，干预之后，个案能根据具体的情境达成帮助行为。就帮助对象的类型而言，个案主要帮助的是自己的同学和老师，并且对帮助同学的积极性更高一些。

#### 2. 安慰行为的干预效果

社会故事法对该名自闭症儿童的安慰行为有显著提升，但维持期相比处理期的行为达成水平有所下降，表明社会故事法对个案安慰行为的维持效果不稳定。个案在干预前完全没有表现出安慰班上哭泣的小朋友的行为，经过干预之后，个案对班上有小朋友哭的情形发生的敏感度提高了。不过个案发现小朋友在哭时，表情上会有一些同情或注视，但却愣在自己的座位上不动，难以在去或不去上做意向选择。

#### 3. 分享行为的干预效果

社会故事法对该名自闭症儿童亲社会行为中的分享行为有较快且显著的提升效果，维持效果也比较稳定。个案在干预前完全没有表现出将自己喜欢吃的东西分给小朋友或老师这样的行为，干预实施之后，个案的分享意识明显提高了。在干预开始时，个案在情境判断上需要干预者进行提示协助。在干预者的协助下，个案会主动把好吃的东西分给没有开口索要的同学，或者把好吃的东西递给干预者和其他老师。

### 4. 合作行为的干预效果

社会故事法对该名自闭症儿童的合作行为也有提升作用，个案在一定的提示协助下，能够达成合作行为。不过个案最难达成的合作行为细目是在协调性语言或动作上，个案与其合作者在面对共同任务时，几乎没有出现过主动的协调性语言，双方对任务理解后，有"不约而同"的默契，或者说不需要沟通也能完成合作任务，当合作者抬起垫子的一端时，个案会自然走到另一头抬起垫子的另一端。

### （二）原因分析

#### 1. 充分考虑干预对象的特点

社会故事法要取得良好的干预效果，需要充分考虑干预对象的发展特点。本案例中的自闭症儿童有一定的亲社会基础能力，虽然亲社会动机不足，但运用一定的方法能较好地激励其行为动机。干预者创编的社会故事的内容要反映干预对象的学习生活实际，社会故事的文字和语句要符合干预对象的认知水平，使其能够理解社会故事的内容，让社会故事成为发展自闭症儿童亲社会行为的简单指导规范，为干预对象提供在教室与同学及教师互动时的社会信息，引导干预对象将社会故事的内容变成内在的语言，提醒自己在一定的自然情境中表现出适宜的亲社会行为。

#### 2. 依据干预对象的萌生技能编写社会故事

干预对象开始起步的某些与亲社会行为相关的萌生技能，是干预者编写有效的社会故事的基础。本案例中的自闭症儿童在干预前已经自然而然地表现出对同学的觉识，虽然个案没有亲社会行为的意图，也没有主动与他人的互动，但个案对同学的觉识有助于社会故事介入后发展出正向的与同学之间的互动行为。个案虽然在干预前没有出现过目标行为，但在家中已有一定的亲社会基础能力，在学校里在教师的要求下也能做到一些亲社会性的事情，如帮老师找书、丢垃圾、分发水果等，因此社会故事介入后个案能够基于已备技能，较好地迁移到相似技能的学习中，这无疑为其发展出新的亲社会行为发挥了较为重要的作用。

## 四、建议与反思

### 1. 根据对象特征选取目标行为

在使用社会故事法时，目标行为的选取一定要以干预对象的特征为基础。自闭症谱系障碍儿童的年龄、认知水平、障碍程度、已经具备的技能、萌生技能、兴趣爱好等，都是干预者选择和确定目标行为的依据。本案例中，干预的目的是建立个案在自然情境中不曾出现的帮助、安慰、分享、合作四种亲社会行为，依据干预对象的特征，干预者选定可自然融入个案与同学及老师互动情境中的行为细目，同时把这些行为细目与个案的特质相结合，并加入功能性和社会性，使之成为更具体的亲社会目标行为。

### 2. 创编合适的社会故事

在社会故事的创编过程中，干预者一定要注意以下问题：社会故事的内容是否以改善目标行为为目的？个案是否能够理解社会故事的内容？社会故事的编写是否符合 Gray 所建议的社会故事句型和比例？这三点对社会故事法的成效有重要影响。本案例中，在社会故事编写之初，通过大量的预先观察、对个案的教师和家长的深度访谈后确定目标行为，结合个案特征突显社会故事的相关细节，基于改善个案目标行为的目的来创编社会故事的内容，根据实际情况多次修改社会故事，并围绕协助个案完全理解社会故事来展开干预过程，以保障社会故事法能够取得预期的干预效果。

### 3. 培养和激发亲社会动机

亲社会动机是指想要为他人的利益而投入精力的意愿（Lebel & Patil，2018），它是推动个体产生亲社会行为的内部动力。亲社会动机对亲社会行为具有引发、维持和导向的作用，使个体在社会交往中表现出有益于他人的行为。自闭症谱系障碍儿童的亲社会动机不足，水平偏低，很多时候他们其实在目标情境出现时知道要做什么样的行为是符合期望的，但他们就是不愿去做，导致难以表现出亲社会行为。干预者可以在实施社会故事法进行干预时，结合使用增强物、口头或手势提示、行为引导等动机激励手段，以提高自闭症谱系障碍儿童的亲社会动机水平，进而促进其亲社会行为的发展。

# 主要参考文献

**中文文献：**

艾伦，玛丽，卡洛斯.2018.心理咨询的技巧和策略[M].时志宏，高秀苹，译.上海：上海社会科学院出版社.

布勒特.2007.儿童娱乐空间[M].张书鸿，曹素平，译.北京：机械工业出版社.

布文锋.2001.论盲生社会交往障碍及其解决对策[J].中国特殊教育（1）：42-45.

蔡蓓瑛，孔克勤.2000.自闭症儿童行为评定与社会认知发展的研究[J].心理科学，23（3），269-274.

查贵芳，刘苓.2016.脑瘫患儿心理行为问题调查研究[J].中国妇幼卫生杂志，7（3）：45-48.

车文博.2003.人本主义心理学.杭州：浙江教育出版社.

陈冠杏.朱宗顺.2013.3岁前自闭症婴幼儿诊断研究对DSM-5编订的影响[J].中国特殊教育（7）：35-41.

陈惠，曹国华.2015.运用音乐治疗促进听障儿童心理健康发展[J].现代特殊教育（12）：22-23.

陈家麟.2002.学校心理健康教育：原理与操作[M].北京：教育科学出版社.

陈建文，王滔.2004.社会适应与心理健康[J].西南师范大学学报（人文社会科学版），30（3）：34-39.

陈建文.2009.人格与社会适应[M].合肥：安徽教育出版社.

陈西梅.2012.社会故事影响自闭症儿童亲社会行为的成效研究[D].重庆师范大学.

陈云英，等.2004.中国特殊教育学基础[M].北京：教育科学出版社.

邓猛.2011.视觉障碍儿童的发展与教育[M].北京：北京大学出版社.

丁红兵.2007.河北省听障儿童家庭教育状况调查报告[J].中国听力语言康复科学杂志（4）：54-56.

杜高明.2008.心理咨询与治疗理论[M].成都：四川大学出版社.

杜建慧，王雁.2017.多元整合模式视角下特殊儿童的心理健康教育[J].中国德育（20）：38-43.

杜亚松 . 2011. 儿童情绪障碍的识别和干预［J］. 中国儿童保健杂志, 19（12）：
　　1065-1067.

方俊明 . 2005. 特殊教育学［M］. 北京：人民教育出版社 .

傅宏 . 2007. 儿童心理咨询与治疗［M］. 南京：南京师范大学出版社 .

高俊杰, 陈晓科, 李祚山, 赵均 . 2013. 特殊儿童学校心理健康教育现状［J］. 中
　　国学校卫生, 34（9）：1122-1123.

高天 . 2007. 音乐治疗学基础理论［M］. 北京：世界图书出版公司 .

高雪梅 . 2012. 儿童心理健康［M］. 重庆：西南师范大学出版社 .

高紫琳, 刘靖, 黄新芳, 邱莉, 苏静, 曾坤山 . 2019. 学龄前期孤独症谱系障碍儿童
　　情绪行为问题及其与母亲情绪问题的相关性［J］. 中国儿童保健杂志, 27（5）：
　　473-476.

格莱丁 . 2014. 心理咨询导论［M］.6 版 . 方双虎, 等, 译 . 北京：中国人民大学
　　出版社 .

古, 2009. 世界卫生组织听力障碍防治规划［J］. 冯定香, 苏俊, 译 . 中国医学文摘：
　　耳鼻咽喉科学, 24（1）： 16-17.

顾定倩 . 2001. 特殊教育导论［M］. 大连：辽宁师范大学出版社 .

顾亚亮 . 2016. 心理咨询与心理治疗［M］. 北京：清华大学出版社 .

哈拉汉, 考夫曼, 普伦 . 2010. 特殊教育导论［M］. 肖非, 等, 译 . 北京：中国人
　　民大学出版社 .

郝振君 . 2005. 团体心理辅导在聋生心理健康教育中的运用［J］. 中国特殊教育
　　（10）： 26-31.

何侃, 等 . 2008. 特殊儿童心理健康教育［M］. 镇江：江苏大学出版社 .

贺丹军 . 2005. 康复心理学［M］. 北京：华夏出版社 .

胡静, 张福娟 . 2009. 论视力残疾学生的心理健康教育［J］. 新疆教育学院学报,
　　25（2）： 87-90.

胡世红 . 2011. 特殊儿童的音乐治疗［M］. 北京：北京大学出版社 .

华国栋 . 2004. 特殊需要儿童的心理与教育［M］. 北京：高等教育出版社 .

怀特, 普斯坦 . 2013. 故事、知识、权力：叙事治疗的力量［M］. 廖世德, 译 . 上海：
　　华东理工大学出版社 .

黄柏芳 . 2004. 浙江省盲人学校在校学生心理健康状况调查报告［J］. 中国特殊
　　教育（3）： 39-42.

黄锦玲, 娄星明 . 2011. 聋生心理健康状况与人格及应对方式的相关性研究［J］.
　　中国校医, 25（1）： 1-2.

黄平 . 2017. 父母社会支持、父母自我效能与智力障碍儿童社会适应的关系［D］.
　　上海师范大学 .

黄伟合 . 2008. 当代科学征服自闭症：来自临床与实验的干预教育方法［M］. 上海：
　　华东师范大学出版社 .

黄希庭 . 2004. 简明心理学辞典［M］. 合肥：安徽人民出版社 .

贾美香，王力芳 . 2010. 孤独症儿童的智力水平与社会适应能力［J］. 中国心理卫
　　生杂志，24（11）：845-846.

江光荣 . 1996. 关于心理健康标准研究的理论分析［J］. 教育研究与实验（3）：
　　49-54.

江光荣 . 2005. 心理咨询的理论与实务［M］. 北京：高等教育出版社 .

江琴娣，张福娟 . 2007. 轻度智障学生心理健康教育干预的形式与方法［J］. 心理
　　科学，30（2）：408-410.

江琴娣 . 2005. 随班就读轻度智力落后学生心理健康问题的研究［J］. 中国特殊
　　教育（2）：37-40.

姜硕媛，李建军，王焐，闫国利 . 2015. 视力障碍儿童的心理韧性与情绪——行为
　　问题的关系［J］. 中国特殊教育（2）：22-26.

金梅 . 2003. 特殊体育教育中的舞蹈教学［J］. 武汉体育学院学报，37（6）：
　　64-66.

金野 . 2015. 特殊儿童艺术治疗［M］. 南京：南京师范大学出版社 .

科里 . 2004. 心理咨询与治疗的理论及实践［M］. 7 版 . 石林，等，译 . 北京：中
　　国轻工业出版社 .

兰德雷斯 . 2013. 游戏治疗［M］. 雷秀雅，葛高飞，译 . 重庆：重庆大学出版社 .

兰格利 . 2016. 戏剧疗法［M］. 游振声，译 . 重庆：重庆大学出版社 .

兰继军，徐晶瑜，成建省 . 2018. 团体心理辅导提升视障学生自尊感的研究［J］.
　　现代特殊教育（1）：11-16.

兰继军，张银环 . 2016. 我国聋生心理健康现状及其影响因素分析［J］. 现代特殊
　　教育（12）：30-35.

蓝迪 . 2010. 戏剧治疗：概念、理论与实务［M］. 洪光远，等，译 . 台北：心理出版社 .

乐国安 . 2002. 咨询心理学［M］. 天津：南开大学出版社 .

雷江华，方俊明 . 2016. 特殊教育学［M］. 北京：北京大学出版社 .

雷江华，李海燕 . 2005. 听觉障碍学生与正常学生视觉识别敏度的比较研究［J］.
　　中国特殊教育（8）：7-10.

雷秀雅，丁新华，田浩 . 2010. 心理咨询与治疗［M］. 北京：清华大学出版社 .

李丹 . 2019. 体态律动教学法在音乐教学中的运用分析［J］. 黄河之声（6）：58-
　　59.

李芳，李丹 . 2011. 特殊儿童应用行为分析［M］. 北京：北京大学出版社 .

李红菊，梁海萍 . 2006. 智力落后儿童不良情绪与学校适应研究现状及展望［J］.
　　中国特殊教育（3）：9-12.

李晶，朱莉琪 . 2014. 高功能孤独症儿童的合作行为［J］. 心理学报，46（9）：
　　1301-1316.

李军，张士芹 . 2015. 盲生自卑心理干预的个案研究［J］. 现代特殊教育（5）：

38-40.

李明,杨广学.2005.叙事心理治疗导论［M］.济南:山东人民出版社.

李明.2016.叙事心理治疗［M］.北京:商务印书馆.

李强,张然,鲍国东,姜海燕.2004.聋人大学生心理健康状况及相关因素分析[J].中国特殊教育（2）:68-71.

李维,张诗忠.2004.心理健康百科全书:儿童健康卷[M].上海:上海教育出版社.

李晓,尤娜,丁月增.2010.社会故事法在儿童自闭症干预中的应用研究述评［J］.中国特殊教育（2）:42-47.

李晓燕.2008.汉语自闭症幼儿语言发展和交流个案研究［D］.华东师范大学.

李新利,唐峥华,韦波,高德凰,段丽君,谭治国.2014.家庭疗法在治疗大学生社交恐怖症中的应用［J］.中国健康心理学杂志,22（8）:1190-1192.

李艳,徐胜.2019.自闭症谱系障碍儿童焦虑研究综述［J］.中国特殊教育（1）:33-40.

李祚山,于璐.2014.心理咨询技术［M］.重庆:西南师范大学出版社.

李祚山.2005.视觉障碍儿童的人格与心理健康的特征及其关系研究［J］.中国特殊教育（12）:79-83.

林崇德,杨治良,黄希庭.2003.心理学大辞典［M］.上海:上海教育出版社.

林崇德.2002.咨询心理学［M］.北京:高等教育出版社.

林冬梅.2019.沙盘游戏在孤独症谱系障碍儿童心理治疗中的应用效果［J］.临床医学研究与实践,4（17）:89-90.

林家兴,王丽文.2000.心理治疗实务［M］.台北:心理出版社.

林云强,张福娟.2012.自闭症儿童攻击行为功能评估及干预策略研究进展［J］.中国特殊教育（11）:47-52.

刘春玲,江琴娣.2015.特殊教育概论［M］.2版.上海:华东师范大学出版社.

刘春玲,马红英.2011.智力障碍儿童的发展与教育［M］.北京:北京大学出版社.

刘春燕,陈功香.2019.自闭症谱系障碍个体的焦虑:发生机制、评估与治疗［J］.心理科学进展,27（10）:1713-1725.

刘华山.2001.心理健康概念与标准的再认识［J］.心理科学,24（4）:480-481.

刘璐,宋子明,闫国利,杨砚焕,董存良.2016.视力残疾学生、听力残疾学生、普通中学生心理韧性的比较研究［J］.中国特殊教育（9）:43-47.

刘敏,冯维.2016.听障中学生对挫折的态度与心理弹性、生活适应的关系［J］.中国特殊教育（8）,19-24.

刘敏娜,王敏,黄哲,高雪婷.2010.结构式游戏治疗对注意缺陷多动障碍儿童生活质量的干预研究［J］.中国儿童保健杂志,18（1）:30-32.

刘学兰,李艳月.2014.自闭症儿童的教育与干预［M］.广州:暨南大学出版社.

刘艳.1996.关于"心理健康"的概念辨析［J］.教育研究与实验（3）:46-48.

刘艳红，曹强，钱志亮，焦青，韩萍，陈静 . 2003. 视力残疾学生和普通学生触错觉对比实验研究 [J] . 中国特殊教育（1）：25-29.

刘云艳 . 2009. 中国 0～6 岁儿童心理健康与教育研究进展 [J] . 学前教育研究，23（6）：10-15.

刘泽文，牛玉柏 . 2005. 家长对残疾儿童随班就读的态度的调查 [J] . 中国心理卫生杂志，19（2）：139-140.

鲁明辉，雷浩，宿淑华，琚四化，谌小猛 . 2018. 自闭症谱系障碍儿童感觉异常与情绪行为问题的关系研究 [J] . 中国特殊教育（4）：60-65.

路平 . 2009. 自闭症儿童的家庭治疗 [J] . 中国健康心理学杂志，17（12）：1409-1410.

罗婧 . 2007. 正向行为支持的特点分析 [J] . 中国特殊教育（3）：57-61.

马建青，王东莉 . 2006. 心理咨询流派的理论与方法 [M] . 杭州：浙江大学出版社 .

马欣川 . 2003. 现代心理学理论流派 [M] . 上海：华东师范大学出版社 .

马志国 . 2005. 心理咨询师实用技术 [M] . 北京：中国水利水电出版社 .

毛颖梅 . 2007. 特殊儿童心理咨询概论 [M] . 天津：天津教育出版社 .

毛颖梅 . 2011. 国外自闭症儿童游戏及游戏干预研究进展 [J] . 中国特殊教育，（8）：66-71.

孟莉 . 2004. 心理咨询师专业发展中的个人成长 [J] . 陕西师范大学学报（哲学社会科学版），33（2）：117-121.

莫雷 . 2002. 教育心理学 [M] . 广州：广东高等教育出版社 .

宁宁，张永盛，杨广学 . 2015. 自闭症谱系障碍儿童重复刻板行为研究综述 [J] . 中国特殊教育（2）：46-52.

裴建雄 . 2014. 智障儿童正确表达情绪情感的个案研究 [J] . 绥化学院学报，34（1）：127-130.

佩恩 . 2012. 叙事疗法 [M] . 曾立芳，译 . 北京：中国轻工业出版社 .

彭聃龄 . 2004. 普通心理学 [M] . 3 版 . 北京：北京师范大学出版社 .

朴永馨 . 2006. 特殊教育辞典 [M] . 2 版 . 北京：华夏出版社 .

朴永馨 . 2014. 特殊教育学 [M] . 3 版 . 福州：福建教育出版社 .

戚宝萍 . 2017. 随班就读的智力障碍学生同伴关系的研究 [D] . 沈阳师范大学 .

琦宝香 . 2006. 儿童语言障碍理论、评量与教学 [M] . 台北：心理出版社 .

钱奉励 . 2018. "故事"的魅力——运用叙事疗法辅导多动症儿童的个案研究 [J] . 中小学德育（8）：72-73.

钱铭怡 . 1994. 心理咨询与心理治疗 [M] . 北京：北京大学出版社 .

钱志亮 . 2006. 特殊需要儿童咨询与教育 [M] . 北京：北京师范大学出版社 .

任丽平 . 2012. 家庭心理治疗的理论、技术及应用 [C] . 中国中西医结合学会精神疾病专业委员会第十一届学术年会论文汇编：349-355.

萨默斯-弗拉纳根，萨默斯-弗拉纳根 . 2014. 心理咨询面谈技术 [M] . 陈祉研，江兰，黄铮，译.北京：中国轻工业出版社.

沈德灿.2005.精神分析心理学［M］.杭州：浙江教育出版社.

盛永进.2011.特殊教育学基础［M］.北京：教育科学出版社.

施建农，徐凡.2004.超常儿童发展心理学［M］.合肥：安徽教育出版社.

石向实，等.2010.心理咨询的原理与方法［M］.杭州：浙江大学出版社.

石振薇，王新梅.2017.认知行为团体辅导对留守学生弱视患者的干预效果［J］.中国健康心理学杂志，25（9）：1397-1400.

苏丹，黄希庭.2007.中学生适应取向的心理健康结构初探[J].心理科学，30（6）：1290-1294.

宿淑华，胡慧贤，赵富才.2019.基于ICT的自闭症谱系障碍儿童情绪干预研究综述［J］.中国特殊教育（4）：47-53.

孙崇勇，张鸿雁.2011.聋哑青少年人格特征与心理健康关系［J］.中国公共卫生，27（6）：695-697.

孙春玲，赵慧，马莉，王娟.2011.白城市特殊教育学校儿童视力情况调查［J］.中国妇幼保健，26（32）：5047-5048.

孙喜斌，刘志敏.2015.残疾人残疾分类和分级《听力残疾标准》解读［J］.听力学及言语疾病杂志，23（2）：105-108.

孙霞.2011.特殊儿童的美术治疗［M］.北京：北京大学出版社.

孙玉梅，邓猛.2010.自闭症谱系障碍儿童社会故事干预有效性研究综述［J］.中国特殊教育（8）：42-47.

唐敏，谭琼，黄瑛，谭从容，向正可.2017.利他林治疗对儿童多动症认知功能的影响［J］.国际精神病学杂志，44（2）：240-242.

陶惠芬，李坚评，雷五明.2006.心理咨询的理论与方法［M］.武汉：华中科技大学出版社.

特恩布尔，特恩布尔，尚克，史蜜斯，莱亚尔.2004.今日学校中的特殊教育［M］.3版.方俊明，汪海萍，等，译.上海：华东师范大学出版社.

田金来，张向葵.2014.同伴介入法在自闭症儿童社交能力中的应用［J］.中国特殊教育（1）：35-40.

佟立纯.2010.康复心理学［M］.北京：北京体育大学出版社.

万国斌.2003a.儿童心理行为及其发育障碍——第13讲 儿童情绪障碍（一）［J］.中国实用儿科杂志，18（1）：51-53.

万国斌.2003b.儿童心理行为及其发育障碍——第14讲 儿童情绪障碍（二）［J］.中国实用儿科杂志，18（2）：122-124.

汪新建.2000.当代西方认知——行为疗法述评［J］.自然辩证法研究，16（3）：25-29.

王波，邢同渊.2015.国外双重特殊儿童的研究进展［J］.中国特殊教育（5）：15-20.

王登峰，崔红．2003．心理卫生学［M］．北京：高等教育出版社．

王菲菲，李雪，刘靖，吉兆正．2019．孤独症幼儿的情绪行为问题研究［J］．中国全科医学，22（18）：2189-2193．

王辉．2008．情绪与行为障碍儿童的心理行为特征及诊断与评估［J］．现代特殊教育（2）：35-38．

王丽，吴凡．2019．浙江省11家医院2013—2017年抗抑郁药使用分析［J］．中国药房，30（5），134-137．

王玲，刘学兰．2005．心理咨询［M］．2版．广州：暨南大学出版社．

王玲．2012．心理卫生［M］．广州：暨南大学出版社．

王玲凤．2009．特殊教育教师职业压力的调查分析［J］．中国特殊教育（8）：57-60．

王苗苗，李欢．2014．智力障碍儿童心理健康问题探究及解决对策［J］．中小学心理健康教育（12）：17-19．

王顺妹．2003．游戏在弱智儿童心理康复与行为矫正中的作用［J］．中国临床康复，7（27）：3740-3741．

王硕，赫英英，田甜，傅茂笋，徐凌忠，盖若琰，等．2014．山东省农村3~6岁儿童情绪和行为问题调查分析［J］．中国儿童保健杂志，22（6）：583-585．

王思阳．2011．智障儿童心理健康研究的回顾与展望［J］．兰州教育学院学报，27（4）：146-148．

王苏弘，罗学荣．2011．儿童青少年情绪和行为障碍的心理行为特征及干预［J］．中国儿童保健杂志（12）：52-54．

王滔，杜欢．2016．沙盘游戏改善读写困难儿童情绪行为问题的个案研究［J］．中国临床心理学杂志，24（4）：752-758．

王薇，贾婵娟，吴姝瑶，张欣．2019．混龄教育对3~6岁自闭症谱系障碍幼儿社会行为发展的干预研究［J］．中国特殊教育（5）：45-52．

王小英，王丽娟，郭丽华．2004．近十年来国外游戏研究新进展［J］．心理科学，27（5）：1187-1189．

王欣，苏晓巍，王岩，刘欣，宋耀先，任力．2000．父母教养方式与子女焦虑水平的相关研究［J］．中国心理卫生杂志，14（5）：344-345．

王雁，王姣艳．2004．智力落后学生学校适应行为研究［J］．中国特殊教育（6）：30-34．

王志琴．2015．自闭症儿童自我刺激行为分析及干预［J］．现代特殊教育（7）：17-18．

韦小满．2006．特殊儿童心理评估［M］．北京：华夏出版社．

魏寿洪．2006．AAC在自闭症儿童沟通行为中的应用分析［J］．中国特殊教育（11）：44-48．

魏义梅．2012．家庭疗法［M］．北京：开明出版社．

魏育林，刘伟，孔晶，韩标 . 2005. 体感音乐疗法的原理及其在康复治疗中的应用 [ J ]. 中国康复医学杂志，20（10）： 799-800.

魏源 . 2004. 国外绘画心理治疗的应用性研究回顾 [ J ]. 中国临床康复，8（27），5946-5947.

吴红东，曹火军，吴洪军，杨初喜，张伟娟，王晓，等 . 2012. 聋哑学生心理健康状况及其干预 [ J ]. 中国健康心理学杂志，20（12）： 1859-1861.

吴梅花 . 2016. 幼儿社会退缩行为的影响因素、发展规律及干预分析 [ J ]. 中小学心理健康教育（9）： 14-16.

吴南，李斐 . 2015. 儿童亲社会行为及影响因素 [ J ]. 中国儿童保健杂志，23（8）： 834-836.

吴支奎 . 2003. 普小学生对随班就读弱智生接纳态度的研究 [ J ]. 中国特殊教育（2）： 16-22.

夏慧芸，刘振寰 . 2011. 脑瘫患儿心理行为异常及其治疗进展 [ J ]. 中国儿童保健杂志，19（10）： 921-923.

夏滢，周兢 . 2008. 融合环境下听力损伤幼儿同伴交往特点研究 [ J ]. 学前教育研究（3）： 41-45.

肖菊英 . 2011. 特殊教育辅助技术适配评估构成要素研究 [ D ]. 重庆师范大学 .

休厄德 . 2007a. 特殊需要儿童教育导论 [ M ].8 版 . 肖非，等，译 . 北京：中国轻工业出版社 .

休厄德 . 2007b. 特殊儿童：特殊教育导论 [ M ].7 版 . 孟晓，等，译 . 南京：江苏教育出版社 .

徐静，彭宗勤 . 2007. 应用辅助沟通系统促进自闭症儿童语言和沟通能力的发展 [ J ]. 中国组织工程研究与临床康复，11（13）： 2540-2543.

徐勤帅，高麦玲，陈建军 . 2019. 游戏治疗应用于自闭症儿童干预的研究进展 [ J ]. 现代特殊教育（8）： 53-58.

徐勇，杨鲁静 . 2005. 现代环境污染对儿童健康和生长发育的影响 [ J ]. 中国儿童保健杂志，13（4）： 344-346.

许家成 . 2005. 再论智力障碍概念的演化及其实践意义 [ J ]. 中国特殊教育（5）： 12-16.

许秋华 . 2019. 综合护理对青少年品行障碍患者不良心理的影响 [ J ]. 中外医疗，38（5）： 144-146.

闫燕，汪斯斯，雷江华 . 2009. 智力落后儿童攻击性行为研究探析 [ J ]. 中国特殊教育（12）： 36-41.

严茹 . 2018. 影响智力障碍儿童心理发展的因素分析 [ J ]. 教育教学论坛，4（15）： 235-237.

杨福义，谭和平 . 2008. 听觉障碍学生的内隐自尊及其影响因素研究 [ J ]. 中国特殊教育（8）:31-38.

杨广学.2011.特殊儿童的心理治疗［M］.北京：北京大学出版社.

杨宏飞.2006.心理咨询原理［M］.杭州：浙江大学出版社.

杨文峰.2019.在自闭症康复教育中渗透心理健康教育［J］.中小学心理健康教育
（16）：63-64.

仰惠茹.2018.家庭亲密度、父母教养方式与智障儿童社会适应能力的关系［D］.
硕士学位论文.上海师范大学.

姚本先，钱立青，方双虎，胡海燕.2005.咨询心理学导论［M］.北京：中国科学
技术出版社.

姚聪燕.2003.视觉障碍儿童与音乐治疗［J］.中国残疾人（2）：44.

姚俊.2010.重度智障儿童攻击性行为矫正个案研究［J］.中国特殊教育（1）：
14-18.

叶立群，朴永馨.2002.特殊教育学［M］.福州：福建教育出版社.

叶一舵.2015.中小学心理健康教育教程［M］.福州：福建教育出版社.

于春红，郑洁欢.2011.家庭心理治疗的理论及其应用［J］.社会心理科学，26
（Z1）：76-80.

余明，刘靖，李雪，贾美香.2014.高功能与低功能学龄期孤独症儿童共患病研究
［J］.中国实用儿科杂志，29（11）：865-870.

俞国良，宋振韶.2008.现代教师心理健康教育［M］.北京：教育科学出版社.

俞珍.2011.游戏融入脑瘫患儿康复训练的效果观察［J］.护理与康复，10（5）：
441-442.

约翰森，克里斯蒂，华德.2013.游戏、儿童发展与早期教育［M］.马柯，译.南京：
南京师范大学出版社.

旮飞，刘春玲，陈建军.2002.随班就读学生与正常学生心理行为问题比较［J］.
中国特殊教育（3）：29-32.

泽波利.2004.学生行为管理——教师应用指南［M］.关丹丹，等，译.北京：
中国轻工业出版社.

翟双.2008.叙事心理治疗及其在中国文化背景下的应用［D］.南京师范大学.

张初穗.2002.音乐与治疗［M］.台北：先知出版社.

张大均，冯正直，郭成，陈旭.2000.关于学生心理素质研究的几个问题［J］.西
南师范大学学报（人文社会科学版），26（3）：56-62.

张大均，江琦.2006.《青少年心理健康素质调查表》适应分量表的编制［J］.心
理与行为研究，4（2）：81-84.

张大均.2003.论人的心理素质［J］.心理与行为研究，1（2）：143-146.

张锋，黄希庭.2005.情绪行为障碍学生的问题行为与学业缺陷的关系［J］.教育
研究与实验（3）：62-66.

张福娟，江琴娣，杨福义.2004.轻度智力落后学生心理健康问题的研究［J］.心
理科学，27（4）：824-827.

张福娟,谢立波,袁东.2001.视觉障碍儿童人格特征的比较研究[J].心理科学,24(2):154-156.

张静,杨广学.2015.自闭症儿童自我刺激行为的干预综述[J].绥化学院学报,35(10):88-93.

张凯.2005.音乐心理[M].修订版.重庆:西南师范大学出版社.

张利滨,章小雷,黄钢,赖雪芳,陈毅怡.2009.沙盘游戏对7~14岁焦虑性情绪障碍儿童的疗效[J].实用儿科临床杂志,24(12):909-911.

张明.2018.破解儿童情绪障碍难题[M].北京:科学出版社.

张日昇.2006.箱庭疗法[M].北京:人民教育出版社.

张日昇.2009.咨询心理学[M].2版.北京:人民教育出版社.

张松.2011.心理咨询与治疗[M].武汉:武汉大学出版社.

张永盛,杨广学,宁宁,鲁明辉.2015.自闭症个体感觉调节障碍与重复刻板行为关系的探讨[J].中国特殊教育(6):51-56.

张珍珍,连福鑫,贺荟中.2019.小学随班就读自闭症谱系障碍儿童同伴关系现状研究——以浙江省杭州市为例[J].中国特殊教育(9):28-34.

章志光,林秉贤,郑日昌.2008.中国心理咨询大典(下)[M].天津:天津科学技术出版社.

赵丽娜,赵斌.2013.我国聋生心理健康教育研究现状[J].中小学心理健康教育(12):16-19.

赵梅菊,肖非,邓猛.2015.自闭症儿童适应行为发展特点的实证研究[J].教育学术月刊(8):75-81.

郑日昌,江光荣,伍新春.2006.当代心理咨询与治疗体系[M].北京:高等教育出版社.

郑日昌,刘视湘.2010.中小学心理健康教育[M].武汉:武汉大学出版社.

郑希付,宫火良.2008.心理咨询原理与方法[M].北京:人民教育出版社.

钟丽瑜,余瑾,杨海芳.2016.音乐治疗在听障儿童康复中的应用和展望[J].中国听力语言康复科学杂志,14(3):224-226.

周红.2004.舞蹈治疗简介[M].中国心理卫生杂志,18(11):804-805.

周念丽.2011a.特殊儿童的游戏治疗[M].北京:北京大学出版社.

周念丽.2011b.自闭症谱系障碍儿童的发展与教育[M].北京:北京大学出版社.

周嬿.2017.浅析听障儿童舞蹈启蒙教学的改进方法与策略[J].中国校外教育(12):498,503.

朱红华.2009.康复心理学[M].上海:复旦大学出版社.

朱丽芳.2019.游戏治疗对孤独症儿童心理行为干预探索[J].科教文汇(中旬刊)(7):154-155.

朱智贤.2009.儿童心理学[M].北京:人民教育出版社.

卓大宏.2011.音乐治疗在儿童康复中的新进展[C].中国音乐治疗学会第十届

学术年会论文集：433-437.

**英文文献：**

American Psychiatric Association.（2000）. *Diagnostic and statistical manual of mental disorders*（4th ed）. Washington, DC: American Psychiatric Publishing.

American Psychiatric Association.（2013）. *Diagnostic and statistical manual of mental disorders*（5th ed）. Arlington, VA: American Psychiatric Association.

Astramovich, R. L., Lyons, C., & Hamilton, N. J.（2015）. Play therapy for children with intellectual disabilities. *Journal of Child and Adolescent Counseling, 1*（1）, 27-36.

Bellini, S.（2006）. The development of social anxiety in adolescents with autism spectrum disorders. *Focus on Autism and Other Developmental Disabilities, 21*（3）, 138-145.

Bobrowski, K. J., Czabala, J. C., & Brykczyńska, C.（2007）. Risk behaviours as a dimension of mental health assessment in adolescents. *Archives of Psychiatry and Psychotherapy, 9*（1）, 17-26.

Brammer, L. M.（2003）. *The helping relationship: Process and skills*. Boston: Allyn and Bacon.

Brownell, M. D.（2002）. Musically adapted social stories to modify behaviors in students with autism: Four case studies. *Journal of Music Therapy, 39*（2）, 117-144.

Cashin, A.（2008）. Narrative therapy: A psychotherapeutic approach in the treatment of adolescents with Asperger's disorder. *Journal of Child and Adolescent Psychiatric Nursing, 21*（1）, 48-56.

Cashin, A., Browne, G., Bradbury, J., & Mulder, A. M.（2013）. The effectiveness of narrative therapy with young people with autism. *Journal of Child and Adolescent Psychiatric Nursing, 26*（1）, 32-41.

Craske, M. G.（2010）. *Cognitive-behavioral therapy*. Washington, DC: American Psychological Association.

Dilollo, A., Neimeyer, R. A., & Manning, W.（2002）. A personal construct psychology view of relapse: Indications for a narrative therapy component to stuttering treatment. *Journal of Fluency Disorders, 27*（1）, 19-40.

Division of Counseling Psychology, APA.（1956）. Counseling psychology as a specialty. *American Psychologist, 11*, 282-285.

Emerson, E., Einfeld, S., & Stancliffe, R. J.（2010）. The mental health of young children with intellectual disabilities or borderline intellectual functioning. *Social Psychiatry and Psychiatric Epidemiology, 45*（5）, 579-587.

Flahive, M. W., & Ray, D.（2007）. Effect of group sandtray therapy with preadolescents. *The Journal for Specialists in Group Work, 32*（4）, 362-382.

Fung, S., Lunsky, Y., & Weiss, J. A. （2015）. Depression in youth with autism spectrum disorder: The role of ASD vulnerabilities and family-environmental stressors. *Journal of Mental Health Research in Intellectual Disabilities, 8*（3-4）, 120-139.

Ganz, J. B., Earles-Vollrath, T. L., Heath, A. K., Parker, R., Rispoli, M. J., & Duran, J. （2012）. A meta-analysis of single case research studies on aided augmentative and alternative communication systems with individuals with autism spectrum disorders. *Journal of Autism and Developmental Disorders, 42*（1）, 60-74.

Goodman, A., & Goodman, R. （2009）. Strengths and difficulties questionnaire as a dimensional measure of child mental health. *Journal of the American Academy of Child and Adolescent Psychiatry, 48*（4）, 400-403.

Gray, C. A. （1995）. Teaching children with autism to "read" social situations. In K. A. Quill （Ed.）, *Teaching children with autism: Strategies to enhance communication and socialization* （pp. 219-242）. Albany, NY: Delmar.

Greenspan, S. （2004）. Why Pinocchio was victimized: Factors contributing to social failure in people with mental retardation. *International Review of Research in Mental Retardation, 28*, 121-144.

Hallahan, D. P., Kauffman. J. M., & Pullen. P. C. （2013）. *Exceptional learners: An introduction to special education* （*Twelfth ed.*）. London: Pearson Education Limited.

Hutchins, T. L., Prelock, P. A., Morris, H., Benner, J., LaVigne, T., & Hoza, B. （2016）. Explicit vs. applied theory of mind competence: A comparison of typically developing males, males with ASD, and males with ADHD. *Research in Autism Spectrum Disorders, 21*, 94-108.

Jennings, L., & Skovholt, T. M. （1999）. The cognitive, emotional, and relational characteristics of master therapists. *Journal of Counseling Psychology, 46*（1）, 3-11.

Kasari, C., Locke, J., Gulsrud, A., & Rotheram-Fuller, E. （2011）. Social networks and friendships at school: Comparing children with and without ASD. *Journal of Autism and Developmental Disorders, 41*（5）, 533-544.

Kauffman, J. M., & Landrum, T. J. （2012）. *Characteristics of emotional and behavioral disorders of children and youth* （*Tenth ed.*）. London: Pearson Education Limited.

Kokina, A., & Kern, L. （2010）. Social Story™ interventions for students with autism spectrum disorders: A meta-analysis. *Journal of Autism and Developmental Disorders, 40*（7）, 812-826.

Lambie, G. W., & Milsom, A. （2010）. A narrative approach to supporting students diagnosed with learning disabilities. *Journal of Counseling & Development, 88*（2）, 196-203.

Lebel, R. D., & Patil, S. V. （2018）. Proactivity despite discouraging supervisors: The powerful role of prosocial motivation. *Journal of Applied Psychology, 103*（7）, 724-737.

Mayes, S. D., Calhoun, S. L., Murray, M. J., & Zahid, J. （2011）. Variables associated with anxiety and depression in children with autism. *Journal of Developmental and Physical Disabilities, 23*（4）, 325-337.

Nelson, J. R., Benner, G. J., Lane, K., & Smith, B. W. （2004）. Academic achievement of k-12 students with emotional and behavioral disorders. *Exceptional Children, 71*（1）, 59-73.

Rodgers, J., Glod, M., Connolly, B., & McConachie, H. （2012）. The relationship between anxiety and repetitive behaviours in autism spectrum disorder. *Journal of Autism and Developmental Disorders, 42*（11）, 2404-2409.

Rousseau, C., Benoit, M., Lacroix, L., & Gauthier, M. F. （2009）. Evaluation of a sandplay program for preschoolers in a multiethnic neighborhood. *Journal of Child Psychology and Psychiatry, 50*（6）, 743-750.

Scattone, D., Tingstrom, D. H., & Wilczynski, S. M. （2006）. Increasing appropriate social interactions of children with autism spectrum disorders using Social Stories[TM]. *Focus on Autism and Other Developmental Disabilities, 21*（4）, 211-222.

Schuchardt, K., Gebhardt, M., & Mäehler, C. （2010）. Working memory functions in children with different degrees of intellectual disability. *Journal of Intellectual Disability Research, 54*（4）, 346-353.

Simonoff, E., Jones, C. R. G., Baird, G., Pickles, A., Happe, F., & Charman, T. （2013）. The persistence and stability of psychiatric problems in adolescents with autism spectrum disorders. *Journal of Child Psychology and Psychiatry, 54*（2）, 186-194.

Simonoff, E., Pickles, A., Charman, T., Chandler, S., Loucas, T., & Baird, G. （2008）. Psychiatric disorders in children with autism spectrum disorders: Prevalence, comorbidity, and associated factors in a population-derived sample. *Journal of the American Academy of Child and Adolescent Psychiatry, 47*（8）, 921-929.

Tai, S., & Turkington, D. （2009）. The evolution of cognitive behavior therapy for schizophrenia: Current practice and recent developments. *Schizophrenia Bulletin, 35*（5）, 865-873.

Toth, K., Munson, J., Meltzoff, A. N., & Dawson, G. （2006）. Early predictors of communication development in young children with autism spectrum disorder: Joint attention, imitation, and toy play. *Journal of Autism and Developmental Disorders, 36*（8）, 993-1005.

Walker, D. R., Thompson, A., Zwaigenbaum, L., Goldberg, J., Bryson, S. E., Mahoney, W. J., et al. （2004）. Specifying PDD-NOS: A comparison of PDD-NOS, Asperger syndrome, and autism. *Journal of the American Academy of Child & Adolescent Psychiatry, 43*（2）, 172-180.

Wampold, B. E. （2001）. *The great psychotherapy debate: Models, methods, and findings.*

Mahwah, NJ: Erlbaum.

Wang, J. N., Liu, L., & Wang, L. （2014）. Prevalence and associated factors of emotional and behavioural problems in Chinese school adolescents: A cross-sectional survey. *Child: Care, Health and Development, 40*（3）, 319-326.

Whitehouse, A. J. O., Durkin, K., Jaquet, E., & Ziatas, K. （2009）. Friendship, loneliness and depression in adolescents with Asperger's Syndrome. *Journal of Adolescence, 32*（2）, 309-322.

Williams, M. E., & Haranin, E. C. （2016）. Preparation of mental health clinicians to work with children with co-occurring autism spectrum disorders and mental health needs. *Journal of Mental Health Research in Intellectual Disabilities, 9*（1-2）, 83-100.